职业院校机械行业特色专业系列教材
高职高专电梯工程技术专业系列教材

电梯结构及原理

主 编 朱 霞
副主编 邹 云 李晓娜 李 [illegible]
陈靖方 孙大玺
参 编 刘定胜 陈 伟 付学敏
罗 纲 鲜 勇 邹巧毅
主 审 孙立新

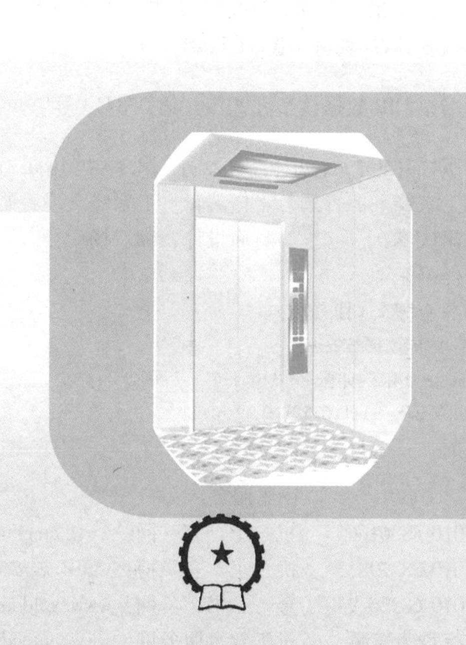

本书打破了以往电梯类教材内容结构的组织编排方式，从学生视角对教材内容进行了设计和编写。全书共分为9章，结合行业最新技术和法律法规，系统地介绍了电梯的历史与发展、电梯的性能及分类、电梯曳引驱动、电梯导向装置、电梯轿厢及平衡装置、电梯门系统、电梯安全保护装置、电梯控制系统以及自动扶梯和自动人行道，具有很强的实用性、针对性和指导性。

本书既可作为职业院校电梯工程技术专业的基础教材，也可作为机电类学生的拓展学习教材。同时，它还可作为电梯作业人员的培训教材。通过本书的学习，可为考取特种设备作业人员证书（T1 和 T2）奠定基础。另外，本书对电梯专业人士是一个了解新技术、新动态的窗口，而对非专业人士，也能对电梯结构及原理有一个系统全面的认识，对电梯的使用和安全有深入的了解。

为方便教学，本书配有免费电子课件、视频、动画、习题答案、模拟试卷及答案等，供教师参考。凡选用本书作为授课教材的教师，均可来电（010-88379375）索取，或登录机械工业出版社教育服务网（www.cmpedu.com）网站，注册、免费下载。

图书在版编目（CIP）数据

电梯结构及原理/朱霞主编．—北京：机械工业出版社，2019.5（2025.2 重印）

职业院校机械行业特色专业系列教材　高职高专电梯工程技术专业系列教材

ISBN 978-7-111-62591-9

Ⅰ．①电…　Ⅱ．①朱…　Ⅲ．①电梯-结构-高等职业教育-教材 ②电梯-理论-高等职业教育-教材　Ⅳ．①TU857

中国版本图书馆 CIP 数据核字（2019）第 078453 号

机械工业出版社（北京市百万庄大街 22 号　邮政编码 100037）

策划编辑：王宗锋　冯睿娟　责任编辑：王宗锋　冯睿娟　安桂芳

责任校对：蔺庆翠　封面设计：鞠　杨

责任印制：任维东

唐山楠萍印务有限公司印刷

2025 年 2 月第 1 版第 16 次印刷

184mm×260mm · 14.25 印张 · 346 千字

标准书号：ISBN 978-7-111-62591-9

定价：49.80 元

电话服务　　网络服务

客服电话：010-88361066　机　工　官　网：www.cmpbook.com

010-88379833　机　工　官　博：weibo.com/cmp1952

010-68326294　金　书　网：www.golden-book.com

机工教育服务网：www.cmpedu.com

关于“十四五”职业教育
国家规划教材的出版说明

为贯彻落实《中共中央关于认真学习宣传贯彻党的二十大精神的决定》《习近平新时代中国特色社会主义思想进课程教材指南》《职业院校教材管理办法》等文件精神，机械工业出版社与教材编写团队一道，认真执行思政内容进教材、进课堂、进头脑要求，尊重教育规律，遵循学科特点，对教材内容进行了更新，着力落实以下要求：

1. 提升教材铸魂育人功能，培育、践行社会主义核心价值观，教育引导学生树立共产主义远大理想和中国特色社会主义共同理想，坚定“四个自信”，厚植爱国主义情怀，把爱国情、强国志、报国行自觉融入建设社会主义现代化强国、实现中华民族伟大复兴的奋斗之中。同时，弘扬中华优秀传统文化，深入开展宪法法治教育。

2. 注重科学思维方法训练和科学伦理教育，培养学生探索未知、追求真理、勇攀科学高峰的责任感和使命感；强化学生工程伦理教育，培养学生精益求精的大国工匠精神，激发学生科技报国的家国情怀和使命担当。加快构建中国特色哲学社会科学学科体系、学术体系、话语体系。帮助学生了解相关专业和行业领域的国家战略、法律法规和相关政策，引导学生深入社会实践、关注现实问题，培育学生经世济民、诚信服务、德法兼修的职业素养。

3. 教育引导学生深刻理解并自觉实践各行业的职业精神、职业规范，增强职业责任感，培养遵纪守法、爱岗敬业、无私奉献、诚实守信、公道办事、开拓创新的职业品格和行为习惯。

在此基础上，及时更新教材知识内容，体现产业发展的新技术、新工艺、新规范、新标准。加强教材数字化建设，丰富配套资源，形成可听、可视、可练、可互动的融媒体教材。

教材建设需要各方的共同努力，也欢迎相关教材使用院校的师生及时反馈意见和建议，我们将认真组织力量进行研究，在后续重印及再版时吸纳改进，不断推动高质量教材出版。

机械工业出版社

前言

随着我国经济的飞速发展，城市化建设和人们生活的水平持续提高，大量住宅楼群和高层建筑不断涌现，电梯成为人们垂直交通不可缺少的工具。从2007—2017年，我国电梯保有量增长464万台，平均每年增长46万台，快速的电梯保有量增长不仅仅促进了电梯技术的进步与革新，也对电梯从业人员提出了更高的要求。

本书将多年的教学经验和工作经验相结合，以“学生”视角，集“专家”视野，以新颖独特的方式进行知识点解析，内容深入浅出。资源丰富有趣、图文并茂、内容实用、重点突出、及时跟进行业技术发展，符合企业的实际技术人才需求。

通过学习本书，能通晓电梯与自动扶梯的结构组成及其工作原理，掌握电梯维护与保养、电梯安装与调试、电梯项目管理、电梯销售等职业岗位的理论和实践基础，为进一步快速提升职业技能和业务素质提供保证。

本书配套建设有在线开放课程，知识点已经细化分解进行视频讲解，“电梯结构及原理”课程被评为四川省十四五精品在线开放课程。课程网址：htts：//www. xueyinonline. com/detail/226152314。

为便于读者理解相关知识点，书中植入了二维码，读者通过扫描二维码，可以观看视频，学习相关知识。

本书由朱霞任主编，编写分工如下：第1章和第2章由孙大玺编写；第3章和第4章由邹云编写；第5章由李冰编写，第6章由陈靖方编写；第7章和第8章由朱霞编写；第9章由李晓娜编写。参编人员付学敏、罗纲、陈伟、鲜勇、邹巧毅、王成勇、刘定胜，分别来自知名电梯企业和电梯专业教学一线，实践经验丰富。本书由重庆市特种设备检测研究院项目办副主任、国家电梯质量监督检验中心学术带头人孙立新教授主审，他认真地审稿和校稿，提出了独特的见解和中肯的建议，为本书锦上添花。

在编写过程中，本书参考了大量与电梯结构有关的文献，得到了电梯公司同仁的大力支持和帮助，在此，向关心和支持本书编辑出版的相关单位和有关人员深表感谢。

由于编者水平有限，书中不当之处在所难免，欢迎读者朋友不吝指正，及时改进。

编　者

二维码清单

名称	图形	名称	图形
抱闸电路分析		电梯安全作业－有机房困人救援案例分析	
电梯安全保护—旁路装置功能分析		电梯控制逻辑	
电梯物联网系统		电梯目的选层控制系统	
电梯结构综合电梯故障诊断故障类型		电梯群控功能	
电梯限速器与安全钳联动试验			

目　录

第1章 电梯概述

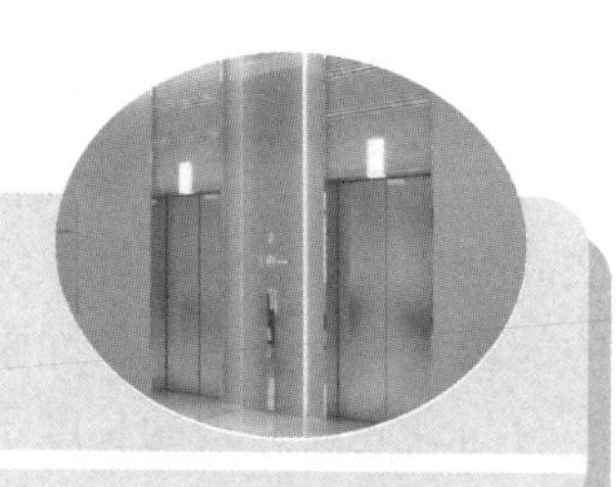

学习导论

电梯是现代社会最重要的垂直交通工具，与人们的日常生活和工作息息相关、密不可分，是摩天大楼得以崛起、城市得以不断“长高”的基础，已成为高层建筑和公共场所不可或缺的建筑设备。

同时，电梯又是高度机电一体化的大型综合工业产品，种类繁多、形式各异、结构复杂，且随着社会进步与时代需求不断持续创新、发展。电梯的使用程度、维护保养水平、安全管理与监检能力已成为一个城市现代化与宜居程度的重要体现，甚至是当今世界一个国家现代化水平的重要标志。

问题与思考

1. 生活中有哪些场所在使用电梯？
2. 世界上第一台电梯是什么样的呢？
3. 电梯是使用电能驱动工作的吗？

学习目标

1. 了解世界电梯及自动扶梯的起源及发展。
2. 了解我国电梯的发展进程。
3. 了解未来电梯的主要发展方向及发展趋势。

1.1 世界电梯发展史

随着科学技术的不断发展和社会经济的持续繁荣，高层建筑已成为现代城市的标志之一，超高层摩天大楼甚至是一个城市发展水平的象征；同时，快速增长的市区交通能力需求与城市空间现状，尤其是既有建筑的矛盾已成为影响城市持续发展与宜居水平提升的关键，而在现有城市空间中通过“上天”“入地”大力发展城市公共交通是非常重要的途径。电梯作为最主要的垂直运输工具，承担着大量的人流和物资输送的任务，已成为人们生活和工作中首要的垂直交通工具，是高层建筑和公共场所不可或缺的建筑设备。

电梯的普及状况、管理能力、维护保养水平等已成为一个城市现代化与宜居程度的重要体现，甚至是物质文明的重要标志之一。电梯的存在，使每幢大型高楼都可以成为一座立体的城市。

1.1.1 世界电梯的起源

在古埃及时代（公元前2600年），埃及人在建造金字塔时就使用了原始的升降系统来往高处搬运物料，这套系统的基本原理为：负载平台通过绳索与位置固定的卷筒装置相连，中间设置有支撑点改变绳索的运动方向，通过人力驱动卷筒转动，使绳索在其上缠绕，负载平台与卷筒间绳索的长度不断减少，从而提升负载平台，将物料搬运到指定位置。

公元前1100年前后，我国周朝时期出现的用于提水的辘轳，由木制（或竹制）的支架、卷筒、曲柄和绳索组成，设置有平衡物来帮助平衡提升物的重量，人力只用于驱动卷筒转动。至今，在我国北方等很多地方的农业生产或生活取水仍采用这种方式。

而真正有记录的升降机则出现在公元前3世纪。据《里程碑·电梯》记载，公元前236年在古希腊，由古希腊数学家、物理学家及天文学家阿基米德发明并制成人类历史上第一台人力驱动的卷筒式升降机，该升降机由绳索和滑轮组成，绳子通过绞盘和杠杆缠绕在卷筒上。

1852年，美国纽约杨克斯的机械工程师奥的斯（见图1-1）设计了一种制动装置。他将带有锯齿状的铁条固定在导轨上，在升降机平台顶部安装一个货车上用的弹簧，并将其与由制动杆和制动棘爪构成的机械联动装置连接起来，升降机两侧装有带卡齿的导轨，起吊绳与货车弹簧连接，固定在弹簧片的中心，这样仅是载物平台的重量就足以拉紧弹簧，避免其与机械联动装置的制动杆接触，从而使制动棘爪不与导轨上的卡齿啮合。如果绳子断裂，货车弹簧片恢复原始形状，带动机械联动装置动作，制动棘爪立即与导轨卡齿啮合，阻止升降机平台下落，让其牢固地原地固定，从而保证升降机平台及其上面运送的货物及人员的安全。这一安全制动保护装置的发明，开创了升降机工业的新纪元。世界上第一台“安全升降机”由此诞生。

图1-1 电梯之父奥的斯

1.1.2 世界电梯的发展

纵观世界电梯的整个发展进程，是人们为适应自然环境、提高劳动效率以及对电梯安全性、高效性、舒适性的不断追求，推动人们对电梯进行不断地深入研究和改进，电梯技术不断进步，满足人们在垂直方向进行安全、高效运输的要求，并为乘客提供更好的乘梯舒适性和美观、温馨的环境。

宏观上，可将电梯的发展进程分为如下三个主要阶段。

1. 第一阶段：动力来源与曳引方式的确定

1857年，奥的斯电梯公司在纽约为霍沃特公司的一座专营法国瓷器和玻璃器皿的商店安装了世界上第一台安全客运升降梯，动力是由建筑物内的蒸汽动力站提供的，利用一系列轴及带进行传动，可载重500kg，速度约为12m/min（0.2m/s）。

1889 年 12 月，奥的斯电梯公司在纽约第玛瑞斯特大楼成功安装了一台直接连接式升降机，采用直流电动机为动力，通过蜗杆减速器带动卷筒上缠绕的绳索，悬挂并升降轿厢，速度达到 0.5m/s。这是世界上第一台由直流电动机提供动力的电力驱动升降机，也是世界上第一台名副其实的电梯。从此，电梯开始作为一种最重要的垂直交通工具走上历史的舞台。

1900 年，交流感应电动机开始用来驱动电梯。

1903 年，奥的斯电梯公司制造出由交流感应电动机提供动力、槽轮式（即曳引式）驱动的电梯，采用曳引驱动方式代替传统的卷筒驱动。曳引驱动使传动机构的体积大大减小，解决了一直困扰卷筒电梯的单梯长行程提升限制，使电梯的最大提升高度由几十米扩展到理论上可达 800m，因其钢丝绳根数不受限制使电梯载重量大大增加且增加钢丝绳数量能大大提升电梯的安全性。同时，采用曳引驱动还使电梯在驱动系统结构设计中有效地提高零部件及系统的通用性，电动机工作力矩仅为轿厢自重加上轿厢内载荷与对重重量之差，具有极大地节约驱动能源的优势。曳引式传动从此成为现代电梯能源利用效率高、使用广泛的传动系统。

2. 第二阶段：电气控制与驱动技术水平的持续提升

随着电梯使用的便捷性需求和速度的提升，其电气控制与驱动技术不断得到快速发展。

1892 年，奥的斯电梯公司发明了按钮操纵电梯，开始使用按钮操纵代替在轿厢内通过拉动绳索来控制运行开关的操纵方式。1902 年，瑞士的迅达公司研制成功了世界上第一台按钮式自动电梯，如图 1-2 所示，采用按钮进行自动控制，提高了电梯的输送能力和安全性。1903 年，奥的斯电梯公司在纽约安装了第一台直流无齿轮曳引电梯。1924 年，奥的斯电梯公司在纽约新建的标准石油公司大楼安装了第一台由信号控制系统进行控制运行的电梯，使操纵大大简化，这是一种自动化程度较高的有司机电梯。1928 年，奥的斯电梯公司开发并安装了集选控制电梯。1931 年，奥的斯电梯公司在纽约安装了世界上第一台双层轿厢电梯，其增加了额定载重量，节省了井道空间，提高了输送能力。1933 年，奥的斯电梯公司制造了速度为 6m/s 的超高速电梯，安装在纽约的帝国大厦。1946 年，奥的斯电梯公司设计了群控电梯，首批 4 ~6 台群控电梯于 1949 年在纽约联合国大厦使用。

图 1-2 世界上第一台“电梯”

1955 年，出现了小型计算机（真空管）控制电梯。1967 年，晶闸管用于电梯拖动，使电梯拖动结构简单化、性能提高，研制出了交流调压调速电梯。1971 年，集成电路被用于电梯。1972 年，出现了数控电梯。1976 年 7 月，日本富士达公司开发出速度为 10m/s 的直流无齿轮曳引电梯。1977 年，日本三菱电机公司开发出晶闸管-伦纳德控制的无齿轮曳引电梯。1979 年，奥的斯电梯公司开发出第一台基于微处理器（微型计算机）的电梯控制系统 Elevonic101，从而使电梯电气控制进入一个崭新的发展时期。1980 年，出现了交流变频变压调速系统。奥的斯电梯公司发布了 Otis Plan 计算机程序，帮助建筑师们为新建或改造建筑物确定电梯的最佳形式、速度以及数量等配置方案。1982 年，法国、德国和日本三国共同研制出采用直线电动机进行驱动的电梯，并于 1989 年在日本安装试用成功。1984 年，日本三菱电机公司推出了用于交流电动机的变频变压调速拖动系统（VVVF 系统），将变频变压调速系统应用于速度为 2m/s 以上的电梯。

这段时间可以算是世界电梯发展的第二阶段，是电梯电气控制与驱动技术水平的持续提升的阶段。总体来看，主要分为新控制器件的发明和使用、控制模式的革新和驱动调速技术的进步三个方面。

控制器件方面：1889 年开始采用继电器、接触器→1955 年小型真空管计算机用于电梯控制→1963 年无触点半导体逻辑控制器在电梯上开始应用→1969 年可编程序控制器（PLC）应用于电梯控制系统→1971 年集成电路开始用于电梯→1972 年电梯开始采用数字控制系统→1976 年微型计算机控制系统开始在电梯控制系统中出现。

控制模式方面：1889 年之前采用手柄控制→1892 年开始采用按钮控制→1915 年出现按钮自动平层控制→1924 年实现信号控制→1928 年出现集选控制系统→1930 年实现并联控制→1946 年群控控制系统用于梯群控制。

驱动调速方面：1889 年采用直流驱动调速→1900 年出现交流双速（AC2）驱动→1930 年实现交流三速（AC3）拖动→1967 年开始采用（晶闸管技术）交流调压调速（ACVV）→1984 年出现交流变频变压调速（VVVF）拖动系统。

3. 第三阶段：节约化、智能化与个性化的不断突破

1988 年，日本富士达公司将电梯群控管理系统“FLEX8800”系列商品化，这是一套应用模糊理论与人工智能技术的管理系统。奥的斯电梯公司发布了可远程监测电梯性能的计算机诊断系统 REM。

1989 年，奥的斯电梯公司在日本发布了无机房线性电动机驱动电梯。1990 年，三菱电机公司首次将变频驱动系统应用于液压电梯。1993 年，三菱电机公司安装了当时世界上速度最快的乘客电梯，速度为 12.5m/s。1995 年，三菱电机公司开发出 MEL ART 全彩色图形喷漆技术，用于电梯部件（如电梯门）的喷漆。

1996 年，通力电梯发布了其最新设计的小机房电梯 MiniSpace 和无机房电梯，采用 Eco-Disk 碟式永磁同步电动机。迅达电梯公司推出 Miconic10 目的楼层厅站登记系统。三菱电机公司开发出采用永磁同步无齿轮曳引机和双盘式制动系统的双层轿厢高速电梯。奥的斯电梯公司提出了 Odyssey 电梯系统概念，一种新的、革命性的电梯概念诞生——垂直与水平交通自由换乘。

1997 年，迅达电梯公司在德国慕尼黑展示了 Mobile 无机房电梯，无需曳引绳和承载井道，

自驱动轿厢在自支撑的铝制导轨上垂直运行。2000 年，奥的斯电梯公司开发出 Gen2 无机房电梯。采用扁平的钢丝绳加固胶带牵引轿厢。2000 年 5 月，迅达电梯公司发布了 Eurolift 无机房电梯，采用高强度无钢丝绳芯的合成纤维曳引绳牵引轿厢，替代传统的曳引钢丝绳。

2016 年，“上海中心”电梯 20.5m/s 的速度被吉尼斯世界纪录认定为当今全球正在运行的最快电梯。

这段时期，电梯技术飞速发展，在节约化、智能化与个性化等方面不断获得新的突破，尤其是物联网技术在电梯全生命周期的应用，为智能预警、监控提供了大数据平台解决方案。电梯拖动系统方面，采用曳引钢带代替传统的曳引钢丝绳，获得了更好的曳引性能和荷载能力，使用寿命更长，更清洁环保；同时，电梯控制系统更加智能化、人性化，主要体现在轿厢的合理调度与预先分配、客流量的科学计算、经济高效的运行理念、合理的等待限制、大厅及轿厢的监控系统、远程监控与故障自诊断以及残疾人等待、语音引导、提示、基站随机设置等特殊功能模块化配置等各方面。

1.1.3 自动扶梯的起源与发展

1891 年，纽约企业家杰西·雷诺在美国科尼岛码头设计制造出世界上第一台自动扶梯（见图 1-3），采用输送带原理，扶梯的起止点都有齿长 40cm 的梳状铲，与脚踏板上的凹齿啮合。乘客站在倾斜移动的节片上，不必举足，便能上、下扶梯。1892 年，乔治·韦勒设计出带有活动扶手的扶梯。

图 1-3 世界上第一台自动扶梯

1898 年，美国设计者西伯格买下了一项扶梯专利，并与奥的斯电梯公司携手改进制作。1899 年 7 月 9 日，第一台奥的斯-西伯格梯阶式扶梯试制成功，采用水平梯级，踏板用硬木制成，有活动扶手和梳齿板，这是世界上第一台真正的扶梯。

1922 年，奥的斯电梯公司制造了世界上第一台现代化自动扶梯。这台扶梯采用水平楔槽式梯级与梳齿板相结合的设计方式，这种设计方式后来被其他扶梯制造商广泛使用并一直沿用至今。

1985 年，日本三菱电机公司研制出曲线运行的螺旋形自动扶梯（见图 1-4），并成功投入生产。螺旋形自动扶梯可以节省建筑空间，具有装饰艺术效果。1991 年，日本三菱电机公司开发出带有中间水平段的大提升高度自动扶梯。这种多坡度型自动扶梯在大提升高度时可降低乘客对高度的恐惧感，并能与大楼楼梯结构协调配置。

1993 年，日本日立制作所开发出可以乘运大型轮椅的自动扶梯，这种扶梯的几个相邻梯级可以联动形成支持轮椅的平台。20 世纪 90 年代末，日本富士达公司开发出变速式自动人行道。这种自动人行道以分段速度运行，乘客从低速段进入，然后进入高速平稳运行段，再后进入低速段离开。这样提高了乘客上下自动人行道时的安全性，缩短了长行程时的乘梯时间。

图 1-4　螺旋形自动扶梯

2002 年 4 月 17～20 日，日本三菱电机公司在第 5 届中国国际电梯展览会上展出了倾斜段高速运行的自动扶梯模型，其倾斜段的速度是出入口水平段速度的 1.5 倍。该扶梯不仅能够缩短乘客的乘梯时间，同时也提高了乘客上下扶梯时的安全性与平稳性。2003 年 2 月，奥的斯电梯公司发布其新型的 NextStep 自动扶梯。采用了革新的 Guarded 踏板设计，梯级踏板与围裙板成为协调运行的单一模块；它还采用了其他一些提高自动扶梯安全性的新技术。

1.2　我国电梯发展史

电梯自 1900 年进入我国以来，其服务我国已有 100 多年的历史。我国电梯事业起步较晚，电梯行业的发展经历了起步、仿造、跟随和自主创造等过程。2017 年我国电梯保有量达到 562.7 万台，占全球总保有量的三分之一左右。随着我国经济的持续发展，我国电梯发运量及保有量持续高速增长，如图 1-5 所示。目前，我国电梯产品的产量、销量均居全球首位，电梯产量占全球总产量的 50% 以上，我国已成为全球最大的电梯生产和消费市场。我国电梯行业的发展可分为三个阶段。

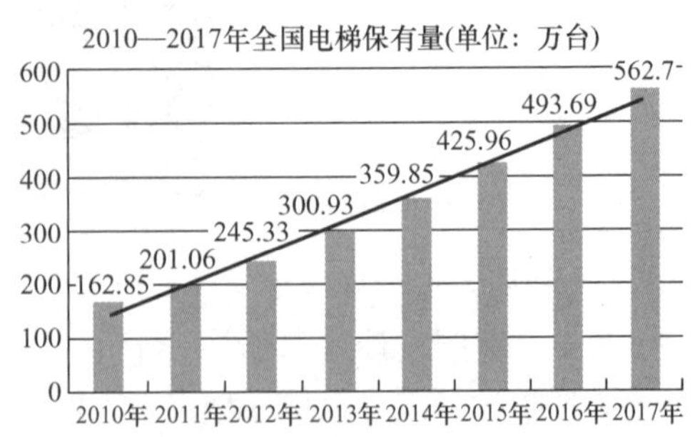

图 1-5　全国电梯发运量及保有量增长图

1. 第一阶段：对进口电梯的销售、安装、维保使用阶段（1900—1949 年）

1907 年，奥的斯电梯公司为上海汇中饭店（今和平饭店南楼）安装的两台电梯投入运行，这两台电梯被认为是我国最早使用的电梯，从此，世界电梯历史上展开了我国的一页。

1908 年，上海黄浦路的礼查饭店（后改为浦江饭店）安装了三台奥的斯电梯。1910 年，上海总会大楼（今东风饭店）安装了一台德国西门子公司制造的电梯。1924 年，天津利顺德饭店安装了一台奥的斯电梯（见图 1-6），在楼梯的回转空间用金属网半封闭构建井道，通过手动栅栏门和按钮操作，木制轿厢，除操作人员外还能容纳 2～3 人，采用交流 220V 电源供电，额定载重量为 630kg，额定速度为 1m/s，共 5 层 5 站，运行平稳，噪声很小，为我国现存并仍在正常运行的最古老电梯。

图 1-6　天津利顺德饭店电梯

1927 年，上海市工务局营造处工业机电股开始负责全市电梯登记、审核、颁照工作。1935 年，奥的斯电梯公司为位于上海南京路、西藏路交口的 9 层高的大新公司（今上海第一百货商店）安装了两台轮带式单人自动扶梯，分别安装在铺面商场至 2 层和 2 层至 3 层之间，面对南京路大门，当时成为上海的景观之一，是我国最早使用的自动扶梯。1947 年，我国提出并实施电梯保养工程师制度。1948 年 2 月，制定了加强电梯定期检验的规定，这反映了我国早期政府对电梯安全管理工作的重视。

截至 1949 年，我国共安装进口电梯约 1000 台，其中美国生产的最多，达到 500 多台；其次是瑞士生产的 100 多台，剩下的主要来自英国、法国、德国、日本、意大利、丹麦等国家。其中，丹麦生产的一台交流双速电梯额定载重量达 8t，为新中国成立前上海额定载重量最大的电梯。

2. 第二阶段：独立自主，艰苦研制，生产和使用阶段（1950—1979 年）

新中国成立后，在上海、天津、沈阳等地相继建起了电梯制造厂。

1952 年初，天津（私营）从庆生电机厂圆满完成第一台由我国工程技术人员自己设计制造的电梯，并安装在天安门城楼上，其额定载重量为 1000kg，额定速度为 0.7m/s，拖动系统为交流单速，手动控制。同年，天津（私营）从庆生电机厂并入天津通信器材厂（1955 年更名为天津起重设备厂），成立了电梯车间，年产电梯 70 台左右。1953 年，天津起重设备厂制造了由双速感应电动机驱动的自动平层电梯。

1954 年，上海交通大学起重运输机械制造专业开始招收研究生，电梯技术是研究方向之一。

1959 年 9 月，上海电梯厂为北京人民大会堂等重大工程制造安装了 81 台电梯和 4 台自动扶梯，其中这 4 台 AC2-59 型双人自动扶梯是我国自行设计和制造的第一批自动扶梯，由公私合营上海电梯厂与上海交通大学共同研制成功，安装在铁路北京站。1960 年 5 月，公私合营上海电梯厂试制成功采用信号控制、直流发电机组供电的直流电梯；1965 年 12 月，我国第一台露天电视塔用的交流双速电梯安装在广州越秀山电视塔上，提升高度为 98m；1967 年上海电梯厂为澳门葡京大酒店制造出 4 台直流快速群控电梯，额定载重量为 1000kg，额定速度为1.7m/s，这是其最早生产的群控电梯；1971年，我国试制成功第一台全透明无支撑自动扶梯，安装在北京地铁。

1974年，机械行业标准JB 816—1974《电梯技术条件》发布，这是我国早期的关于电梯行业的技术标准。1976年，上海电梯厂试制成功总长100m、速度为40m/min的双人自动人行道，安装在北京首都国际机场。同年12月，天津市电梯厂制造了1台直流无齿轮高速电梯，提升高度为102m，安装在广州市白云宾馆。

3. 第三阶段：建立三资企业，行业迅速发展阶段（1980年至今）

随着我国改革和对外开放的不断深入，开始吸取和引进国外先进的电梯技术、制造工艺和设备以及先进的科学管理理念，组建中外合资企业，使我国电梯工业取得了巨大发展。

1980年7月4日，由中国建筑机械总公司、瑞士迅达股份有限公司、香港怡和迅达（远东）股份有限公司三方合资组建中国迅达电梯有限公司，成为我国改革开放以来机械行业第一家合资企业，包括上海电梯厂和北京电梯厂。1982年4月，由天津市电梯厂、天津直流电机厂、天津蜗轮减速机厂组建成立天津市电梯公司。同年9月，该公司电梯试验塔竣工，塔高114.7m，具有5个试验井道，这是我国最早建立的电梯试验塔。1984年12月，由天津市电梯公司、中国国际信托投资公司与美国奥的斯电梯公司合资组建的天津奥的斯电梯有限公司正式成立。此后，电梯行业掀起了引进外资的热潮，全球主要的电梯知名企业都在我国建立了合资或独资企业，这些外资品牌的进入为行业带来了国际化的技术标准、管理理念和经营模式等，使得我国电梯快速步入了国际化行列。

1985年，我国正式加入国际标准化组织“电梯、自动扶梯和自动人行道技术委员会（ISO/TC 178）”，成为该组织成员国。

1987年12月11～14日，全国首批电梯生产及电梯安装许可证评审会议在广州市举行。经过评审，有38个电梯生产企业的93个电梯生产许可证和80个电梯安装许可证通过评审，有28个建筑安装企业的49个电梯安装许可证通过评审。同年，国家标准GB 7588—1987《电梯制造与安装安全规范》发布，其等同采用欧洲标准EN 81-1《电梯制造与安装安全规范》（1985年12月修订版），对保障电梯的制造与安装质量有十分重要的意义。1989年2月，国家电梯质量监督检验中心正式组建，中心采用先进方法进行电梯的型式试验并签发证书，目的是保障在国内使用的电梯的安全性能。

1990年7月，《英汉汉英电梯专业词典》出版，其收集了2700多个电梯行业常用单词和词条。

1992年，国家技术监督局批准成立全国电梯标准化技术委员会。1998年2月1日，国家标准GB 16899—1997《自动扶梯和自动人行道的制造与安装安全规范》开始实施。2003年6月，由国务院颁布的《特种设备安全监察条例》正式施行，更加严格了电梯等特种设备生产制造、安装调试、维护保养、使用管理及从业人员资质等方面的控制和管理。2004年1月，国家标准GB 7588—2003《电梯制造与安装安全规范》开始实施。2014年1月，《中华人民共和国特种设备安全法》实施，标志着我国对电梯等特种设备安全管理工作向法制化方向又迈出了一大步，具有十分重要的意义。

截至2017年年底，我国共有电梯整机生产企业近600余家，电梯安装维保服务企业约

11000 家，电梯年产量 81 万台，约为世界产量的三分之二。我国电梯在技术研制、科学教育、行业管理和政府监察等方面均有了长足的发展。

1.3 未来电梯的发展趋势

电梯由最早的简陋发展到今天的舒适、高效，凝聚了无数人的智慧和汗水，经历了无数的改进与提高。技术发展是永无止境的，随着时代的需要不断提升，今后电梯或许在下述几个方面会有更大的改进或取得重大突破。

1. 超高速电梯与多维运动电梯不断发展

随着城市人口数量与可利用土地面积之间的矛盾进一步激化，用途覆盖面广、功能配套齐全的高层建筑将会不断发展、大量使用，超高速电梯将继续成为重点研究方向，在运行速度提升的同时，安全性、舒适性及节能环保性将作为超高速电梯的重点突破领域。直线电动机将成为解决电梯垂直与水平方向多维运行的主要技术措施，如何保证其安全性、舒适性和便捷性将成为研究热点。

2. 智能群控系统不断人工智能化、节能环保性能不断提升

强大的计算机软硬件资源支持和神经网络、遗传算法、专家系统、模糊控制、机器视觉等数学模型在电梯控制中应用的不断优化，将使电梯智能群控系统向人工智能方向不断迈进，电梯自学能力不断提升，能够主动自主适应交通的不确定性、控制目标的多样化、非线性表现等动态特性。

绿色节能是电梯发展的必然趋势。不断改进产品设计，采用合成纤维曳引钢带等无润滑油污染曳引方式，使用无环境污染的原材料（尤其是装潢材料），全面采用电动机再生发电能量回馈技术，使电梯全方位实现低能耗、低噪声、无漏油、无电磁污染，兼容性强，寿命长，真正成为绿色电梯。

3. 蓝牙技术广泛应用与火灾快速救生电梯逐渐成熟

通过蓝牙技术实现短距离无线通信，取代纵横交错、繁杂凌乱的线路，实现无线成网，不仅安装工期将缩短 30% 以上，而且改善了电梯运行中的负载平衡、信号干扰等，故障率大大降低，提高了电梯的可靠性及控制精度，平层更加准确，电梯更加舒适，改造更加容易，所需时间和费用也大大降低。

随着层门与召唤盒耐火技术、井道监测及传感器技术等不断进步，超高层建筑火灾快速救生电梯系统将逐渐成熟，当火灾发生时，使用专用救生电梯进行人员疏散将成为可能。

4. 梯联网技术成熟并应用，实现按需维保

梯联网技术通过微处理器对电梯相关运行数据进行分级整理、综合分析，汇总非常态数据，并借助大数据及云平台等强大的计算能力与数据存储、处理能力，以及专家系统中整梯厂家、维保企业、高校和研究所等各方面的智力支持，对电梯健康指标进行实时监控及预警、疑难故障专家会诊等，实现电梯故障报警、日常管理、质量评估、隐患防范、按需维保

等，保障电梯的安全、可靠运行。

5. 垂直水平运输系统

奥的斯垂直水平运输系统 Odyssey、蒂森克虏伯 MULTI（见图 1-7）可水平移动无缆绳电梯，颠覆了电梯的传统运行方式，多个电梯轿厢可以在井道里垂直、水平移动，大大提高了电梯的运输效率，提高了电梯井道的利用率。

图 1-7 蒂森克虏伯 MULTI

1.4 电梯品牌及世界著名电梯

我国电梯市场空间巨大、整体发展势头依然强劲。目前，世界主要电梯品牌都在国内建有独资或合资企业，自主电梯品牌经过前期的学习模仿、消化吸收后开始逐渐崛起。

1. 部分电梯整梯品牌

我国电梯整梯品牌众多，其中奥的斯电梯、通力电梯、迅达电梯、蒂森电梯、上海三菱电梯和广州日立电梯等主要为国外著名电梯品牌或国外与国内企业成立的合资品牌，它们参与我国电梯市场时间早、积淀丰富，已率先完成了业务及产业链的布局，并在这一过程中大大提高了其在我国电梯市场的竞争力水平，控制着我国主要电梯市场，其产品无论是技术含量还是市场占有率及知名度等都具有较强优势，是我国当前电梯行业的引领者。

其他品牌如西子奥的斯电梯、华升富士达电梯、永大电梯、恒达富士电梯、康力电梯、江南嘉捷电梯、巨人通力电梯、西尼电梯、博林特电梯、东南电梯、快速电梯、西继迅达电梯及申龙电梯等，其中一部分为进入我国相对较晚的国外电梯品牌，如华升富士达电梯、恒达富士电梯和西尼电梯等，剩余多数为我国本土自主品牌。这些品牌或因在国内市场起步较晚或因品牌成立时间短、积累相对较弱，其品牌竞争力、销量水平等还处于成长期，但具有明显地缘优势、成本竞争力的本土自主品牌，近几年相继发力，持续对质量、产能、技术等进行不断升级。虽然差距依然存在，但我国本土电梯企业正在持续加速，向全球水平不断靠近。未来我国电梯市场，中、外企业间的竞争将进一步加剧，竞争重点也将

从产品、技术等环节扩展到产业链掌控、后市场构建布局等更多领域。图 1-8 所示为部分电梯整梯品牌。

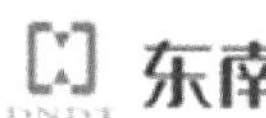

图 1-8　部分电梯整梯品牌

2. 部分电梯零部件品牌

电梯的主要零部件有曳引机、变频器、控制器、限速器和编码器等，其主要生产厂家或品牌如下。

（1）曳引机　大型电梯公司多采用自己品牌的曳引机，除此之外，国内曳引机生产厂家主要有苏州通润驱动设备股份有限公司、浙江西子富沃德电机有限公司、秦川曳引机厂、上海永大吉亿电机有限公司、KDS、宁波欣达电梯配件厂、金泰德胜电机有限公司、许昌博玛曳引机制造有限公司、宁波申菱电梯配件有限公司等。

（2）变频器　与曳引机一样，大型电梯公司多采用自己品牌的变频器，除此之外，变频器还有非常多的品牌，国际品牌主要有施耐德、西门子、三菱、丹佛斯、艾默生、富士电机、ABB、三星、罗克韦尔、欧姆龙、伦茨、安川、瓦萨、科比、SEW、日立、通用电气、LG、松下、东芝等，国内品牌主要有台达、利普华福、森兰、英威腾、德力西、雷普、安邦信、风光、台安、康沃、佳灵、时代、富凌、克姆龙、神源、士林、合康、东元及正泰等。而变频器的核心部件 IGBT 则主要集中在英飞凌、富士、三菱、西门康、IR 等几大品牌。

（3）控制器　除主要电梯公司自有品牌外，国内电梯控制器品牌及生产厂家主要有默纳克、新时达、沈阳蓝光、海浦蒙特等。

（4）限速器　国内电梯限速器品牌或生产厂家主要有宁波奥德普电梯部件有限公司、佛山市南海区华进电器厂、吴江市恒盛电梯配套有限公司、宁波五湖世海机电有限公司、苏州凯利达电梯有限公司和苏州美兹特电梯部件有限公司等。

（5）安全钳　国内电梯安全钳品牌或生产厂家主要有苏州凯利达电梯有限公司、湖州持诚电梯配件有限公司、浙江江山光大电梯科技有限公司、苏州德菱邑铖精工机械股份有限公司、宁波迅菱电梯科技有限公司、佛山市南海区永恒电梯配件厂和张家港市菲斯特电梯部件有限公司等。

（6）编码器　国内在用编码器品牌或生产厂家主要有法国雷恩、英国芬纳、意大利意尔创、倍信、安华、瑞普、德国博斯特、德国帝尔、德国库伯勒、德国沃申道夫、德国阿卡、德国倍加福、德国昆科等。

（7）缓冲器　国内缓冲器品牌或生产厂家主要有温州 Smort、浙江艾弛威、台湾御豹 CEC、佛山力佳利、郑州华菱、无锡斯麦特、东莞隆基等。

3. 世界著名电梯

（1）世界最快电梯　2017年6月，日本日立制作所（日立电梯）宣布，对其制造的超高速电梯进行速度测试的结果为1260m/min（21m/s）。该电梯被安装于超高层综合大楼“广州周大福金融中心”，从1层至95层共440m的距离仅需约43s即可达到。更重要的是其带动了相关技术的发展，如轿厢的动力舱设计、意外情况下轿厢的安全减速以及未来磁悬浮轿厢技术的应用，将使电梯运行的性能大为提高。

（2）瑞典球形电梯　建于瑞典斯德哥尔摩爱立信球形体育馆南侧的球形电梯是一个球形缆车观景台，包含两个球形观景舱，每个球形观景舱分别由两列全长约100m的弧形导轨导向，可供游客到达海拔约130m的球顶。此观景电梯工程于2004年开始动工，2010年2月正式开幕营业。在第一年就有16万人次的搭乘纪录，在夏季和周末时电梯搭乘很容易爆满。

（3）美国摩天轮电梯　位于美国密苏里州圣路易斯市的拱形天桥的电梯类似摩天轮，要登上192m高的顶部，要么爬1076级台阶，要么五人一组乘坐卵形轿厢，然后八个轿厢连成一体，这些轿厢各自保持在一个适当的水平位置，每隔一段时间就会旋转5°，让所有轿厢都能顺着弧形轨道前进，只需4min即可到达顶部。

（4）浮动式电梯　世界上超豪华游轮“海洋绿洲号”的浮动式电梯，或者叫浮动式酒吧，一共可容纳35人，在位置上很好地连接了邮轮的中央公园与皇家大道两部分，可以在三层楼面之间来回移动。乘客不仅可以在这样一个上下浮动的电梯里妙不可言地品酒、聊天，并且不用你朝它走，它会主动来到你面前。

（5）大鱼缸电梯　德国柏林的大鱼缸电梯是一台安装在由有机玻璃制作的透明大鱼缸内部的全景式大型观光电梯，高约25m，鱼缸内大约灌注了100万升的水，内置约97种、逾1500条鱼。喂鱼和鱼缸清洗工作需要3～4名潜水员共同工作才能完成。

（6）张家界百龙观光电梯　张家界百龙观光电梯位于世界自然遗产张家界武陵源风景名胜区内，是自然美景和人造奇观的完美结合，耗资1.8亿元，由德国朗格尔国际电梯公司生产。是世界上最高、载重量最大、运行速度最快的全暴露户外观光电梯，以“最高户外电梯”被载入吉尼斯世界纪录，有“世界第一梯”的美誉。其垂直高差为335m，运行高度为326m，由154m的山体内竖井和172m的贴山钢结构井架构成，采用三台双层全暴露观光电梯并列分体运行，每台一次载客47人，额定运行速度为3m/s，单次运行时间约1分58秒，三台每小时往返运量达4000人次。2005年，在国际建筑装饰峰会上被评为IAID“国际十大人工景观工程”之一。

（7）瑞士哈梅茨施万德观光电梯　哈梅茨施万德观光电梯位于欧洲的旅游胜地瑞士，始建于1905年。自从它落成以后，便成了到达瑞士卢塞恩最高观景处的最快方式，它连接一条岩石步道与一个高地的瞭望点，可以从布尔根施托克高地俯瞰整个卢塞恩湖，饱览该湖的全景。它是欧洲最高的户外电梯，其高153m，电梯运行一次用时不到1min，能将游客带到约1152m的高处，当游客在欣赏风景的时候，云彩有时会挡住视线，形成梦幻的奇观。

本章习题

一、判断题

1. 现代电梯工业诞生于 1854 年。（　　）

2. 奥的斯发明的“安全升降机”是世界上第一台电梯。（　　）

3. 1987 年，我国有了自己的电梯制造与安装安全标准。（　　）

二、填空题

1. 安装在________的电梯是目前世界上在用的运行速度最快的电梯，其额定速度为________。

2. ____年____月，由国务院颁布的《特种设备安全监察条例》正式施行，更加严格规范了电梯等特种设备生产制造、安装调试、维护保养、使用管理及________等方面的控制和管理。

3. ____年____月，《中华人民共和国特种设备安全法》实施。

三、单项选择题

1. 世界上第一台真正用电（由直流电动机提供动力）的电梯诞生于(　　)。

A. 1852 年　B. 1853 年　C. 1886 年　D. 1889 年

2. 电梯进入我国，服务我国人民已有(　　)历史。

A. 100 余年　B. 150 多年　C. 近 200 年　D. 超过 200 多年

3. 世界上第一台自动扶梯的发明者为(　　)。

A. 杰西 · 雷诺　B. 奥的斯　C. 乔治 · 韦勒　D. 西伯格

四、简答题

1. 简述世界电梯的发展阶段及各阶段的主要任务。

2. 我国电梯的发展经历了哪些过程？可大致分为哪几个阶段？

3. 你认为未来电梯的发展趋势有哪些？

第 2 章 电梯基础知识

学习导论

生活中，电梯的种类繁多，结构各异，那么，电梯是不是在任何条件下都能工作呢？它的主要性能指标有哪些？电梯一般有哪些种类？各种电梯的工作原理是相同的，还是完全不同的？电梯的型号又是怎样表示的呢？国内外的表示方法都一样吗？

问题与思考

1. 住宅、办公楼等不同场所使用的电梯都相同吗？
2. 电梯通常包含哪些部件或系统？
3. 电梯的型号能给我们一些什么信息呢？

学习目标

1. 熟悉电梯的定义及工作条件。
2. 熟悉电梯的性能指标、主要参数、基本规格及基本结构组成。
3. 掌握电梯的常用分类方法。

2.1 电梯的性能指标与主要参数

电梯是现代社会最重要的垂直方向交通工具，是我国《特种设备安全法》及《特种设备安全监察条例》所规定的 8 种特种设备之一，电梯的定义与性能要求不仅是电梯作为一种机电设备的固有属性，更是其作为特种设备安全监管的重要依据。

2.1.1 电梯的定义

电梯的定义有狭义和广义之分。国家标准 GB/T 7024—2008《电梯、自动扶梯、自动人行道术语》中对电梯的定义为：服务于建筑物内若干特定的楼层，其轿厢运行在至少两列垂直于水平面或与铅垂线倾斜角小于 15°的刚性导轨运动的永久运输设备。即仅指生活中常说的直梯，包括运行轨迹在垂直方向上或与垂直方向成很小角度的各种曳引式电梯、液压电梯等，但不包括常见的自动扶梯和自动人行道，以及斜行电梯等，这是电梯狭义的定义。

而电梯广义的定义将上述“狭义”的电梯以及自动扶梯、自动人行道和斜行电梯等统称为电梯，与人们生活中对电梯的概念一致，源于 2003 年 3 月 31 日国务院颁布，并于 2003

年6月1日起实施的《特种设备安全监察条例》，其对作为一种特种设备的电梯的定义为：动力驱动，利用沿刚性导轨运行的箱体或者沿固定线路运行的梯级（踏步），进行升降或者平行运送人、货物的机电设备，包括载人（货）电梯、自动扶梯、自动人行道等。广义的电梯覆盖面广，涵盖生活中所有为人们服务的电梯。但电梯工程技术行业常说的电梯以及本书所述的电梯，除了做特殊说明外，一般都是指狭义的电梯，而非广义的电梯，自动扶梯和自动人行道一般不直接称为电梯。

2.1.2　电梯的正常使用条件

任何设备都受其使用条件的限制，电梯作为一种高度机电一体化以及越趋智能化的设备更是如此。电梯的正常使用条件是电梯正常运行的环境条件，不仅是保证其安全、稳定运行的基础，也是对使用在特殊地区、环境下的电梯进行针对性设计或改进的依据。如果电梯的实际工作环境与标准的工作条件不符，电梯难以正常运行，或故障率增加，使用寿命缩短；特殊环境下使用的电梯在订货时应根据使用环境提出具体要求，制造厂应据此进行设计制造。

电梯的正常使用条件如下：

1）安装地点的海拔不超过1000m；对于海拔超过1000m的电梯，其曳引机应按GB/T 24478—2009《电梯曳引机》的要求进行修正；对于海拔超过2000m的电梯，其低压电器的选用应按GB/T 20645—2006《特殊环境条件　高原用低压电器技术要求》的要求进行修正。

2）机房内的空气温度应保持在5～40℃之间。运行地点的空气相对湿度在最高温度为40℃时不超过50%，在较低温度下可有较高的相对湿度，最湿月的月平均最低温度不超过25℃，该月的月平均最大相对湿度不超过90%。若可能在电器设备上产生凝露，应采取相应措施。

3）供电电压相对于额定电压的波动应在±7%范围内。

4）环境空气中不应含有腐蚀性和易燃性气体，污染等级不应大于GB/T 14048.1—2006《低压开关设备和控制设备　第1部分：总则》中的3级。

5）电梯整机和零部件应有良好的维护，使其保持正常的工作状态。需润滑的零部件应有良好的润滑。

2.1.3　电梯的性能要求

电梯是建筑物中实现垂直运输人或货物的设备，要保证安全圆满地完成任务，电梯必须满足安全、可靠、方便、舒适、起/制动平稳、噪声低、故障率低、操作方便、平层准确等基本要求。安全、可靠是贯穿于电梯设计、制造、安装、维护、检验、使用各个环节的系统工程，元件的可靠性是降低故障的重要因素。舒适感是人的主观感觉，主要与电梯的速度变化和振动有关，而电梯的振动很大程度上取决于安装质量和维护保养水平，电梯的舒适感常以速度特性、工作噪声、平层准确度等指标进行表征。这些基本要求是所有投入运行的电梯应达到的最基本性能要求，不仅体现在电梯设计、制造过程中，同样也必须在电梯的安装、维护、保养使用中得到保证。

电梯的主要性能要求包括安全性、可靠性和舒适性三个方面。

1. 安全性

电梯的使用要求决定了电梯的安全性是电梯运行必须保证的首要性能，是在电梯制造、安装、调试、维护、保养及使用管理过程中，必须绝对保证的重要指标。为确保安全，对于涉及电梯运行安全的重要部件系统，在设计制造时选取较大的安全系数，并设置了多重保护及容错检测功能，使电梯成为安全性较高的设备。

2. 可靠性

可靠性反映了电梯技术的先进程度，是与电梯制造、安装、维护、保养及使用情况密切相关的一项重要指标。它通过在电梯日常使用中因故障导致电梯停用或维修的发生概率来反映，故障率高说明电梯的可靠性差，故障率低则说明电梯的可靠性好。一台电梯在运行中的可靠性如何，主要受该电梯的设计制造质量和安装维护质量两方面影响，同时还与电梯的日常使用管理有极大关系。如果使用的是一台制造质量存在问题和瑕疵，具有故障隐患的电梯，那么电梯的整体质量和可靠性是无法提高的；即使使用的是一台技术先进、制造精良的电梯，却在安装及维护保养方面存在问题，同样也会导致大量的故障出现，影响到电梯的可靠性。所以，要提高电梯的可靠性必须从制造、安装、维护、保养和日常使用管理等几个方面着手。

3. 舒适性

舒适性是考核电梯使用性能最为敏感的一项指标，也是电梯多项性能指标的综合反映，多用来评价乘客电梯。它与电梯的运行、起/制动阶段的运行速度和加速度、加速度变化率、运行平稳性、噪声甚至轿厢装饰等都有密切的关系。电梯的实际运行速度曲线，对乘客的乘坐舒适感有很大影响。特别是高速电梯在加速段和减速段，如果设置不好，会有上浮、下沉、重压、浮游、不平衡等不舒适感，最强烈的是上浮和下沉感，它与加速度（减速度）的大小有关，加速度（减速度）过大时，舒适感变差；加速度（减速度）越小，舒适感越好。但对于电梯来说，由于额定速度是定值，加速度（减速度）过小就会加大加速（减速）的时间，从而使电梯运行效率降低，因此为得到更好的舒适感同时又兼顾电梯运行效率，就必须限制加速度的最大值与最小值，精调加速度变化率（加加速度）的设定范围。

加速度变化率 ρ 反映电梯加速度的变化程度。如果变化率 ρ 为 $1m/s^3$，则表示电梯要达到 $1m/s^2$ 的加速度，需要 1s 的时间。当电梯加速度曲线图为梯形时，加速度的变化仅发生在两端，即梯形图的斜线段，中间段为匀加速运动。当变化率小时，电梯在加速时不会出现急剧的速度变化而产生振动。研究和实验证明，如果将加速度变化率限制在 $1.3m/s^3$ 以下，即使加速度达到 $2 \sim 2.5m/s^2$，也不会使人感到过分的不适，由于电梯的加速度变化率具有这种意义，所以在电梯技术中被称为“生理系数”。

VVVF 交流调速电梯加速时可求得 $0.8 \sim 13m/s^3$ 的加速度变化率，而交流双速电梯可求得 $3 \sim 7m/s^3$ 的加速度变化率，一般当加速度变化率超过 $5m/s^3$ 时，就会使人感到振动。

舒适性还与电梯的平层准确度密切相关。电梯的平层准确度是指轿厢到站停靠后，轿厢地坎上平面与层门地坎上平面之间在垂直方向上的距离，该值的大小与电梯的运行速度、制动距离和制动力矩、拖动方式和轿厢载荷等有直接关系。

2.1.4　电梯的整机性能

1）当电源为额定频率和额定电压时，载有50%额定载重量的轿厢向下运行至行程中段（除去加速和减速段）时的速度，不应大于额定速度的105%，宜不小于额定速度的92%。

2）乘客电梯起动加速度和制动减速度最大值均不应大于1.5m/s²。

3）当乘客电梯额定速度为1m/s < v < 2m/s时，按GB/T 24474—2009《电梯乘运质量测量》测量，A95（在定义的界限范围内，95%采样数据的加速度或振动值小于或等于的值）加、减速度不应小于0.5m/s²；当乘客电梯额定速度为2m/s < v < 6m/s时，A95加、减速度不应小于0.7m/s²。

4）乘客电梯的中分自动门和旁开自动门的开关门时间宜不大于表2-1规定的值。

5）乘客电梯轿厢运行在恒加速度区域内的垂直（Z轴）振动的最大峰峰值不应大于0.30m/s²，A95峰峰值不应大于0.20m/s²；乘客电梯轿厢运行期间水平（X轴和Y轴）振动的最大峰峰值不应大于0.20m/s²，A95峰峰值不应大于0.15m/s²（按GB/T 24474—2009测量，用计权的时域记录振动曲线中的峰峰值）。

6）电梯的各机构和电气设备在工作时不应有异常振动或撞击声响。乘客电梯的噪声值应符合表2-2的规定。

7）电梯轿厢的平层准确度宜在±10mm范围内。平层保持精度宜在±20mm范围内。

表2-1　乘客电梯的开关门时间　（单位：s）

开门方式	开门宽度B/mm			
	B≤800	800 < B≤1000	1000 < B≤1100	1100 < B≤1300
中分自动门	3.2	4.0	4.3	4.9
旁开自动门	3.7	4.3	4.9	5.9

注：1. 开门宽度超过1300mm时，其开门时间由制造商与客户协商确定。
2. 开门时间是指从开门起动至达到开门宽度的时间；关门时间是指从关门起动至证实层门锁紧装置、轿门锁紧装置（如果有）以及层门、轿门关闭状态的电气安全装置的触点全部接通的时间。

表2-2　乘客电梯的噪声值　[单位：dB（A）]

额定速度v/(m/s)	v≤2.5	2.5 < v≤6
额定速度运行时机房内平均噪声值	≤80	≤85
运行中轿厢内最大噪声值	≤55	≤60
开关门过程最大噪声值	≤65	

注：无机房电梯的“机房内平均噪声值”是指距离曳引机1m处所测得的平均噪声值。

8）平层准确度：速度为0.63～1.0m/s的交流双速电梯为±30mm以内，其他各类型和速度的电梯均在±15mm以内。曳引式电梯的平衡系数应在0.4～0.5范围内。

9）整机可靠性检验为起/制动运行60000次中失效（故障）次数不应超过5次。每次失效（故障）修复时间不应超过1h。由于电梯本身原因造成的停机或不符合GB/T 10058—2009规定的整机性能要求的非正常运行，均被认为是失效（故障）。

10）控制柜可靠性检验为被其驱动与控制的电梯起/制动运行60000次中，控制柜失效（故障）次数不应超过2次。由于控制柜本身原因造成的停机或不符合GB/T 10058—2009规定的有关性能要求的非正常运行，均被认为是失效（故障）。

2.1.5 电梯的主要参数

电梯的主要参数及基本规格是一台电梯最基本的表征，通过这些参数可以确定电梯的服务对象、运载能力和工作特性。

1. 额定载重量

额定载重量是电梯主参数之一，指保证电梯安全、正常运行的允许载重量，是电梯设计所规定的轿厢载重量，单位为kg。对电梯制造厂和安装单位来说，额定载重量是设计、制造及安装电梯的主要依据；对用户而言，则是选择和使用电梯的主要参数，尤其是安全使用电梯的重要依据。

电梯额定载重量主要有400kg、630kg、800kg、1000kg、1250kg、1600kg、2000kg、2500kg等。对于乘客电梯，也常用乘客人数或限载人数来表示，其值等于额定载重量除以75kg后取整，常用乘客人数为8人、10人、13人、16人、21人等。

2. 额定速度

额定速度指保证电梯安全、正常运行及舒适性的允许轿厢运行速度，是电梯设计所规定的轿厢运行速度，单位为m/s，工程上也常用m/min表示。对电梯制造厂和安装单位来说，额定速度也是设计、制造及安装电梯的主要依据；对用户而言，则是检测电梯速度特性的主要依据。额定速度也是电梯主参数之一。常见额定速度有0.63m/s、1.06m/s、1.60m/s、1.75m/s、2.50m/s、4.00m/s等。

3. 电梯的用途

电梯按不同的用途分为客梯、货梯、病床梯等，它确定了电梯的服务对象。

4. 拖动方式

指电梯采用的动力驱动类型，可分为交流电力拖动、直流电力拖动和液压拖动等。

5. 控制方式

指对电梯运行实行操纵的方式，可分为手柄控制、按钮控制、信号控制、集选控制、并联控制和梯群控制等。

6. 轿厢尺寸

指轿厢内部尺寸和外廓尺寸，以深×宽表示，一般以mm为单位。内部尺寸由梯种和额定载重量（或乘客人数）确定，是控制载重量的主要内容；外廓尺寸关系到井道的设计。

7. 厅轿门形式

指结构形式及开门方向，可分为中分式门、旁开（侧开）门、直分（上下开启）门和双折式门等几种。按材质和功能有普通门和消防门等。按控制方式有手动开关门和自动开关门等。

8. 层站数

指建筑物中的楼层数和电梯所停靠的层站数。电梯运行行程中的建筑层为层，各层楼用以出入轿厢的地点为站。如电梯实际行程 15 层，有 11 个出入轿厢的层门，则为15 层/11 站。

9. 开门宽度

指电梯轿门和层门完全开启时的净宽度，一般以 mm 为单位。

10. 井道尺寸

指井道的宽 × 深，一般以 mm 为单位。

11. 提升高度

从底层端站地坎上表面至顶层端站地坎上表面之间的垂直距离，一般以 mm 为单位。

12. 顶层高度

由顶层端站地坎上平面到井道天花板（不包括任何超过轿厢轮廓线的滑轮）之间的垂直距离。

13. 底坑深度

由底层端站地坎上平面至井道底面之间的垂直距离，一般以 mm 为单位。

14. 井道高度

由井道底面到井道天花板（不包括任何超过轿厢轮廓线的滑轮）之间的垂直距离，单位为 mm。

电梯的用途、拖动方式、控制方式、轿厢尺寸、厅轿门形式、层站数、开门宽度、井道尺寸、提升高度、顶层高度、底坑深度及井道高度等是电梯的主要规格参数，是电梯采购及厂家进行设计、制造的重要依据。

2.2 电梯的分类

电梯的分类方式繁多，主要有按用途分类、按速度分类、按控制方式分类、按驱动方式分类等。

2.2.1 按用途分类

电梯按用途分类主要分为：乘客电梯、载货电梯、客货两用电梯、病床电梯、住宅电梯、杂物电梯、船用电梯、观光电梯、车用电梯及其他用途电梯等。

1. 乘客电梯（TK）

乘客电梯是指为运送乘客而设计的电梯。适用于高层住宅、办公大楼、宾馆、饭店和旅馆等客流量大的场所，用于运送乘客，要求安全舒适，装饰新颖美观，可以手动或自动控制，可有/无司机操纵。轿厢顶部除吊灯外，大都设置排风机，在轿厢的侧壁上则有回风口，以加强通风效果。其特点是安全可靠、轿厢装潢精美、自动化程度高、运行平稳、速度快。

2. 载货电梯（TH）

载货电梯是指专门为运送货物而设计的并通常有人员伴随的电梯，主要应用在多楼层的车间厂房、各类仓库及立体车库等场合。要求结构牢固，安全性好。其特点是比较安全、载重量大、自动化程度低、运行速度慢。为节约动力装置的投资和保证良好的平层准确度常取较低的额定速度，轿厢的容积通常比较宽大，一般轿厢深度大于宽度或两者相等。载重量有630kg、1000kg、1600kg、2000kg 等多种，运行速度在 1m/s 以下。

3. 客货两用电梯（TL）

客货两用电梯是指主要为运送乘客，但也可以运送货物的电梯，主要应用在商场、工矿企业及机关单位等场合。它与乘客电梯的区别在于轿厢内部装饰结构不同，也称此类电梯为服务电梯。其特点是运行控制要求较简单，轿厢装饰较普通（与乘客电梯相比较）。

4. 病床电梯（TB）

病床电梯是指专门为运送病床（包括病人）及相关医疗设备而设计的电梯，主要应用在医院、疗养院及康复机构等场合。其特点是轿厢窄而深，前后贯通，运行平稳，噪声小，起动和制动舒适感好。常要求前后贯通开门，对运行稳定性要求较高，运行中噪声应力求减小，一般有专职司机操作。载重量有 1000kg、1600kg、2000kg 等多种，运行速度为 0.63m/s、1.0m/s、1.6m/s、2.0m/s。

5. 住宅电梯（TZ）

住宅电梯是指服务于住宅楼供公众使用的电梯。主要运送乘客，也可运送家用物件或生活用品，额定载重量为 630kg、800kg、1000kg 等，相应的载客人数为 8、10、13 人等，速度在低、快速之间。其中额定载重量 630kg 的电梯轿厢允许运送童车和残疾人乘坐的轮椅；额定载重量 1000kg 的电梯轿厢还能运送“手把拆卸”的担架和家具。

6. 杂物电梯（TW）

杂物电梯是指专门为运送杂物而设计的电梯，其实就是一种小型运货电梯，但不允许人员进入轿厢，由厅外按钮控制，额定载重量有 40kg、100kg、250kg 等数种，轿厢的运行速

度通常小于0.5m/s。主要应用在图书馆、办公楼及饭店运送图书、文件及食品等场合。其特点是安全设施不齐全，不许载人，轿厢门洞及轿厢面积很小。

7. 船用电梯（TC）

船用电梯是指固定安装在船舶上为乘客、船员或其他人员使用的电梯，它能在船舶的摇晃中正常工作，运行速度一般应≤1m/s。其特点是机房位置灵活，有侧机房、下机房、上机房、上侧机房等，井道防火、绝缘、保温，主要部件安装有防振垫以防共振，随行电缆、限速器钢丝绳应采取防止其晃动的特殊措施，轿厢和对重各装一套限速器和安全钳。

8. 观光电梯（TG）

观光电梯是指供乘客游览观光建筑物周围外景的电梯，主要应用在商场、宾馆及旅游景点等场合。视觉上力求达到电梯与建筑物或风景融于一体。多将轿厢设计为近似半橄榄形，井道三面透明，呈半圆弧形。其特点是井道和轿厢壁至少有同一侧透明，乘客可观看到轿厢外的景物。

9. 车用电梯（TQ）

车用电梯是指用作运送车辆而设计的电梯，即非商用汽车电梯，如高层或多层车库、立体仓库等处都有使用。其特点是轿厢面积大，要与所装运的车辆相匹配，其构造则应充分牢固，有的无轿顶，升降速度一般都比较低（小于1m/s）。

10. 其他用途电梯

指其他用作专门用途的电梯，如斜行电梯、座椅电梯、冷库电梯、消防电梯、矿井电梯、特种电梯、建筑施工电梯（或升降机）、滑道货梯、运机电梯、门吊梯等。

斜行电梯安装在地铁、火车站和山坡等场所用于运送乘客，其轿厢运行中水平与竖直轴线均保持不变，运行轨迹为倾斜直线，是一种集观光和运输于一体的输送设备。座椅电梯将电动载人座椅安装于楼梯扶栏上用于运送乘客，人坐在由电动机驱动的座椅上，通过座椅手柄上的按钮进行控制，使动力装置驱动座椅沿楼梯扶栏的导轨上下运动。冷库电梯用于在大型冷库或制冷车间运送冷冻货物，需要满足门扇、导轨等活动处冰封、浸水要求。消防电梯在发生火警情况下用来运送消防人员、乘客和消防器材等，也称消防员电梯。矿井电梯供矿井内运送人员及货物。特种电梯供防爆、耐热、防腐等特殊要求的环境下使用。建筑施工电梯供运送建筑施工人员及材料用，其高度可随施工中的建筑物层数变化而变化。滑道货梯配置在建筑物内，常与建筑物走道平行，用于运送货物。运机电梯能把地下机库中几十吨至上百吨重的飞机垂直提升到飞机场跑道上。门吊梯在大型门式起重机的门腿中运送在门机中工作的人员及检修机件等。

2.2.2　按速度分类

电梯按速度分类一般分为低速电梯、快速电梯、高速电梯和超高速电梯四类。低速电梯的额定运行速度 $v<1.0$m/s，通常用在10层以下的建筑物客货两用电梯或货梯。快速电梯的额定运行速度 $1.0\text{m/s}\leq v<2.0\text{m/s}$，通常用在10层以上的建筑物内。高速电梯的额定运

行速度 2.0m/s≤v<4.0m/s，通常用在 16 层以上的建筑物内。超高速电梯的额定运行速度 v≥6.0m/s，通常用在超高层的建筑物内。

2.2.3 按控制方式分类

电梯按控制方式的不同，主要可分为手柄开关控制自动门电梯、手柄开关控制手动开门电梯、按钮控制电梯、信号控制电梯、集选控制电梯、并联控制电梯和梯群程序控制电梯等。

1. 手柄开关控制自动门电梯（SZ）

此类电梯靠动力自动开、关门，司机在轿内操纵手柄开关，控制电梯的起动、上行、下行、平层和停止等运动状态，在停靠站地坎上下 0.5～1m 的平层区域，司机只需将手柄开关回到零位，电梯就会换速慢速自动平层后自动开门。为便于司机判断层数、控制开关，电梯轿厢装有玻璃窗口或使用栅栏门。

2. 手柄开关控制手动开门电梯（SS）

此类电梯由司机在轿内操纵手柄开关，控制电梯的起动、上行、下行、平层和停止等运动状态，以及控制开、关门。

3. 按钮控制电梯（AN）

此类电梯是一种具备简单自动控制的电梯，由轿外按钮和轿内按钮发出指令，控制电梯自动应答及自动平层。当某层站乘客按下呼梯按钮时，电梯就起动运行去应答。在电梯运行过程中，如果有其他层站呼梯按钮按下，控制系统只能把信号记存下来，不能去应答，而且也不能把电梯截住，直到完成当前应答运行层站之后方可应答其他层站呼梯信号。一般为货梯或杂物梯。

4. 信号控制电梯（XH）

此类电梯是一种自动控制程度较高的有司机电梯，具有自动平层、自动开门、轿内指令与层站召唤登记、顺向截停和自动换向等功能。电梯运行取决于电梯司机操纵，而电梯在何层站停靠由轿厢内操纵板上的选层按钮信号和层站呼梯按钮信号控制，系统把各层站呼梯信号集合起来，将与电梯运行方向一致的呼梯信号按先后顺序排列好，电梯依次应答接运乘客。电梯往复运行一周可以应答所有呼梯信号。通常为有司机客梯或客货两用电梯。

5. 集选控制电梯（JX）

此类电梯是在信号控制的基础上把呼梯信号集合起来加以综合分析进行有选择地应答的无司机、单台全自动控制运行电梯。在运行过程中，优先按顺序应答与轿厢运行方向相同的层站召唤，该方向召唤信号全部应答完毕后，电梯将自动应答相反方向的召唤，无召唤信号的层站，按照操纵板上的选层按钮信号停靠。电梯运行一周后，若无呼梯信号，则停靠在基站待命。

根据上下行客流量特点又可单独使用上集选和下集选。上集选电梯只响应上行方向的呼

梯信号，欲从较高层站去较低层站，须乘电梯至顶层端站后去到要去的较低层站。而下集选电梯则相反，只响应下行方向的呼梯信号，欲从较低层站去较高层站，须乘电梯至基站后再去到要去的较高层站。

6. 并联控制电梯（BL）

此类电梯是把两台（有时为三台）均具集选控制功能的电梯的控制电路并联起来进行逻辑控制，共用层站召唤按钮，使其进行高效率运行的电梯。无任务时，其中一台（或两台）电梯停在预先选定的楼层（中间层站），称为自由梯，另一台电梯停在基站，称为基梯。当基站有乘客使用电梯并起动后，自由梯（或两台自由梯中的一台）即刻起动前往基站充当基梯待命。当有除基站外其他层站呼梯时，自由梯就近先行应答，并在运行过程中应答与其运行方向相同的所有呼梯信号。

7. 梯群程序控制电梯（QK）

梯群程序控制电梯简称群控电梯，由多台电梯（通常每组为4～6台）集中排列，共用层站召唤按钮，按规定程序和客流量的变化进行有程序或无程序的综合统一控制，对乘客需要电梯情况进行自动分析后，选派最适宜的电梯及时应答呼梯信号。

2.2.4　按驱动方式分类

电梯按驱动方式分为直流电动机驱动电梯、交流电动机驱动电梯、液压驱动电梯、齿轮齿条电梯、螺杆式电梯以及直线电动机驱动电梯等。

1. 直流电动机驱动电梯（Z）

直流电动机驱动电梯简称直流电梯，是指用直流电动机进行拖动的电梯。其拖动系统分为采用可控硅励磁装置的直流发动机—电动机拖动系统和采用可控硅直接供电的可控硅—电动机拖动系统两种，前者现已淘汰，后者具有性能优良、梯速较快的特点，梯速通常在4m/s以上。

2. 交流电动机驱动电梯（J）

交流电动机驱动电梯简称交流电梯，是指用交流电动机进行拖动的电梯。按速度不同，分为交流单速电梯、交流双速电梯、交流三速电梯和交流调速电梯等。交流单速电梯的额定速度一般在0.5m/s以下，只有一种运行速度。交流双速电梯有高、低两种运行速度，其额定速度一般在1m/s以下。交流三速电梯有高、中、低三种运行速度，其额定速度一般也在1m/s以下。交流双速电梯和交流三速电梯均是通过改变电动机定子绕组的极对数以获得两档或三档运行速度。交流调速电梯一般通过调压调速（ACCV或ACVV）或变频变压调速（VVVF）两种方式获得连续变化的运行速度，额定速度一般在2m/s以下。随着调速技术和电子器件的发展，现在已经被采用微机控制变频器在调节定子频率的同时调节定子中电压的磁通恒定、性能优越、安全可靠的变频变压调速电梯所取代。

3. 液压驱动电梯（Y）

液压驱动电梯简称液压电梯，是指依靠液压系统驱动轿厢做上、下运行的电梯。根据柱塞安装位置，有液压缸柱塞直接支撑轿厢底部，使轿厢升降的柱塞直顶式；液压缸柱塞设置在井道侧面，借助曳引绳通过滑轮组与轿厢连接使轿厢升降的柱塞侧置式等，梯速通常小于1m/s。

4. 齿轮齿条电梯

指采用电动机—齿轮传动机构，利用齿轮在齿条上的爬行来拖动轿厢运行的电梯。通常齿条固定在构架上，齿轮装于电梯的轿厢上。一般用在建筑工程中，也称施工升降机。

5. 螺杆式电梯

指使用螺杆顶升轿厢升降的电梯。将直顶式电梯的柱塞加工成矩形螺纹，将带有推力轴承的大螺母安装于油缸顶，电动机经减速器（或带传动）带动大螺母旋转，从而驱动电梯轿厢。

6. 直线电动机驱动电梯

直线电动机驱动电梯指用直线电动机进行驱动的电梯。与传统驱动方式相比，具有结构简单、占用空间小、节能环保、可靠性高等优点，同时，使电梯多维运动及多梯排序运行成为可能。

2.2.5 其他分类方式

电梯按是否需要司机操纵分为有司机电梯、无司机电梯和有/无司机电梯三类。有司机电梯必须有专职的电梯司机进行操纵，如施工电梯。无司机电梯不需要由专门的电梯司机进行操纵，由乘客自己操纵电梯，这类电梯通常具有集选功能。有/无司机电梯可根据电梯控制电路及客流量等在平时由乘客自己操纵电梯运行，客流大或必要时，通过控制开关改为由电梯司机操纵。

电梯按有无机房可分为常规机房电梯、小机房电梯和无机房电梯。小机房电梯采用永磁同步无齿曳引机，电梯机房面积可以缩小到等于电梯井道横截面面积，机房高度可以缩小到2300mm左右，只要满足维修电梯时能够通过环链手拉葫芦将曳引机起吊到一定高度即可，缩小了机房高度和面积，节省了电梯机房的建设费用。无机房电梯取消机房或将机房与井道融为一体，曳引机及限速器安装在井道上部，将控制柜安装在顶层端站或直接将微机等主要控制部件隐藏在顶层端站门套中。

有机房电梯按机房位置不同，又可分为机房上置式电梯、机房下置式电梯和机房侧置式电梯。机房上置式电梯的机房设在电梯井道的上方，使驱动形式简单，是目前最常用的形式。机房下置式电梯将机房设置在井道底部，结构复杂、维修不便，要求井道截面积较大，且必须做好防水、防潮等保护措施，除非建筑物上方的确无法建造电梯机房时才采用，所以此种方式用得较少。机房侧置式电梯将机房安装在井道侧边，如液压电梯，机房放在距离井道50m以内的任何地方均可。

为适应分级监管的需要，通常将电梯分为：Ⅰ类：为运送乘客而设计的电梯；Ⅱ类：主要为运送乘客，同时也可运送货物而设计的电梯；Ⅲ类：为运送病床（包括病人）及医疗设备而设计的电梯；Ⅳ类：主要为运输通常由人伴随的货物而设计的电梯；Ⅴ类：杂物电梯；Ⅵ类：为适应交通流量和频繁使用而特别设计的电梯，如速度为2.5m/s以及更高速度的电梯。

另外，按荷载大小可分为轻载电梯和重载电梯，按拖动结构不同可分为曳引式电梯、鼓轮式电梯和强制式电梯，按厅、轿门封闭与否可分为栅栏门电梯和封闭门电梯，按开门方式可分为水平中分门电梯、水平旁开门电梯、竖直中分门电梯、竖直下开门电梯、竖直上开门电梯和折叠门电梯等。

2.3　电梯的结构组成与型号

电梯是机、电、光、磁技术高度一体化的产品，机械部分相当于人的躯体，电气部分相当于人的神经，光、磁部件类似于人的感知系统，控制部分相当于人的大脑，各部门组成一个有机的统一体，使电梯安全、可靠、舒适、高效地运行。

2.3.1　电梯的组成

电梯的基本组成如图2-1所示，按所占用的空间，可分为机房、井道及底坑、轿厢和层站四个部分，即四大空间。

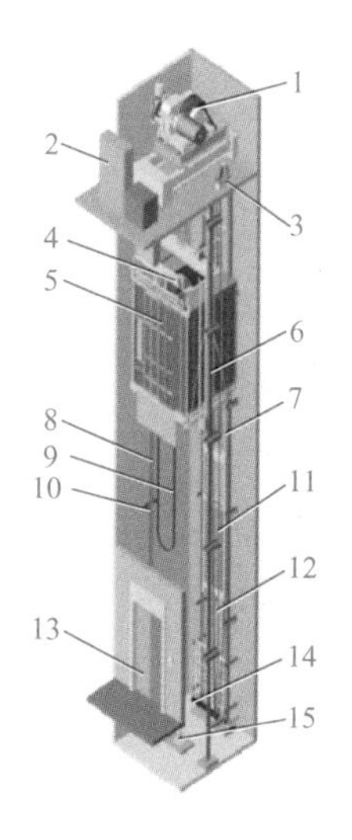

图2-1　电梯的基本组成

1—曳引机　2—控制柜　3—限速器　4—开门机　5—轿门　6—轿厢架
7—对重导轨　8—轿厢导轨　9—随行电缆　10—导轨支架　11—对重/平衡重
12—重量补偿装置　13—层门　14—重量补偿装置导向装置　15—缓冲器

机房用于安装曳引机、控制柜（屏）和限速器等，可以设置在井道顶部、底部及其他位置，要求必须有足够的面积、高度、承重能力及良好的通风条件。其组成包括总电源控制箱、控制柜、曳引机、导向轮和限速器等。

井道为电梯轿厢和对重提供一个封闭、安全运行的空间。底坑深入地面，用于安装缓冲器、限速器钢丝绳张紧装置等，要求防水，最好有排水设施。为了人员或货物出入轿厢，在每个层站开有出入口。井道组成包括底坑、围壁、井道顶以及安装在其内的导轨、导轨支架、对重、缓冲器、限速器张紧装置、补偿链、随行电缆和井道照明等。

轿厢安装于井道内，用以运送乘客或货物，具有与额定载重量和额定载客量相适应的空间。其组成包括轿厢架子、轿厢底、轿厢壁、轿厢顶、轿内操纵箱、照明设施、通风装置、轿顶检修装置、轿顶接线盒及安全护栏等。

层站是各楼层中电梯停靠的地点。每一层楼电梯最多只有一个站，根据需要，在某些层楼可不设站。其组成包括层门（厅门）、呼梯装置（召唤盒）、门锁装置、开关门装置和层楼显示装置等。

随着采用永磁同步无齿轮曳引机的不断发展，其具有速度过度平稳、控制性能好、噪声低、平层精度高等诸多优点，尤其是其体积小、重量轻的特点，对重载电梯，可以减小机房的尺寸，将机房的横截面减小到与井道横截面相同，形成小机房电梯（见图 2-2）；而对非重载电梯，可以直接将曳引机安装在井道内，不需要再设置单独的机房，形成无机房电梯（见图 2-3），大大降低了建筑成本。

图 2-2　小机房电梯

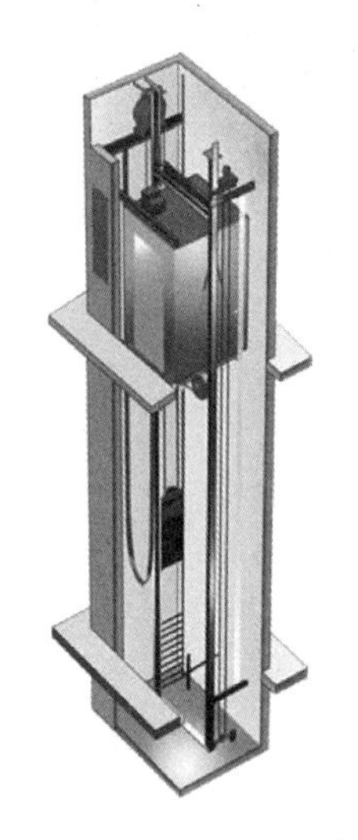

图 2-3　无机房电梯

2.3.2　电梯的系统

通常按电梯所依附建筑物和功能的不同，将电梯分为八个系统，包括曳引系统、导向系统、门系统、轿厢系统、重量平衡系统、电力拖动系统、电气控制系统和安全保护系统，称为电梯八大系统。

1. 曳引系统

曳引系统的功能是输出与传递动力，使电梯运行。它由曳引机、曳引钢丝绳、导向轮及反绳轮等组成。曳引机一般分为有齿轮曳引机和无齿轮曳引机，有齿轮曳引机由电动机、联轴器、制动器、减速器、机座和曳引轮等组成，无齿轮曳引机没有减速器和联轴器，其他与

有齿轮曳引机一样。曳引钢丝绳是电梯的专用钢丝绳，其两端分别连接轿厢和对重（或者两端固定在机房上），依靠钢丝绳与曳引轮绳槽之间的摩擦力来传递动力，驱动轿厢升降运行。导向轮也称抗绳轮，安装在曳引机架或承重梁上，其作用是满足轿厢和对重的间距要求，将曳引绳引向对重或轿厢。当采用复绕型时，还可以增加曳引能力。反绳轮是指设置在轿厢顶部和对重架顶部的动滑轮及设置在机房的定滑轮。根据需要曳引绳绕过反绳轮可构成不同的曳引比，以减少曳引钢丝绳的根数。根据曳引比的需要，反绳轮的个数可以是 1 个、2 个或 3 个等。

2. 导向系统

由导轨、导轨支架及导靴等组成，其作用是限制轿厢和对重的活动自由度，使轿厢和对重只能沿着导轨做升降运动。导轨按照电梯提升高度需求，用多根短钢轨用连接板连接而成，由安装在井道壁上的导轨架固定在井道中，确定轿厢与对重的相对位置，并对其运动进行导向。导靴安装在轿厢和对重架上，与导轨配合，强制轿厢和对重的运动服从于导轨。

3. 轿厢系统

轿厢系统是电梯的工作部分，用以运送乘客或货物的电梯组件，它由轿厢架和轿厢体两部分组成。轿厢架是轿厢体的承重构架，由上梁、立柱、底梁和斜拉杆等组成。轿厢体是电梯的工作主体，具有与额定载重量或额定载客人数相适应的空间，既要满足舒适性需要，也要荷载安全。

4. 门系统

门系统的功能是封住轿厢入口和层站入口，在电梯运行过程中保障人或货物的安全。由轿门、层门、开关门机构和门锁装置等组成。轿门设在轿厢入口，由门扇、门导轨架（俗称上坎）、地坎、门滑块和门刀等组成。层门设在层站入口，由门扇、门导轨架、地坎、门滑块、门锁装置、自闭装置及应急开锁装置等组成。开关门机构是设在轿厢上使轿门和层门开启或关闭的装置。门锁装置是设置在层门内侧，门关闭后，将门锁紧，同时接通控制电路，使电梯运行的机电联锁安全装置。

5. 重量平衡系统

由对重和重量补偿装置两部分组成，其功能是平衡轿厢重量，使轿厢与对重间重量差保持在一个限额内，减小曳引机功率、节约能源，传动正常。对重由对重架和对重块组成，用于平衡轿厢自重和部分的额定载重。重量补偿装置是高层电梯在运行过程中，由于轿厢侧与对重侧的曳引钢丝绳长度相对变化带来两侧重量的变化，而对其进行的平衡补偿的装置。

6. 电力拖动系统

电力拖动系统的功能是为电梯提供动力源，并对电梯速度进行控制。由曳引电动机、供电系统、速度反馈装置和调速装置等组成。曳引电动机是电梯的动力源，根据电梯配置可采用交流电动机、直流电动机或其他类型的电动机。供电系统是为电梯提供电源及分配的装置。速度反馈装置为调速系统提供电梯运行速度信号，一般采用测速发电机或速度脉冲发生器（编码器），通常

安装在曳引电动机轴或曳引轮轴上。调速装置根据控制器指令对曳引电动机实行调速控制。

7. 电气控制系统

电气控制系统由操纵装置、信息显示装置、控制柜和井道信息装置等组成，对电梯运行进行操纵和实时控制。操纵装置是对电梯运行实行操纵的装置，包括轿厢内的操纵盘或手柄开关箱、层站召唤装置、轿顶和机房中的检修或应急操纵箱等。信息显示装置是指轿厢内和层站的运行显示，可显示电梯运行方向、轿厢所在层站等。控制柜安装在机房中，由各类电气控制元件组成，是电梯实行电气控制的集中组件。井道信息装置能起到指示和反馈轿厢位置、决定运行方向、发出加减速信号等作用。

8. 安全保护系统

安全保护系统是为预防可能发生的危险情况所装设的装置或措施，以防止安全事故的发生。其由机械和电气的各类保护装置组成。机械方面有限速器、安全钳、缓冲器、门锁和极限开关等。电气方面有各电气开关和安全电路等。

2.3.3 电梯型号编制

我国电梯的型号由类、组、型，主参数和控制方式等三部分组成，用表征电梯基本参数的一些字母、数字和其他有关符号的组合，简单明了地表述电梯的基本参数。

第一部分是类、组、型和改型代号，用具有代表意义的大写汉语拼音字母（字头）表示，产品的改型代号按顺序用小写汉语拼音字母表示，置于类、组、型代号的右下方；第二部分是主参数代号，其左上方为电梯额定载重量，右下方为额定速度，中间用斜线分开，均用阿拉伯数字表示；第三部分是控制方式代号，用具有代表意义的大写汉语拼音字母表示。各部分间用短线分开，如图 2-4 所示。

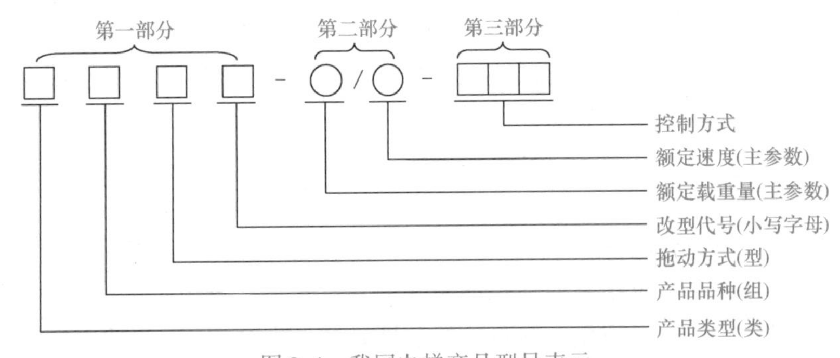

图 2-4 我国电梯产品型号表示

说明：

1）第一部分第一个方格为产品类型代号，在电梯、液压梯产品中，取“梯”字拼字字头“T”，表示电梯、液压梯“梯”产品。

2）第一部分第二个方格为产品品种代号，即电梯的用途，见表 2-3。

3）第一部分第三个方格为产品拖动方式代号，交流用 J 表示，直流用 Z 表示，液压用 Y 表示。

4）第一部分第四个方格为改型代号，以小写字母表示，没有改型时通常省略，也可冠以拖动类型调速方式，以示区分。

表2-3　电梯产品品种代号

产品类别	代表汉字	汉语拼音	采用代号
乘客电梯	客	KE	K
载货电梯	货	HUO	H
客货（两用）电梯	两	LIANG	L
病床电梯	病	BING	B
住宅电梯	住	ZHU	Z
杂物电梯	物	WU	W
船用电梯	船	CHUAN	C
观光电梯	观	GUAN	G
非商用汽车电梯	汽	QI	Q

5）第二部分第一个圆圈表示电梯的额定载重量，单位为千克（kg），是电梯的主参数之一，常见的有400kg、800kg、1000kg、1250kg等。

6）第二部分第二个圆圈表示电梯的额定速度，单位为米/秒（m/s），也是电梯的主参数之一，常见的有0.5m/s、0.63m/s、0.75m/s、1m/s、1.5m/s、2.5m/s等。

7）第三部分表示控制方式，见表2-4。

表2-4　电梯产品控制方式代号

控制方式	代表汉字	采用代号
手柄开关控制、自动门	手、自	SZ
手柄开关控制、手动门	手、手	SS
按钮控制、自动门	按、自	AZ
按钮控制、手动门	按、手	AS
信号控制	信号	XH
集选控制	集选	JX
并联控制	并联	BL
梯群控制	群控	QK
微机控制	微机	* * W

注：控制方式采用微机处理时，以汉语拼音字母W表示，排在其他代号后面，如采用微机的集选控制方式，代号为JXW。

型号编制示例如下：

1）TKJ 1000/1.6－JX：交流乘客电梯，额定载重量为1000kg，额定速度为1.6m/s，集选控制。

2）TKZ 1600/2.5－JXW：直流乘客电梯，额定载重量为1600kg，额定速度为2.5m/s，微机集选控制。

改革开放以来，众多国外电梯制造厂家产品以合资或独资制造等方式涌入国内。每个公司都有自己的电梯型号表示方法，合资厂也沿用原公司的型号命名规定，种类繁多。有以电梯生产厂家（公司）及生产产品序号编制的，如TOEC－90；有以英文字头代表电梯的种类，以产品类型序号区分的，如三菱电梯GPS－Ⅱ；有以英文字头代表产品种类，配以数字表征电梯参数的，如广日电梯YP－15－CO90。

2.4 电梯常用名词术语

本节所述电梯名词术语，在GB/T 7024—2008《电梯、自动扶梯、自动人行道术语》等国家标准或规范中有定义的，按国家标准或规范中的定义；在国家标准或规范中没有定义的，采用行业普遍的定义。

2.4.1 电梯整梯常用名词术语

1. 类型术语

（1）乘客电梯（passenger lift） 为运送乘客而设计的电梯。

（2）载货电梯（goods lift；freight lift） 主要运送货物的电梯，同时允许有人员伴随，也称货客电梯。

（3）客货电梯（passenger-goods lift） 以运送乘客为主，可同时兼顾运送非集中载荷货物的电梯。

（4）病床电梯（bed lift） 运送病床（包括病人）及相关医疗设备的电梯，也称医用电梯。

（5）住宅电梯（residential lift） 服务于住宅楼供公众使用的电梯。

（6）杂物电梯（dumbwaiter lift；service lift） 服务于规定层站固定式提升装置。具有一个轿厢，由于结构形式和尺寸的关系，轿厢内不允许人员进入。为满足人员不得进入轿厢的条件，轿厢尺寸不得超过：① 底板面积：$1m^2$；② 深度：1m；③ 高度：1.20m；但是，如果轿厢由几个固定的间隔组成，且每一间隔都满足上述要求，则轿厢总高度允许大于1.20m。

（7）船用电梯（lift on ships） 船舶上使用的电梯。

（8）观光电梯（panoramic lift；observation lift） 井道和轿厢壁至少有同一侧透明，乘客可观看轿厢外景物的电梯。

（9）非商用汽车电梯（non-commercial vehicle lift） 轿厢适于运载小型乘客汽车的电梯。

（10）防爆电梯（blast defense lift） 采取适当措施，可以应用于有爆炸危险场所的电梯。

（11）消防员电梯（firefighter lift） 首先预定为乘客使用而安装的电梯，其附加的保护、控制和信号使其能在消防服务的直接控制下使用。

（12）家用电梯（home lift）　安装在私人住宅中，仅供单一家庭成员使用的电梯；也可以安装在非单一家庭使用的建筑物内，作为单一家庭进入其住所的工具。因常安装于别墅内，也称别墅电梯。

（13）无机房电梯（machine-room-less lift）　不需要建筑物提供封闭的专门机房用于安装电梯驱动主机、控制柜、限速器等设备的电梯。

（14）曳引驱动电梯（traction lift）　依靠摩擦力驱动的电梯。

（15）强制驱动电梯（positive drive lift）　用链或钢丝绳悬吊的非摩擦方式驱动的电梯。

（16）液压电梯（hydraulic lift）　依靠液压驱动的电梯。

2. 一般术语

（1）额定乘客人数（number of passenger）　电梯设计限定的最多允许乘客数量（包括司机在内）。

（2）额定速度（rated speed）　电梯设计所规定的轿厢运行速度。

（3）检修速度（inspection speed）　电梯检修运行时的速度。

（4）额定载重量（rated load；rated capacity）　电梯设计所规定的轿厢载重量。

（5）提升高度（traveling height；Lifting height）　从底层端站地坎上表面至顶层端站地坎上表面之间的垂直距离。

（6）机房（machine room）安装一台或多台电梯驱动主机及其附属设备的专用房间。

（7）机房高度（machine room height）　机房内垂直于地板装饰面与天花板之间的最小距离。

（8）机房宽度（machine room width）　机房内平行于轿厢宽度方向测量的水平距离。

（9）机房深度（machine room depth）　垂直于机房宽度的水平距离。

（10）机房面积（machine room area）　机房的宽度与深度乘积。

（11）辅助机房（secondary machine room）　因设计需要，在井道顶设置的房间，不用于安装驱动主机，可以作为隔音层，也可用于安装滑轮、限速器和电气设备等。也称隔层或滑轮间。

（12）层站（landing）　各楼层用于出入轿厢的地点。

（13）层站入口（landing entrance）　在井道壁上的开口部分，它构成从层站到轿厢之间的通道。

（14）基站（main landing；main floor；home landing）　轿厢无投入运行指令时停靠的层站。一般位于乘客进出最多并且方便撤离的建筑物大厅或底层端站。

（15）预定层站（predetermined landing）　并联或群控控制的电梯轿厢无运行指令时，指定停靠待命运行的层站。也称待梯层站。

（16）底层端站（bottom terminal landing）　最低的轿厢停靠站。

（17）顶层端站（top terminal landing）　最高的轿厢停靠站。

（18）层间距离（floor to floor distance；interfloor distance）　两个相邻停靠层站层门地坎之间的垂直距离。

（19）井道（well；shaft；hoistway）　保证轿厢、对重（平衡重）和（或）液压缸柱塞安全运行所需的建筑空间。井道空间通常以底坑底、井道壁和井道顶为边界。

（20）单梯井道（single well） 只供一台电梯运行的井道。

（21）多梯井道（multiple well；common well） 可供两台或两台以上电梯平行运行的井道。

（22）井道壁（well enclosure；shaft wall） 用来隔开井道和其他场所的结构。

（23）井道宽度（well width；shaft width） 平行于轿厢宽度方向测量的两井道内壁之间水平距离。

（24）井道深度（well depth；shaft depth） 垂直于井道宽度方向测量的井道壁内表面之间水平距离。

（25）底坑（pit） 底层端站地面以下的井道部分。

（26）底坑深度（pit depth） 底层端站地坎上平面到井道底面之间的垂直距离。

（27）顶层高度（overhead；headroom height） 顶层端站地坎上平面到井道天花板（不包括任何超过轿厢轮廓线的滑轮）之间的垂直距离。

（28）井道内牛腿（haunched beam） 位于各层站出入口下方井道内侧，供支撑层门地坎所用的建筑物突出部分。也称加腋梁。

（29）围井（trunk） 船用电梯用的井道。

（30）围井出口（hatch） 在船用电梯的围井上，水平或垂直设置的门口。

（31）开锁区域（unlocking zone） 层门地坎平面上、下延伸的一段区域。当轿厢停靠该层站，轿厢地坎平面在此区域内时，轿门、层门可联动开启。

（32）平层（leveling） 在平层区域内，使轿厢地坎平面与层门地坎平面达到同一平面的运动。

（33）平层区（leveling zone） 轿厢停靠站上方和（或）下方的一段有限区域。在此区域内可以用平层装置来使轿厢运行达到平层要求。

（34）平层准确度（stopping accuracy） 轿厢依控制系统指令到达目的层站停靠后，门完全打开，在没有负载变化的情况下，轿厢地坎上平面与层门地坎上平面之间铅垂方向的最大差值。

（35）平层保持精度（leveling accuracy） 电梯装卸载过程中轿厢地坎和层站地坎间铅垂方向的最大差值。

（36）再平层（re-leveling） 当电梯停靠开门期间，由于负载变化，检测到轿厢地坎与层门地坎平层差距过大时，电梯自动运行使轿厢地坎与层门地坎再次平层的功能。也称微动平层。

（37）轿厢出入口（car entrance） 在轿厢壁上的开口部分，它构成从轿厢到层站之间的正常通道。

（38）轿厢出入口宽度（entrance width） 层门和轿门完全打开时测量的出入口净宽度，也称开门宽度。

（39）轿厢出入口高度（entrance height） 层门和轿门完全打开时测量的出入口净高度。

（40）轿厢入口净尺寸（clear entrance to the car） 停站后轿厢门完全开启所测得门口宽度和高度。

（41）轿厢宽度（car width） 平行于设计规定的轿厢主出入口，在离地面以上 1m 处测量的轿厢两内壁之间的水平距离，装饰、保护板或扶手，都应当包含在该距离之内。

（42）轿厢深度（car depth） 垂直于设计规定的轿厢主出入口，在离地面以上1m处测量的轿厢两内壁之间的水平距离，装饰、保护板或扶手，都应当包含在该距离之内。

（43）轿厢高度（car height） 在轿厢内测得的轿厢地板到轿厢结构的顶部之间的垂直距离，照明灯罩和可拆卸的吊顶应包括在上述距离之内。

（44）电梯司机（lift attendant） 经过专门训练、有合格操作证的经授权操纵电梯的人员。

（45）液压缓冲器工作行程（working stroke of oil buffer） 液压缓冲器柱塞端面受压后所移动的最大允许垂直距离。

（46）弹簧缓冲器工作行程（working stroke of spring buffer） 弹簧受压后变形的最大允许垂直距离。

（47）轿底间隙（bottom clearances for car） 轿厢使缓冲器完全压缩时，从底坑地面到安装在轿厢底下部最低构件的垂直距离（最低构件不包括导靴、滚轮、安全钳和护脚板）。

（48）轿顶间隙（top clearances for car） 对重使它的缓冲器完全压缩时，从轿厢顶部最高部分至井道顶部最低部分的垂直距离。

（49）对重装置顶部间隙（top clearances for counterweight） 轿厢使缓冲器完全压缩时，对重装置最高的部分至井道顶部最低部分的垂直距离。

（50）电梯曳引形式（traction types of lift） 曳引机驱动的电梯，曳引机在井道上方（或上部）的为上置曳引形式；曳引机在井道侧面的为侧置曳引形式；曳引机在井道下方（或下部）的为下置曳引形式。

（51）电梯曳引绳曳引比（hoist ropes ratio of lift） 悬吊轿厢的钢丝绳根数与曳引轮轿厢侧下垂的钢丝绳根数之比。

3. 功能术语

（1）火灾应急返回（emergency fire operation；fire emergency return） 操纵消防开关或接收相应信号后，电梯将直驶回到设定楼层，进入停梯状态。

（2）消防员服务（fireman service） 操纵消防开关使电梯投入消防员专用状态的功能。该状态下，电梯将直驶回到设定楼层后停梯，其后只允许经授权人员操作电梯。

（3）独立操作（independent operation；independent service） 通过专用开关转换状态，电梯将只接收轿内指令，不响应层站召唤（外呼）的服务功能。也称专用服务。

（4）紧急电源操作（emergency power operation） 当电梯正常电源断电时，电梯电源自动转接到用户的应急电源，群组轿厢按流程运行到设定层站，开门放出乘客后，按设计停运或保留部分运行。

（5）自动救援操作（automatic rescue operation；auto leveling rescue） 当电梯正常电源断电时，经短暂延时后，电梯轿厢自动运行到附近层站，开门放出乘客，然后停靠在该层站等待电源恢复正常。

（6）防捣乱功能（anti-nuisance car call protection） 当检测到轿内选层指令明显异常时，取消已登记的轿内运行指令的功能。

（7）地震管制（seismic function；earthquake function） 地震发生时，对电梯的运行做出

管制，以保障电梯乘客安全的功能。

（8）运行次数计数器（operation counter） 对电梯的运行次数做出累计并显示的计数器。

（9）超载保护（overload protect） 电梯超载时，轿内发出音频或视频信号，并保持开门状态，不允许起动。

（10）满载直驶（full-load non-stop） 轿厢载荷超过设定值时，电梯不响应沿途的层站召唤，按登记的轿内指令行驶。

（11）误指令消除（car call cancellation） 可以取消轿内误登记指令的功能。

（12）门受阻保护（door overload protect） 当电梯开、关门过程中受阻时，电梯门向相反方向动作的功能。

（13）提前开门（in advance door open） 为提高运行效率，在电梯进入开锁区域内，在平层过程中即进行开门动作的功能。

（14）驻停（parking；stop lift） 当启动此功能开关后，电梯不再响应任何层站召唤，在响应完轿内指令后，自动返回指定楼层停梯。也称退出运行。

（15）语音报站（speech synthesis service） 语音通报轿厢运行状况和楼层信息的功能。

（16）关门保护（door closing protection） 在关门过程中，通过安装在轿厢门口的光电信号或机械保护装置，当探测到有人或物体在此区域时，立即重新开门。

2.4.2 电梯零部件常用名词术语

（1）缓冲器（buffer） 位于行程端部，用来吸收轿厢或对重动能的一种缓冲安全装置。

（2）液压缓冲器（hydraulic buffer；oil buffer） 以液体作为介质吸收轿厢或对重动能的一种耗能型缓冲器。

（3）弹簧缓冲器（spring buffer） 以弹簧变形来吸收轿厢或对重动能的一种蓄能型缓冲器。

（4）非线性缓冲器（non-linear buffer） 以非线性变形材料来吸收轿厢或对重动能的一种蓄能型缓冲器。

（5）减振器（vibration absorber） 用来减小电梯运行振动和噪声的装置。

（6）轿厢（car；lift car） 电梯中用于运载乘客或其他载荷的箱形装置。

（7）轿厢底（car platform；platform） 在轿厢底部，支撑载荷的组件，包括地板、框架等构件，简称轿底。

（8）轿厢壁（car enclosures；car walls） 与轿厢底、轿厢顶和轿厢门围成一个封闭空间的板形构件。

（9）轿厢顶（car roof） 在轿厢的上部，具有一定强度要求的顶盖，简称轿顶。

（10）轿厢装饰顶（car ceiling） 轿厢内顶部装饰部件。

（11）轿厢扶手（car handrail） 固定在轿厢内的扶手。

（12）轿顶防护栏杆（car top protection balustrade） 设置在轿顶上方，对维修人员起保护作用的构件。

（13）轿厢架（car frame） 固定和支撑轿厢的框架，简称轿架。

（14）门机（door operator）　使轿门和（或）层门开启或关闭的装置。

（15）检修门（access door）　开设在井道壁上，通向底坑或滑轮间供检修人员使用的门。

（16）手动门（manually operated door）　靠人力开关的轿门或层门。

（17）自动门（power operated door）　靠动力开关的轿门或层门。

（18）层门（landing door；shaft door；hall door）　设置在层站入口的门，也称厅门。

（19）防火层门（fire-proof door）　能防止或延缓炽热气体或火焰通过的一种层门。

（20）轿厢门（car door）　设置在轿厢入口的门，简称轿门。

（21）安全触板（safety edges for door；safety shoe）　在轿门关闭过程中，当有乘客或障碍物触及时，使轿门重新打开的机械式门保护装置。

（22）光幕（safety curtain for door）　在轿门关闭过程中，当有乘客或物体通过轿门时，在轿门高度方向上的特定范围内可自动探测并发出信号使轿门重新打开的门保护装置。

（23）单光束保护装置（light-ray device protection）　在轿门关闭过程中，当有乘客或物体通过轿门时，在轿门高度方向上的某一点或数个特定点可自动探测并发出信号使轿门重新打开的门保护装置，也有称电眼，现较少采用。

（24）铰链门（外敞开式）（hinged doors）　门的一侧为铰链连接，由井道向候梯厅方向开启的层门。

（25）栅栏门（collapsible door）　可以折叠，关闭后成栅栏形状的层门或轿门。

（26）水平滑动门（horizontally sliding door）　沿门导轨和地坎槽水平滑动开启的门。

（27）中分门（center opening door）　层门或轿门门扇由门口中间分别向左、右开启的层门或轿门。

（28）旁开门（two-speed sliding door；two-panel sliding door；two speed door）　层门或轿门的门扇向同一侧开启的层门或轿门，也称双折门或双速门。

（29）左开门（left hand two speed sliding door）　站在层站面对轿厢，门扇向左开启的层门或轿门。

（30）右开门（right hand two speed sliding door）　站在层站面对轿厢，门扇向右开启的层门或轿门。

（31）中分多折门（center opening multiple speed door）　层门或轿门门扇由门口中间分别向左、右两侧开启，每侧有数量相同的多个门扇的层门或轿门，门扇打开后成折叠状态，如中分四扇、中分六扇等。

（32）旁开多折门（slide opening multiple speed door）　有多个门扇，各门扇向同侧开启的层门或轿门。

（33）垂直滑动门（vertically sliding door）　沿门两侧垂直门导轨滑动向上或下开启的层门或轿门。

（34）垂直中分门（bi-parting door）　门扇由门口中间分别向上、下开启的层门或轿门。

（35）曳引绳补偿装置（compensating device for hoist ropes）　用来补偿电梯运行时因曳引绳造成的轿厢和对重两侧重量不平衡的部件。

（36）补偿链装置（compensating chain device）　用金属链构成的曳引绳补偿装置。

（37）补偿绳装置（compensating rope device） 用钢丝绳和张紧轮构成的曳引绳补偿装置。

（38）补偿绳防跳装置（anti-rebound of compensation rope device） 当补偿绳张紧装置由于惯性力作用超出限定位置时，能使曳引机停止运转的安全装置。

（39）地坎（sill） 轿厢或层门入口处的带槽踏板。

（40）轿顶检修装置（inspection device on top of car） 设置在轿顶上方，供检修人员检修时使用的装置。

（41）轿顶照明装置（car top light） 设置在轿顶上方，供检修人员检修时照明的装置。

（42）底坑检修照明装置（light device for pit inspection） 设置在井道底坑，供检修人员检修时照明的装置。

（43）轿厢位置显示装置（car position indicator） 设置在轿厢内，显示其运行位置和（或）方向的装置。

（44）层门门套（landing door jamb） 装饰层门门框的构件。

（45）层门位置显示装置（landing indicator；hall position indicator） 设置在层门上方或一侧，显示轿厢运行位置和方向的装置。

（46）层门方向显示装置（landing direction indicator） 设置在层门上方或一侧，显示轿厢运行方向的装置。

（47）控制屏（control panel） 有独立的支架，支架上有金属绝缘底板或横梁，各种电子器件和电器元件安装在底板或横梁上的一种屏式电控设备。

（48）控制柜（controller；control cabinet） 各种电子器件和电器元件安装在一个有防护作用的柜形结构内的电控设备。

（49）操纵盘（operation panel；car operation panel） 用开关、按钮操纵轿厢运行的电气装置。

（50）报警按钮（alarm button） 设置在操纵盘上用于报警的按钮。

（51）急停按钮（stop button；stop switch） 能断开控制电路，使轿厢停止运行的按钮。

（52）梯群监控盘（group control supervisory panel；monitor panel） 梯群控制系统中，能集中反映各轿厢运行状态，可供管理人员监视和控制的装置。

（53）曳引机（traction machine） 包括电动机、制动器和曳引轮在内的靠曳引绳和曳引轮槽摩擦力驱动或停止电梯的装置。

（54）有齿轮曳引机（geared machine） 电动机通过减速齿轮箱驱动曳引轮的曳引机。

（55）无齿轮曳引机（gearless machine） 电动机直接驱动曳引轮的曳引机。

（56）曳引轮（driving sheave；traction sheave） 曳引机上的驱动轮。

（57）曳引绳（hoist ropes） 连接轿厢和对重装置，并靠与曳引轮槽的摩擦力驱动轿厢的专用钢丝绳。

（58）绳头组合（rope fastening） 曳引绳与轿厢、对重装置或与机房承重梁等承载装置连接用的部件。

（59）端站停止开关（terminal stopping device） 当轿厢超越了端站后，强迫其停止的保护开关。

（60）平层装置（leveling device）　在平层区域内，使轿厢达到平层准确度要求的装置。

（61）平层感应板（leveling inductor plate）　可使平层装置动作的板。

（62）极限开关（final limit switch）　当轿厢运行超越端站停止开关后，在轿厢或对重装置接触缓冲器之前，强迫电梯停止的安全装置。

（63）超载装置（overload device；overload indicator）　当轿厢超过额定载重量时，能发出警告信号并使轿厢不能运行的安全装置。

（64）称量装置（weighing device）　能检测轿厢内载荷值，并发出信号的装置。

（65）呼梯盒（hall buttons）　设置在层站门一侧，召唤轿厢停靠在呼梯层站的装置，也称召唤盒。

（66）随行电缆（traveling cable）　连接于运行的轿厢底部与井道固定点之间的电缆。

（67）随行电缆架（traveling cable support）　架设随行电缆的部件。

（68）钢丝绳夹板（rope clamp）　夹持曳引绳，能使绳距和曳引轮绳槽距保持一致的部件。

（69）绳头板（rope hitch plate）　架设绳头组合的部件。

（70）导向轮（deflector sheave）　为增大轿厢与对重之间的距离，使曳引绳经曳引轮再导向对重装置或轿厢一侧而设置的绳轮。

（71）复绕轮（secondary sheave；double wrap sheave；sheave traction secondary）　为增大曳引绳对曳引轮的包角，将曳引绳绕出曳引轮后经绳轮再次绕入曳引轮，这种兼有导向作用的绳轮为复绕轮。

（72）反绳轮（diversion sheave）　设置在轿厢架和对重框架上部的动滑轮。根据需要曳引绳绕过反绳轮可以构成不同的曳引比。

（73）导轨（guide rails；guide）　供轿厢和对重（平衡重）运行的导向部件。

（74）空心导轨（hollow guide rail）　由钢板经冷轧折弯成空腹T型的导轨。

（75）导轨支架（rail brackets；rail support）　固定在井道壁或横梁上，支撑和固定导轨用的构件。

（76）导轨连接板（件）（fishplate）　紧固在相邻两根导轨的端部底面，起连接导轨作用的金属板（件）。

（77）导轨润滑装置（rail lubricate device）　设置在轿厢架和对重框架上端两侧，为保持导轨与滑动导靴之间有良好润滑的自动注油装置。

（78）承重梁（machine supporting beams）　敷设在机房楼板上面或下面、井道顶部，承受曳引机自重及其负载和绳头组合负载的钢梁。

（79）底坑隔障（pit protection grid）　设置在底坑，位于轿厢和对重装置之间，对维修人员起防护作用的隔障。

（80）速度检测装置（tachogenerator）　检测轿厢运行速度，将其转变成电信号的装置。

（81）盘车手轮（hand wheel；wheel；manual wheel）　靠人力使曳引轮转动的专用手轮。

（82）制动器扳手（brave wrench）　松开曳引机制动器的手动工具。

（83）机房层站指示器（landing indicator in machine room）　设在机房内，显示轿厢所处层站的信号装置。

（84）选层器（floor selector）　一种机械或电气驱动的装置。用于执行或控制下述全部或部分功能：确定运行方向、加速、减速、平层、停止、取消呼梯信号、门操作、位置显示和层门指示灯控制。

（85）钢带传动装置（tape driving device） 通过钢带，将轿厢运行状态传递到选层器的装置。

（86）限速器（overspeed governor；governor） 当电梯的运行速度超过额定速度一定值时，其动作能切断安全回路或进一步导致安全钳或上行超速保护装置起作用，使电梯减速直到停止的自动安全装置。

（87）限速器张紧轮（governor tension pulley） 张紧限速器钢丝绳的绳轮装置。

（88）安全钳（safety gear） 限速器动作时，使轿厢或对重停止运行保持静止状态，并能夹紧在导轨上的一种机械安全装置。

（89）钥匙开关（key switch board） 一种供专职人员使用钥匙才能使电梯投入运行或停止的电气装置。

（90）门锁装置（door interlock；door locking device；locks） 轿门与层门关闭后锁紧，同时接通控制回路，轿厢方可运行的机电联锁安全装置。

（91）层门安全开关（landing door safety switch） 当层门未完全关闭时，使轿厢不能运行的安全装置。

（92）滑动导靴（sliding guide shoe） 设置在轿厢架和对重（平衡重）装置上，其靴衬在导轨上滑动，使轿厢和对重（平衡重）装置沿导轨运行的导向装置。

（93）靴衬（guide shoe bush；shoe gib） 滑动导靴中的滑动摩擦零件。

（94）滚轮导靴（roller guide shoe） 设置在轿厢架和对重装置上，其滚轮在导轨上滚动，使轿厢和对重装置沿导轨运行的导向装置。

（95）对重装置（counterweight） 由曳引绳经曳引轮与轿厢相连接，在曳引式电梯运行过程中保持曳引能力的装置，也称对重。

（96）护脚板（toe guard） 从层站地坎或轿厢地坎向下延伸、并具有平滑垂直部分的安全挡板。

（97）挡绳装置（ward off rope device） 防止曳引绳或补偿绳越出绳轮槽的防护部件。

（98）轿厢安全窗（top of car emergency exit；car emergency opening） 在轿厢顶部向外开启的封闭窗，供安装、检修人员使用或发生事故时援救和撤离乘客的轿厢应急出口。窗上装有当窗扇打开或没有锁紧即可断开安全回路的开关，也称轿厢紧急出口。

（99）轿厢安全门（car emergency exit；emergency door） 同一井道内有多台电梯时，在两台电梯相邻轿厢壁上向轿厢内开启的门，供乘客和司机在特殊情况下离开轿厢，而改乘相邻轿厢的安全出口。门上装有当门扇打开或没有锁紧即可断开安全回路的开关装置，也称应急门。

（100）近门保护装置（proximity protection device） 设置在轿厢出入口处，在门关闭过程中，当出入口附近有乘客或障碍物时，通过电子元件或其他元件发出信号，使门停止关闭，并重新打开的安全装置。

（101）紧急开锁装置（emergency unlocking device） 为应急需要，在层门外借助三角钥匙孔可将层门打开的装置。

本章习题

一、判断题

1. 电梯的主参数包括额定载重量、额定速度及驱动方式等。 ( )

2. 电梯的主要性能要求包括安全性、可靠性和美观性三个方面。 ( )

3. 电梯型号 TKJ 1000/1.6-JX 表述电梯的控制方式为交流调压调速控制。 ( )

二、填空题

1. 电梯的四大空间是指________、________、________和________。

2. 电梯轿厢的平层准确度宜在________范围内。平层保持精度宜在________范围内。

3. 电梯型号 TKZ 1600/2.5 - JXW 中的 Z 表示________。

三、单项选择题

1. 信号控制电梯和集选控制电梯的主要区别在于( )。

A. 有无信号　　B. 能否顺向截停

C. 有无司机操纵　　D. 信号能否用于控制

2. 并联控制电梯是把( )台电梯并联起来进行逻辑控制，共用召唤按钮的电梯。

A. 2　　B. 4　　C. 5　　D. 6

3. 电梯技术中被称为电梯“生理系数”的是( )。

A. 电梯的运行速度　　B. 电梯的额定速度

C. 电梯的加速度　　D. 电梯的加速度变化率

四、简答题

1. 简述电梯正常工作的条件有哪些？

2. 电梯按用途分一般包括哪些种类？

3. 电梯的安全保护系统主要由哪些部件组成？

4. 电梯的型号表示包括哪些内容？各自使用哪些代号？

第 3 章 曳引驱动

学习导论

曳引驱动是现代电梯广泛采用的一种运行方式，运用曳引方式驱动的电梯即为曳引驱动电梯，也就是提升绳靠主机的驱动轮绳槽的摩擦驱动的电梯。曳引电梯的曳引状态，不仅决定了电梯运行的安全性、舒适性、运行效率等因素，而且也可能产生不准确平层、溜梯、轿厢的意外移动等问题。

电梯曳引驱动包括驱动力、力矩、曳引力以及曳引电动机、制动器、联轴器、减速器、曳引轮、曳引绳（钢带）等内容，构成的系统为曳引系统。

曳引系统的功能是输出与传递动力，驱动或者抑制电梯轿厢运行。

曳引系统主要由曳引机、曳引钢丝绳、导向轮和反绳轮等组成。曳引绳可靠性高，安全可靠；曳引绳长度不受限，提升高度大；可应用高速电动机，系统结构紧凑。

问题与思考

看到图 3-1 你会想到什么问题呢？

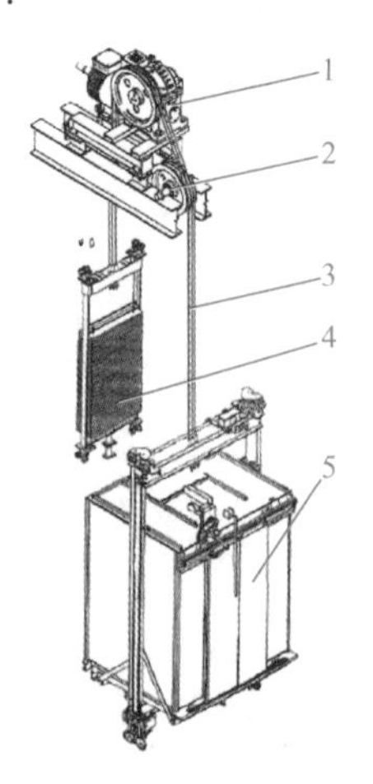

图 3-1　轿厢对重悬挂示意图

1—曳引机　2—导向轮　3—曳引绳　4—对重　5—轿厢

1. 轿厢是如何被提升、降下的？
2. 乘坐电梯安全吗？

3. 电梯运行需要多大的力量？
4. 为什么电梯的运行路径要一定？
5. 进出轿厢时，为什么轿厢基本不动？
6. 乘坐的电梯为什么会出现晃动？
7. 曳引电梯的驱动主机有哪些类型？
8. 曳引电梯的曳引方式有哪些？

学习目标

1. 了解电梯曳引系统的组成及工作原理。
2. 掌握曳引机的工作原理及种类。
3. 掌握电梯的曳引能力。
4. 掌握曳引系数、电梯的曳引条件、曳引轮绳槽与曳引力的关系。
5. 了解包角对曳引力的影响。
6. 了解电梯的最大曳引能力、允许轿厢最小自重。
7. 掌握制动器的工作原理。
8. 了解电梯运行的舒适性要求。

3.1　曳引机概述

电梯曳引机是电梯的动力源，又称电梯主机。它一般由曳引电动机、制动器、联轴器、减速器、曳引轮、机架和导向轮及附属盘车手轮等组成。曳引机通常分为有齿轮曳引机和无齿轮曳引机，分别如图 3-2 和图 3-3 所示。

a) 下置式蜗杆曳引机

b) 上置式蜗杆曳引机

c) 行星齿轮曳引机

图 3-2　有齿轮曳引机

图 3-3　无齿轮曳引机

3.1.1 曳引机的基本技术要求

1）曳引机工作条件应满足：

① 海拔高度不超过1000m。如果海拔高度超过1000m，则应按GB 755—2008有关规定进行修正。

② 环境空气温度应保持在+5～+40℃。

③ 运行地点的空气相对湿度在最高温度为+40℃时不应超过50%，在较低温度下可有较高的相对湿度，最湿月的月平均最低温度不应超过+25℃，该月的月平均最大相对湿度不应超过90%。若可能在设备上产生凝露，则应采取相应措施。

④ 电网供电电压波动与额定值偏差不应超过±7%。

⑤ 环境空气不应含有腐蚀性和易燃性气体。

2）曳引机制动应可靠，在电梯整机上，平衡系数为0.40，轿厢内加上150%的额定载重量，历时10min，制动轮与制动闸瓦之间应无打滑现象。

3）制动器的最低起动电压和最高释放电压应分别低于电磁铁额定电压的80%和55%，制动器开启迟滞时间不超过0.8s。制动器线圈耐压试验时，导电部分对地施加1000V电压，历时1min，不应出现击穿现象。

4）制动器部件的闸瓦组件应分两组装设，如果其中一组不起作用，制动轮上仍能获得足够的制动力，使载有额定载重量的轿厢减速。

5）曳引机在检验平台上空载高速运行时，A计权声压级噪声的测量表面平均值不应超过表3-1规定；低速时，噪声值应低于高速时噪声值。

表3-1 曳引机噪声限值

项目		曳引机额定速度/（m/s）		
		≤2.5	>2.5 ≤4	>4 ≤8
空载噪声 $\bar{L}_{PA}$/dB（A）	无齿轮曳引机	62	65	68
	有齿轮曳引机	70	80	—

3.1.2 曳引机的类型

曳引机的分类方式多种多样，可以按减速方式、驱动电动机、用途、速度、结构和曳引机技术等分类，如图3-4所示。

随着技术的发展，新型的主流曳引机将不断出现。已经应用的曳引机优缺点见表3-2。表3-2中的第5代曳引机已经逐步趋于完善，目前几乎所有的指标均全部超越前面4代。

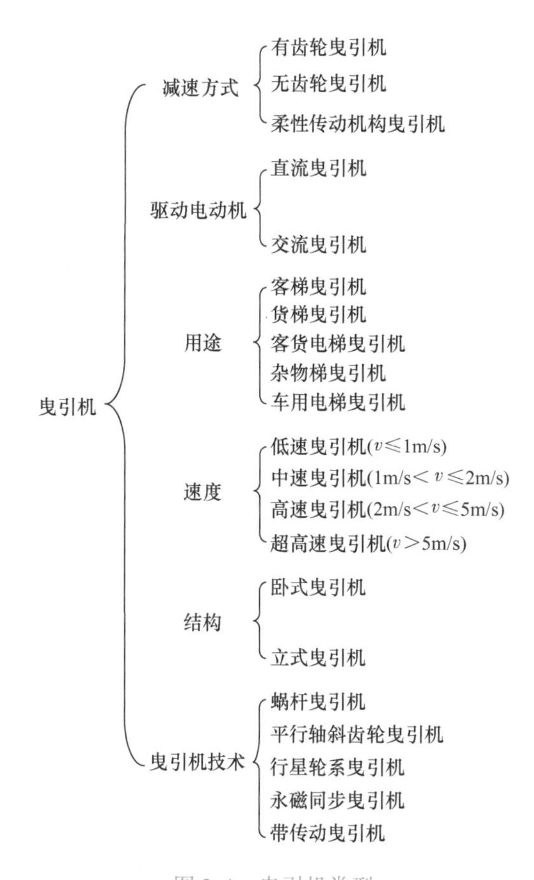

图 3-4 曳引机类型

表 3-2 曳引机优缺点

代	曳引机类型	优点	缺点	图例
第1代	蜗杆曳引机	运行平稳，噪声和振动小，传动件少，容易维修	齿面滑动速度大，润滑困难，效率低，齿面易于磨损，且啮合原理导致安装精度要求高，也就易于发生不对中故障	
第2代	平行轴斜齿轮曳引机（20世纪50年代由日本推出，一直沿用到20世纪90年代末期）	效率高，齿面磨损寿命是蜗杆曳引机的10倍	为了达到低噪声，要求加工精度高，必须磨齿。同时由于齿面硬度高，不能通过磨合补偿制造和装配误差，且钢的渗碳淬火质量不易保证	
第3代	行星轮系曳引机（包括谐波齿轮和摆线针轮）	效率高，齿面磨损寿命是蜗杆曳引机的10倍。体积比斜齿轮小，可靠性比斜齿轮高	即使采用高的加工精度，由于难于采用斜齿轮啮合，噪声相对较大。此外，谐波传动效率低，柔轮疲劳问题较难解决，而摆线针轮加工要有专用机床，且磨齿困难	

（续）

代	曳引机类型	优点	缺点	图例
第4代	永磁同步无齿轮曳引机	取消齿轮传动，体积减小，重量减轻，系统结构简化，且无传动失效风险，没有齿轮润滑的问题，易于实现免维护	价格增加，且低速电动机的效率很低（远远低于普通异步电动机） 另外，对于变频器和编码器的要求有所提高，而且电动机一旦出故障，必须拆下来送回工厂修理	
第5代	带传动曳引机	具有最高等级的总机电效率，最低的起动电流，最小的体积和重量，最好的可维护性。完全免维护调整，性能价格比最好	其貌不扬，易于被人误解	

3.1.3 曳引机的结构

根据电梯曳引机的电动机与曳引轮之间有无减速器分为有齿轮曳引机与无齿轮曳引机。

1. 有齿轮曳引机

有齿轮曳引机广泛用于运行速度 $v \leq 2.0\text{m/s}$ 的各种交流双速和交流调速的货梯、客梯、杂物梯上，可以采用减速器包括蜗杆减速器、斜齿轮减速器、行星齿轮减速器等。但是，采用减速器，增大了能量的损耗，并在使用过程中要加润滑油润滑，润滑油泄漏易造成环境污染。

通常情况下，为了减小曳引机运行时的噪声和提高平稳性，电梯曳引机的减速器一般通过蜗轮蜗杆实现减速，将电动机的高速变为曳引轮的低速，同时提高输出转矩。根据蜗轮在垂直方向的位置分为上置式和下置式，上置式即蜗杆在蜗轮上方；下置式与之相反。

这种曳引机主要由曳引电动机、减速器、制动器、曳引轮和机座等构成，外形如图 3-5 所示。

图 3-5 有齿轮曳引机

1—电动机 2—减速器 3—制动器 4—曳引轮

2. 无齿轮曳引机

无齿轮曳引机通常由电动机、制动器和曳引轮等构成，外形如图 3-6 所示。

图 3-6　无齿轮曳引机

1—制动器　2—电动机　3—曳引轮

无齿轮曳引机用曳引电动机是专为电梯设计和制造的、能适应电梯的运行工作特点、具有良好调速性能的交流变频电动机或直流电动机，具有体积小、高效节能、噪声低、寿命长、安全可靠等优点，同时也适应无机房、小机房的需要，主要用在轿厢运行速度 $v>2.0\text{m/s}$ 的高速电梯上。其曳引轮紧固在曳引电动机输出轴上，没有减速器，简化了电梯结构，减小了曳引机系统总重量，减少了能量的损耗与润滑要求，使曳引装置变得简单、轻便。

无齿轮曳引机去除了减速器，它在制动时所需要的制动力矩要比有减速器的曳引机大得多，为减小制动力，其制动器比有减速器曳引机的大，且多数情况用于复绕传动结构中，其曳引轮轴、复绕轮轴及其轴承的受力要比有齿轮曳引机大得多，相应的轴也显得粗大。

永磁同步无齿轮曳引机主要由稀土类永磁同步电动机、制动系统、曳引轮和底座等组成，外部结构如图 3-7 所示，而整体展开结构如图 3-8 所示。其原理是通过高精度的速度传感器的检测、反馈和快速电流跟踪的变频装置的控制，以同步转速进行转动，有与直流电动机相同的线性、恒定转矩及可调节速度的电动机，平稳地直接驱动曳引轮，比异步电动机结构更简单。

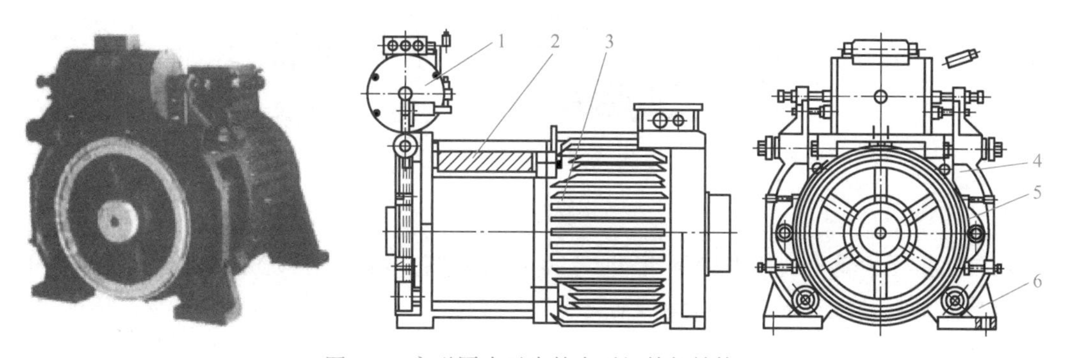

图 3-7　永磁同步无齿轮曳引机外部结构

1—制动电磁铁　2—曳引轮　3—曳引电动机　4—制动臂　5—制动轮　6—曳引机底座

图 3-8 永磁同步无齿轮曳引机整体展开结构

1—机座 2—编码器 3—后轴承盖 4—电磁铁组件 5—制动臂组件
6—定子组件 7—转子组件 8—盘车支撑架 9—曳引轮 10—盘车轮

永磁同步无齿轮曳引机制动方式可以分为双推（毂）制动、钳式制动、鼓（毂）式制动和轴刹制动等，如图 3-9 所示。

a) 双推(毂)制动

b) 钳式制动

c) 轴刹制动

图 3-9 永磁同步无齿轮曳引机制动方式

永磁同步无齿轮曳引机按照转子结构可以分为内转子结构与外转子结构，如图 3-10 所示。

a) 内转子结构

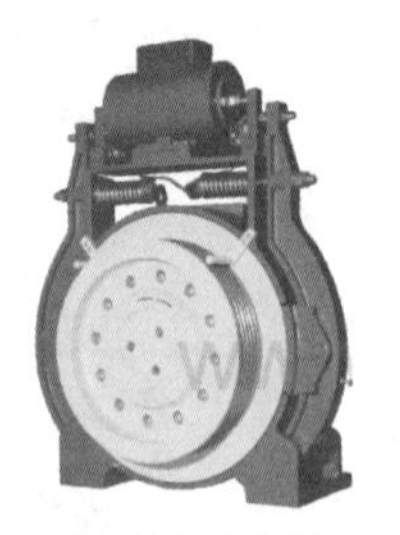

b) 外转子结构

图 3-10 永磁同步无齿轮曳引机

永磁同步无齿轮曳引机发展于 20 世纪 90 年代中期，相对于传统曳引机，其优点如下：

（1）永磁同步无齿轮曳引机无传动结构

1）整体成本较低。永磁同步无齿轮曳引机结构简单，体积小，重量轻，可适用于无机房、小机房状态，即使安装在机房也仅需很小的面积，使得电梯整体成本降低。

2）高性价比。永磁同步无齿轮曳引机取消了齿轮减速器，简化了结构，降低了成本，

减轻了重量，并且传动效率的提高可节省大量的电能，运行成本低。

3）安装简便。曳引轮直接固定在电动机的轴上，结构紧凑，体积小、重量轻，便于运输、吊装、维护。而且，由于无齿轮曳引机没有液态润滑油，即无泄漏，不仅没有污染，而且可以任意姿态安装，如底脚朝上悬挂于井道顶板处。

4）运行平稳。永磁同步无齿轮曳引机采用非接触的电磁力传递功率，没有丢转、打滑现象，电梯平层精度高、运行可靠；也没有齿轮啮合的噪声和振动，电梯运行平稳、噪声低。

5）磨损低。无齿轮曳引机没有传动结构，除了电动机转子轴（它同时又是曳引轴）上有一组轴承之外，没有其他机械磨损，延长了曳引机的使用寿命。

6）省油。由于无齿轮曳引机没有传动结构，无需传统减速器中的润滑油，它只在轴承内存有足量的润滑脂。

7）节约能源。永磁同步无齿轮曳引机采用永磁材料，没有了传统曳引机的励磁线圈和励磁电流消耗，提高了电动机的功率因数，且没有机械方面的功率损耗，提高了效率。

8）安全可靠。永磁同步无齿轮曳引机运行中，当三相绕组短接时，轿厢的动能和势能可以反向拖动电动机进入发电制动状态，并产生足够大的制动力矩阻止轿厢超速，所以能避免发生轿厢冲顶或蹲底事故。

（2）永磁同步无齿轮曳引机控制系统　永磁同步无齿轮曳引机设计了“断电短路”环节，利用“永磁同步电动机短接三相绕组时可以作为发电机运行”的特性，有效地避免电梯失控溜车。

1）当电梯失控（如电梯停止运行，又恰遇抱闸故障无法制动）发生溜车时，由于绕组短路、发电制动，在很小的转速下就会产生很大的力矩，使电梯溜车的速度变得非常缓慢。

2）当无齿轮曳引机安装在井道内，遇有故障停梯在平层区域以外需要疏放乘客时，可以通过连接开闸扳手的钢丝拉索，方便地在井道外开闸，缓慢溜放到平层位置。

3）当电梯严重超载（如超过额定载荷150%）造成电梯下沉时，其下沉速度也是非常缓慢的，提高了电梯的安全可靠性。

另外，永磁同步电动机具有起动电流小、无相位差的特点，使电梯起动、加速和制动过程更加平顺，改善了电梯舒适感。

3.2　曳引电动机

曳引电动机是驱动电梯上下运行的动力源，是将电能转换成机械能的装置。

3.2.1　电梯用电动机的要求

电梯的运行过程复杂，有频繁的起动、制动、正转、反转，而且负载变化大，经常工作在重复、短时、电动、再生制动等状态下。电梯必须用专门的电动机，其特点如下：

1）电动机的额定容量为短时重复工作制，应能承受大负载的起动冲击和正反转要求。

2）电动机应具有大的起动力矩，应满足满载起动加速时所需的动力矩，应无过大的起动电流。

3）具有发电制动特性，能满足对速度控制的要求，保证电梯的安全运行。

4）有较好的机械性能，不因载荷变化而影响速度的控制及速度变化的平稳性。

3.2.2 曳引电动机的性能特点

1. 曳引机的速度

采用有齿轮曳引机的电梯，其曳引电动机转速与曳引机的减速比、曳引轮节圆直径、悬挂比、电梯运行速度之间的关系可用以下公式表示：

$$n = 60vik/D \tag{3-1}$$

式中，n 为曳引电动机转速（r/min）；v 为电梯运行速度（m/s）；D 为曳引轮节圆直径（m）；k 为悬挂比；i 为曳引机的减速比。

2. 曳引电动机的输出功率

$$P = (1 - K_p)Qv/102\eta \tag{3-2}$$

式中，P 为曳引电动机输出功率（kW）；K_p 为电梯平衡系数，一般取 0.45 ~ 0.50；Q 为电梯轿厢额定载重量（kg）；v 为电梯额定运动速度（m/s）；η 为电梯的机械总效率。

3.2.3 曳引电动机的类型

曳引电动机根据用电电源分为直流曳引电动机和交流曳引电动机。

直流驱动曳引电动机由直流电动机驱动，可以细分为发电机组供电式和晶闸管供电式，控制比较方便、运动速度比较平稳、传动效率高，但是，结构复杂，需交、直流变换装置，主要用在 6m/s 以上的超高速电梯上。

交流驱动曳引电动机分为异步电动机和同步电动机，其中异步电动机又有单速、双速、调速三种形式。异步单速电动机用于杂物电梯，异步双速电动机用于载货电梯，异步调速电动机一般用于乘客电梯和医用电梯上。

交流电动机驱动还可以按调速方法的不同细分为变极式和调压调频式等多种形式。

目前交流同步电动机调速使用 VVVF 技术，是目前使用最多的一种电梯用电动机。

3.3 制动器

电梯是一种间隙动作机械，起动和制动频繁，制动器性能的优劣直接关系到电梯的运行安全，也影响着电梯的乘坐舒适感和平层准确度等运行性能。

3.3.1 制动器的功能

电梯制动器（以下简称制动器）是电梯的一个重要部件，没有制动器，电梯就不能正常运行。

制动器安装在电动机转轴上的制动轮处，是一种常闭式制动机构。停车时，制动器的闸瓦将制动轮夹紧并制动。电动机通电运转的瞬间，制动电磁铁中线圈通电产生电磁场，电磁力克服制动弹簧作用力，使制动闸瓦松开制动轮（盘），从而制动器松闸，曳引轮轴转动，电梯起动工作。当电磁线圈失电后或者电梯处于静止状态时，在制动弹簧压力作用下，制动闸瓦紧压制动轮（盘），从而制动器紧闸制动。

制动器在电梯断电或制动时能按要求产生足够大的制动力矩，使电动机轴或减速器轴立即制停，并且在制动轮正、反转时，制动效果相同。

3.3.2 制动器的要求

1）制动器采用具有两个制动装置的结构，即向制动轮（盘）施加制动力的制动器部件分成两组装设，以满足当一组部件不起作用时，制动轮（盘）仍可从另一组部件获得足够的制动力，使载有额定载荷的轿厢减速，提高制动的可靠性。

2）对于有减速器曳引机的制动器安装在电动机和减速器之间，即装在高速转轴上，可减小制动力矩，从而减小制动器的结构尺寸。

3）制动轮应该安装在减速器输入轴一侧，不能装在电动机一侧，以保证联轴器断裂时，电梯仍能被迅速制停。

4）制动轮装在高速轴上，必须进行动平衡，否则将产生较大的离心力，引起振动及机件的附加应力，对电梯正常工作不利。

5）制动时，制动闸瓦应紧密贴合在制动轮的工作面上，制动轮与闸瓦的接触面积应大于闸瓦面积的80%。

6）为了减少制动器抱闸、松闸的时间和噪声，制动器线圈内两块铁心之间的间隙不宜过大。

7）在电梯安全运行时，制动闸瓦与被制动轮应完全松开，两边间隙均匀，不大于0.7mm。闸瓦与制动轮之间的间隙越小越好，一般以松闸后闸瓦不碰擦运转着的制动轮为宜。

制动力矩为

$$M_d = 975P/n \tag{3-3}$$

式中，M_d为制动力矩；P为曳引电动机功率（kW）；n为曳引电动机转速（r/min）。

3.3.3 制动器的结构

制动器应采用具有两组独立的制动机构，主要部件有制动电磁铁、制动瓦块、制动带、制动轮、制动臂、制动衬和制动器弹簧等。

1. 制动电磁铁

制动电磁铁根据励磁电流的种类，可以分为直流电磁铁和交流电磁铁。通常制动电磁铁和电动机电力拖动回路并联，即电动机通电转动时，电磁铁得电促使制动器松闸释放，保证机械运动。

2. 制动瓦块

制动瓦块有固定式和铰接式两种。固定式的安装要求高、精度差，虽然构造简单，但是调试困难，现在几乎不再采用。铰接式的由于瓦块可以绕铰点旋转，瓦块和制动轮之间的间隙可以调整，因此尽管制动器安装位置略有差异，瓦块仍可很好地和制动轮密切配合。

3. 制动带

制动带的摩擦因数大且耐磨；具有适当的刚性，但不伤制动轮；同时，能耐高的工作温度，且导热性好。

4. 制动轮

制动轮一般用铸铁制造。为了降低制动带的磨损，制动轮的表面粗糙度为$Ra3.2\sim0.8\mu m$。

有齿轮曳引机采用带制动轮的联轴器。无齿轮曳引机的制动轮与曳引绳轮铸成一体，并直接安装在曳引电动机轴上。

3.3.4 典型制动器

图 3-11 所示为卧式电磁铁制动器，其工作原理如下：电梯处于停止状态时，电磁制动器的线圈中均无电流通过，电磁铁心间没有吸引力，制动臂 9 在制动弹簧 13 的作用下，带动制动瓦块 10 及制动带 11 压向制动轮 12 的工作表面，制动轮抱紧抱闸制动。

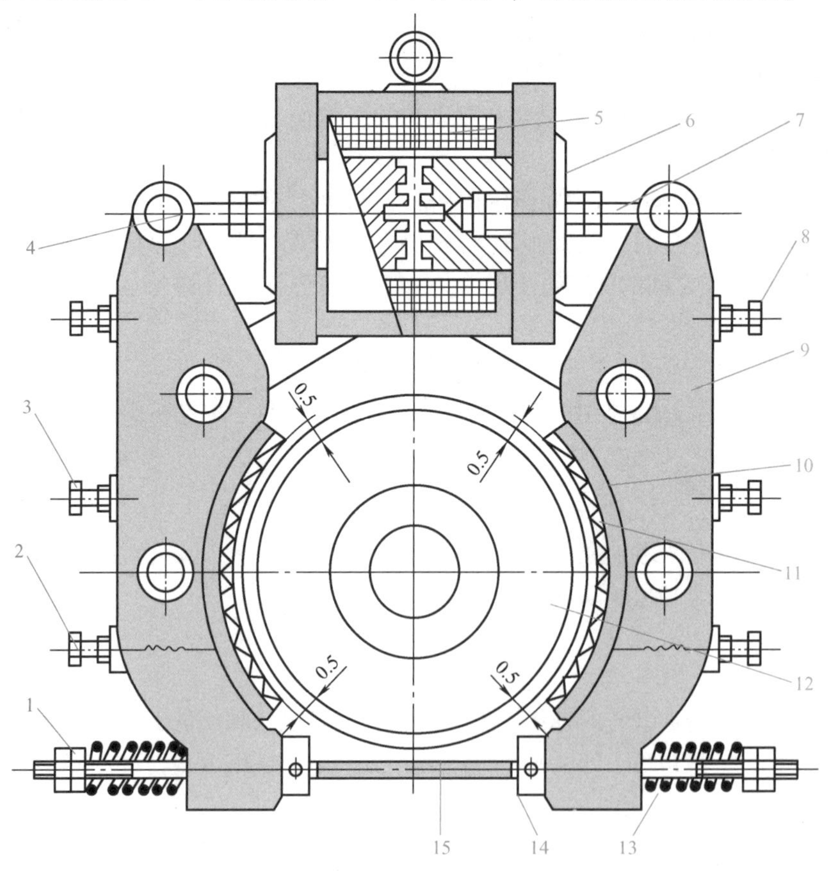

图 3-11 卧式电磁铁制动器

1—制动弹簧调节螺母 2—制动瓦块定位弹簧螺栓 3—制动瓦块定位螺栓 4—倒顺螺母 5—制动电磁铁线圈 6—电磁铁心 7—拉杆 8—定位螺栓 9—制动臂 10—制动瓦块 11—制动带 12—制动轮 13—制动弹簧 14—手动松闸凸轮 15—制动弹簧螺杆

在曳引电动机通电旋转的瞬间，制动电磁铁线圈 5 同时通上电流，电磁铁心 6 迅速磁化吸合，带动拉杆 7 向里运动，拉杆 7 推动制动臂 9 克服制动弹簧 13 的作用力，制动瓦块 10 及制动带 11 张开，与制动轮 12 的工作表面完全脱离，电梯起动运行。

电梯轿厢到达所需停站或需紧急停止时，曳引电动机、制动电磁铁线圈 5 失电，电磁铁心 6 中磁力迅速消失，电磁铁心 6 在制动弹簧力的作用下通过制动臂 9、拉杆 7 复位，使制动瓦块 10、制动带 11 将制动轮抱住，电梯停止运行。

图 3-12 所示为立式电磁铁制动器，其工作原理如下：电梯处于停止状态时，制动臂 9 在制动弹簧 1 的作用下，带动制动瓦块 11 及制动带 12 压向制动轮 13 的工作表面，抱闸制动。

曳引机开始运转时，制动电磁铁线圈 5 得电，铁心被磁化，动铁心 6 则向下推动顶杆 8 下移，顶杆 8 推动转臂 16 转动，转臂 16 推动顶杆螺栓 10 向外运动，两侧制动臂 9 转动，将制动瓦块 11 和制动带 12 推开，离开制动轮 13 的工作表面，电梯起动工作。

电梯轿厢到达所需停站或需紧急停止时，曳引电动机、制动电磁铁线圈 5 失电，铁心中磁力迅速消失，动铁心 6 在制动弹簧力的作用下通过制动臂 9、顶杆螺栓 10、转臂 16、顶杆 8 复位，使制动瓦块 11、制动带 12 将制动轮抱住，电梯停止运行。

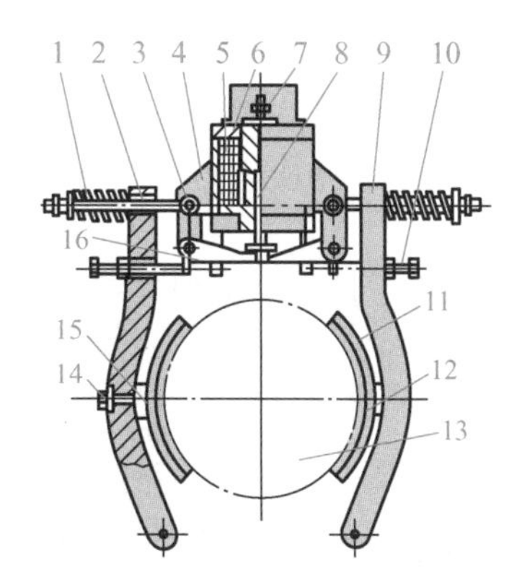

图 3-12 立式电磁铁制动器

1—制动弹簧 2—拉杆 3—销钉 4—电磁铁座 5—制动电磁铁线圈 6—动铁心 7—罩盖 8—顶杆 9—制动臂 10—顶杆螺栓 11—制动瓦块 12—制动带 13—制动轮 14—连接螺钉 15—球面头 16—转臂

图 3-13 和图 3-14 所示分别为碟式电动机制动器布置和结构，其工作原理如下：电梯处于停止状态时，制动闸瓦（衔铁）6 在碟形弹簧（制动弹簧）2 的推动下，带着制动片 4 压向制动轮 5 的工作表面，实现制动。

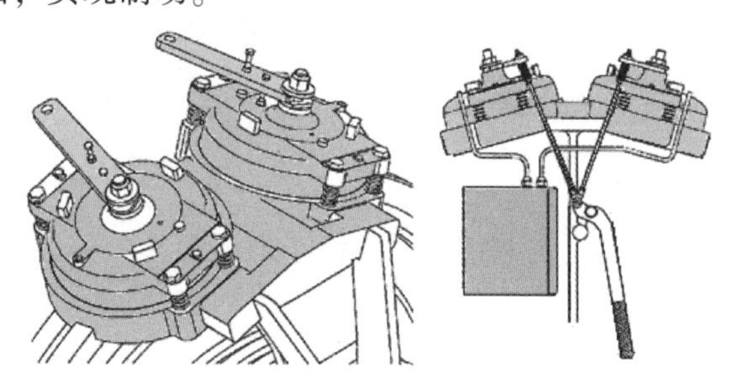

图 3-13 碟式电动机制动器布置

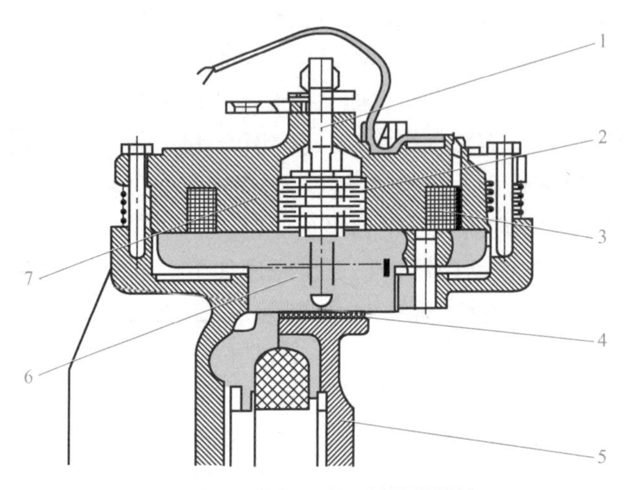

图 3-14 碟式电动机制动器结构

1—中心轴 2—碟形弹簧 3—电磁铁线圈 4—制动片 5—制动轮 6—制动闸瓦（衔铁） 7—铁心

曳引机开始运转时，电磁铁线圈 3 得电，吸附制动闸瓦（衔铁）6，碟形弹簧 2 被进一步压缩，衔铁 6 带着制动片 4 向上移动，离开制动轮 5 工作表面，抱闸释放，电梯起动工作。

电梯轿厢到达所需停站或需紧急停止时，曳引电动机、电磁铁线圈 3 失电，铁心 7 中磁力迅速消失，制动闸瓦（衔铁）6 在碟形弹簧 2 的作用下带着制动片 4 压向制动轮 5，将制动轮压住，电梯停止运行。

图 3-15 所示为曳引机碟式制动器，其工作原理如下：电梯处于停止状态时，制动片 3、4 在制动弹簧 2 的作用下压向制动盘 8 的工作表面，实现制动。

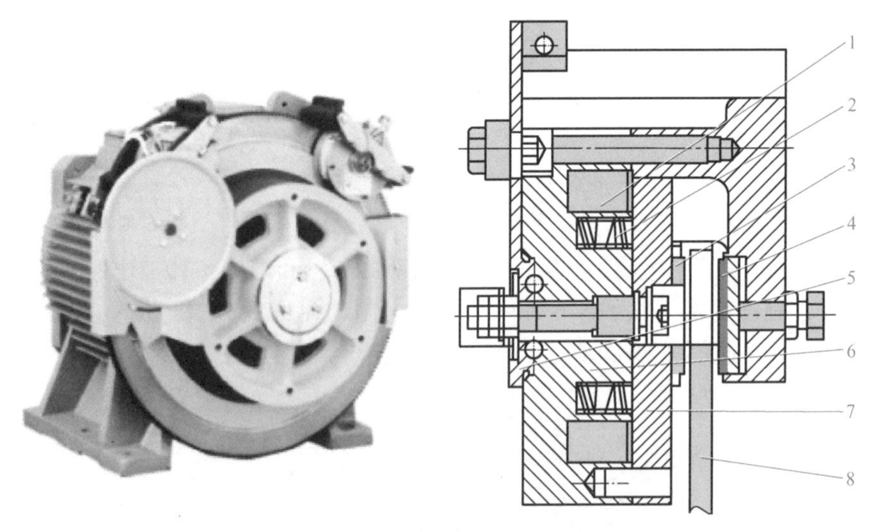

图 3-15 曳引机碟式制动器

1—电磁铁线圈 2—制动弹簧 3、4—制动片 5—释放座 6—铁心 7—衔铁 8—制动盘

曳引机开始运转时，电磁铁线圈 1 得电而产生磁场，铁心 6 被磁化，吸附衔铁 7，使制动片 3、4 脱离制动盘 8 的工作表面，抱闸释放，电梯起动运行。

电梯轿厢到达所需停站或需紧急停止时，曳引电动机、电磁铁线圈1失电，铁心6中磁力迅速消失，衔铁7在制动弹簧2的作用下使制动片压向制动盘，将制动盘压住，电梯停止运行。

图3-16所示为具有内胀式制动器的曳引机，内胀式制动器用于大型的无齿轮曳引机，曳引轮的内圆柱面即为制动轮的工作面。内胀式制动器将制动用电磁铁、制动臂、制动闸瓦、制动弹簧等安装在制动滚筒的内部，其工作原理如下：电梯处于停止状态时，制动闸瓦4在制动弹簧5的作用下压紧制动轮1的内工作表面，实现制动。

曳引机开始运转时，在电磁铁的作用下，制动臂2旋转（左侧顺时针转动，右侧逆时针转动)，拖动可调拉杆3，可调拉杆3拖动制动闸瓦4，制动闸瓦4从而脱离制动轮1的内工作表面，抱闸释放，电梯起动运行。

电梯轿厢到达所需停站或需紧急停止时，曳引电动机、制动电磁铁中的线圈失电，制动闸瓦4在制动弹簧5的作用下压住制动轮，电梯停止运行。

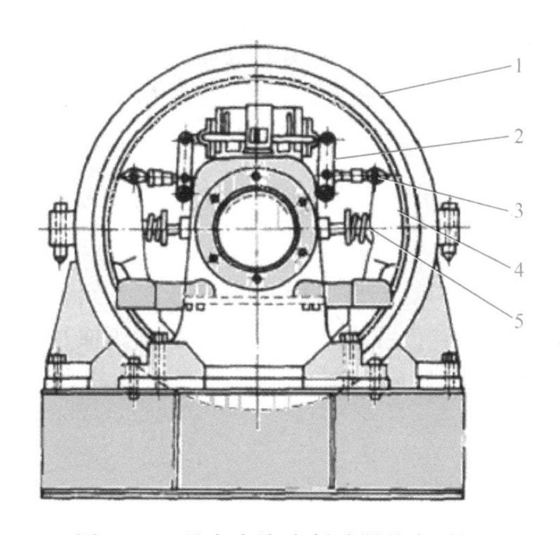

图3-16 具有内胀式制动器的曳引机

1—制动轮（曳引轮） 2—制动臂

3—可调拉杆 4—制动闸瓦 5—制动弹簧

3.3.5 制动器的其他要求

1）制动系统应采用机电式制动器（摩擦型)，不应采用带式制动器。

2）所有参与向制动轮（盘）施加制动力的制动器机械部件应至少分两组设置。应监测每组机械部件，如果其中一组部件不起作用，则曳引机应停止运行或不能起动，并应仍有足够的制动力使载有额定载重量以额定速度下行的轿厢减速下行。

3）电磁线圈的铁心被视为机械部件，而线圈则不是。

4）制动衬不应含有石棉材料。

5）在满足GB/T 24478—2009中4.2.2.2的情况下，制动器电磁铁的最低吸合电压和最高释放电压应分别低于额定电压的80%和55%。

3.3.6 制动器的选用原则

1）有符合已知工作条件的制动力矩，并有足够的储备（应保证一定的安全系数）。

2）所有的构件要有足够的强度和刚性，疲劳强度要高。

3）摩擦零件的磨损量要尽可能小，同时具有良好的热稳定性（即温度升高后摩擦因数要稳定）。

4）抱闸制动平稳，松闸灵活，两摩擦面能完全分离，贴合时吻合良好。

5）结构简单，便于调整和检修。

6）轮廓尺寸和安装位置尽可能小。

3.4 减速器

曳引机减速器用于有齿轮曳引机，位于曳引电动机转轴和曳引轮转轴之间，将曳引电动机的转速降至曳引轮所需要的转速，同时将电动机的输出转矩放大，以满足驱动轿厢的要求。

3.4.1 减速器的类型

曳引机减速器按其主传动机构的类型可以分为蜗杆式、斜齿轮式和行星齿轮式三种。另外还有极少量其他减速器类型的有齿式曳引机。随着交流调速技术的成熟，交流有齿式曳引机用在额定速度低于2.5m/s的中低速电梯上，也有一些采用新型减速装置的曳引机，可以用在额定速度达4.0m/s的电梯上。

1. 蜗杆减速器

交流有齿式曳引机中，蜗杆副曳引机使用广泛、技术成熟。目前国内生产的有齿式曳引机，基本上都采用蜗杆传动曳引机，其主要优点是：体积小，重量轻，传动平稳，传动比大，噪声低，承载能力大，具有较好的抗击载荷特性。单级可实现较大传动比，一般为≤63，特殊情况也可达到100，可以满足曳引机不同速度的要求。但蜗杆传动曳引机的蜗杆传动啮合齿面间有相当大的滑动速度，高速运转时发热量较大，从而蜗轮磨损较快，轮齿容易胶合，因此，一般只用在额定速度低于2.5m/s的电梯上。

根据曳引机减速器中蜗杆轴的放置方式，蜗杆传动曳引机的结构形式可以分为立式蜗杆传动曳引机和卧式蜗杆传动曳引机两种。

在减速器中，蜗杆安装在蜗轮上方的称为蜗杆上置式减速器（见图3-17），蜗杆安装在蜗轮下方的称为蜗杆下置式减速器（见图3-18），蜗杆竖立或者接近竖立安装为侧置式减速器（见图3-19）。

蜗杆上置式减速器可以避免蜗杆伸出端使箱内润滑油向外涌漏的情况，但是，蜗杆蜗轮啮合部位难以进行充分润滑，造成蜗杆副磨损较快。

蜗杆下置式减速器可以将曳引机的总高度降低，同时也便于将电动机、制动器、减速器装在同一底盘上，使装配工作简化。下置式布置的蜗杆将润滑油液面加至蜗杆轴线平面，蜗

轮摩擦面润滑条件较好，提高了润滑效率，可做较大的功率传递。尽管蜗杆下置式存在蜗杆伸出端容易使箱内润滑油向外漏油的问题，也增加了蜗杆轴油封的复杂性，但是，对于起动频繁、正反交替运行的曳引机而言，良好的润滑条件带来的有利影响更为明显，所以在蜗杆曳引机中，绝大多数都采用蜗杆下置式结构。

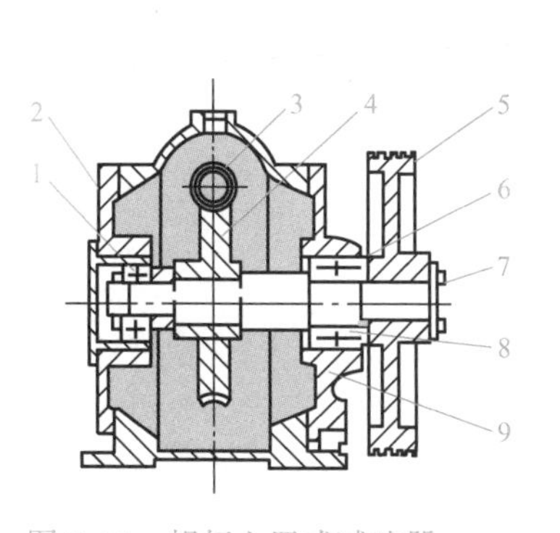

图 3-17　蜗杆上置式减速器

1、8—轴承　2、9—端盖　3—蜗杆　4—蜗轮　5—曳引轮　6—密封圈　7—主轴

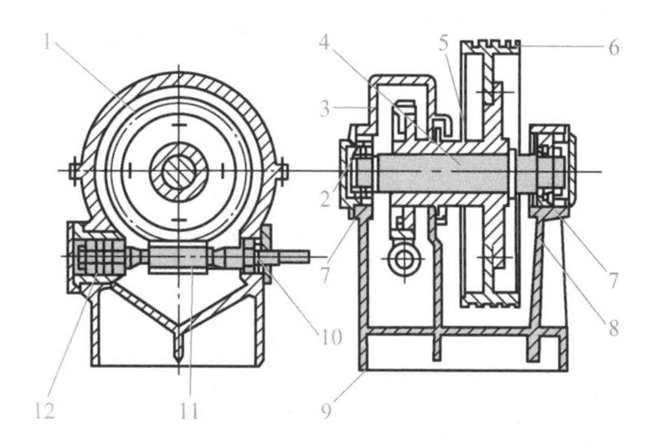

图 3-18　蜗杆下置式减速器

1—蜗轮　2—轴承盖　3—上箱体　4—主轴　5—套筒　6—曳引轮　7—偏心套　8—支架　9—下箱体　10—密封圈　11—蜗杆　12—轴承

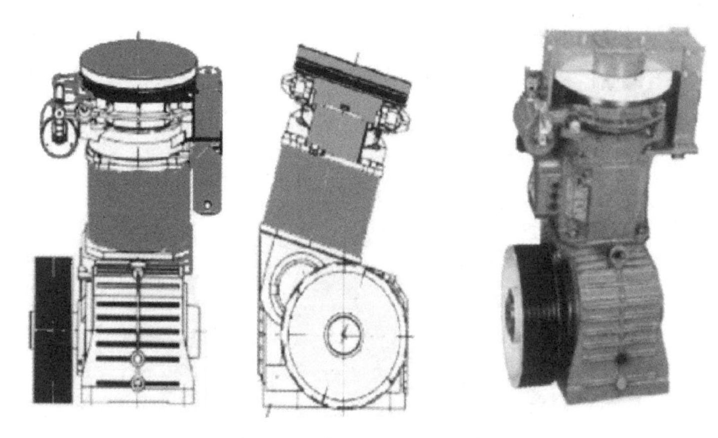

图 3-19　蜗杆侧置式减速器

蜗杆侧置式结构中，蜗杆侧置于蜗轮，曳引电动机立装或者倾斜安装，蜗轮轴水平布置。该种结构的曳引机占地面积较小，高度尺寸相对较大，有利于小机房场合下使用；但曳引机的整体刚度和稳定性比较差，而且润滑设计要求较高，故重载货电梯不应采用立式蜗杆传动曳引机，载客电梯由于对稳定性要求更高，目前一般也不采用这种结构形式。

2. 斜齿轮减速器（见图 3-20）

斜齿轮减速器在 20 世纪 70 年代开始用于电梯曳引机，其传动效率高、制造方便，但是传动平稳性不如蜗杆传动，抗冲击能力不高，噪声较大。因此，曳引机上的斜齿轮减速器应有很高的疲劳强度、齿轮精度和配合精度；要保证总起动次数 2000 万次以上不能发生疲劳破坏；在电梯紧急制动、缓冲器动作等情况的冲击载荷作用下，齿轮不能有损伤。

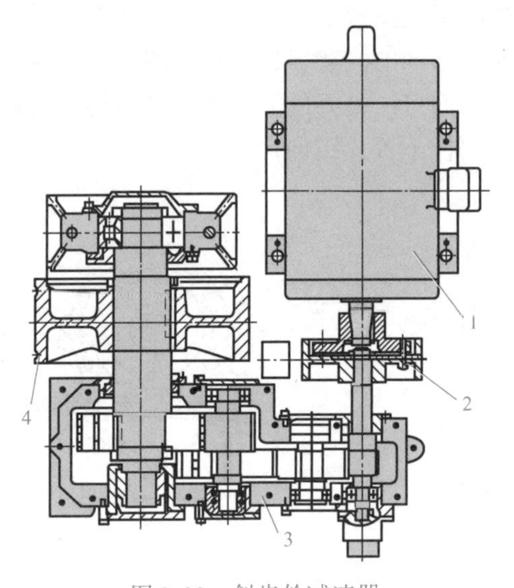

图 3-20　斜齿轮减速器

1—电动机　2—制动联轴器　3—斜齿轮减速器　4—曳引轮

3. 行星齿轮减速器（见图 3-21）

行星齿轮减速器具有结构紧凑，减速比大，传动平稳性和抗冲击承载能力优于斜齿轮传动，噪声小等优点，在交流拖动占主导地位的中、高速电梯上有广阔的发展前景。它有利于采用小体积、高转速的交流电动机；且有维护要求简单、润滑方便、寿命长的特点。

图 3-21　行星齿轮减速器

3.4.2　无机房、小机房电梯中的减速系统

无机房电梯相对于有机房电梯而言，省去了机房，将原机房内的控制屏、曳引机和限速器等移往井道等处，或用其他技术取代。无机房电梯，尤其是曳引机安装于井道顶部的情况下，安装、维护等工作条件都要求曳引机体积小、重量轻、可靠性高。

无机房电梯曳引机（见图3-22）通常可采用以下三种形式的减速方式：

1）扁平的碟式永久磁铁构成的同步电动机配以变频调速和低摩擦的无齿轮结构。

2）内置式行星齿轮和内置交流伺服电动机的超小型变速系统。

3）交流变频电动机直接驱动的超小型无齿轮变速系统。

无机房电梯不需要电梯机房，电梯的安装、维护都在电梯井道中进行，增加了电梯维修作业的难度，电梯的限速器和安全钳一旦动作，复位比较复杂，而且一旦发生电梯困人事故，解救也比较困难。

图3-22　无机房电梯曳引机

小机房电梯主机体积小，一体化控制系统和紧凑的机房布置，使机房占用面积可以缩小到等于电梯井道横截面面积，机房高度可以降低至只要满足维修电梯时能够通过环链手拉葫芦将曳引机起吊到一定高度即可。电梯的使用维修与有机房电梯相同，没有无机房电梯存在的不足。

小机房电梯可以采用内置式的减速器，以缩小整机体积。目前，小机房电梯一般采用永磁同步无齿轮曳引机，去除了减速器，缩小了主机体积，运行平稳、静音、省电。小机房电梯曳引机如图3-23所示。

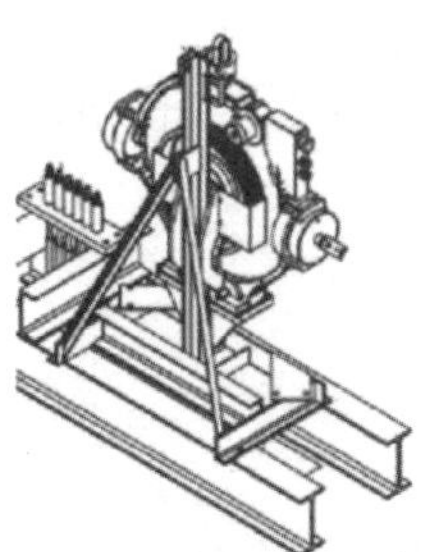

图3-23　小机房电梯曳引机

3.4.3　减速器的使用要求

1）减速器的蜗杆多采用滑动轴承，承受径向力。当改用滚动轴承时，要求轴承精度不低于D级。蜗轮轴多采用滚动轴承，其精度不低于E级。轴承精度对噪声和寿命均有影响，更换的轴承必须符合规定精度要求。

2）安装减速器时，不允许在箱体底部塞垫片。如果底座不平，可用锉刀、刮刀等加工，直至符合要求为止。

3）装配后蜗杆和蜗轮轴的轴向游隙应符合规定。

4）减速器运转时应平稳而无振动，蜗轮与蜗杆啮合应良好，变向时无撞击声。

5）经常观察减速器的轴承、箱盖、油窗盖等结合部位有无漏油。正常工作时，蜗杆轴伸出端每小时漏油面积不应超过150cm²。轴承部位漏油时应及时更换油封，油封属于易损件。对于蜗杆下置式结构，蜗杆伸出端最容易使箱内润滑油向外漏，需要提高密封性能。

常见的密封装置有盘根式和橡胶圈式两种。盘根式密封采用油浸盘根（见图3-24）作为密封材料，切出合适长度，切口应为45°，且应位于蜗杆中线上方，装入后用轴承盖压紧。通过调节压盖的压紧力，来达到调节其密封效果。盘根式密封装置易调节，装拆方便，但密封效果较差，通常密封处仍会有油渗漏出现，沿蜗杆轴外表面渗漏。橡胶圈式密封多采用骨架式橡胶圈（见图3-25）作为密封元件，穿入蜗杆，从蜗杆轴端压入，密封效果好，不易渗漏油。橡胶一旦磨损或老化后就必须更换，但不容易拆装。

图3-24　盘根

图3-25　密封圈

对箱盖或油窗盖漏油，可以更换纸垫或在结合面上涂一薄层透明漆。

6）必须精心检查蜗轮齿圈与轮筒的连接，保证螺母无松动，螺栓无位移；检查轮筒与主轴的配合连接，应无松动；用锤子敲击检查轮筒有无裂纹。

7）在蜗杆的一端通常都装有双向推力轴承，以承受运转中两个方向的推力，因此要检查推力座圈，以便确知是否发生过度磨损。

8）减速器正常工作时，机件和轴承的温度一般不超过70℃，箱体内油温不宜超过85℃。

3.5　联轴器

联轴器是将曳引电动机轴与减速器输入轴连接为一体的部件，把转矩从电动机输入轴延续到减速器输入轴，同时也是制动器部件的制动轮。

在曳引机中，曳引电动机轴与减速器输入轴必须处于同一轴线。电动机旋转后要带动减速器输入轴旋转，但是两者又是两个不同的部件，需要连接在同一轴线上，保持一定要求的同轴度。

曳引机联轴器分为刚性联轴器（见图3-26）和弹性联轴器（见图3-27）两类。

1. 刚性联轴器

对于蜗杆轴采用滑动轴承的结构，一般采用刚性联轴器，因为此时轴与轴承的配合间隙较大，刚性联轴器有助于蜗杆轴的稳定转动。刚性联轴器两轴之间对同心度有要求，在连接后同轴度应小于0.02mm。

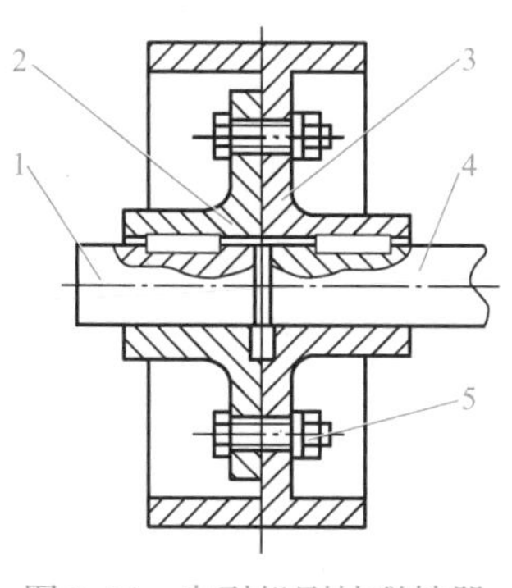

图 3-26　曳引机刚性联轴器
1—电动机轴　2—左半联轴器
3—右半联轴器　4—蜗杆轴　5—连接螺栓

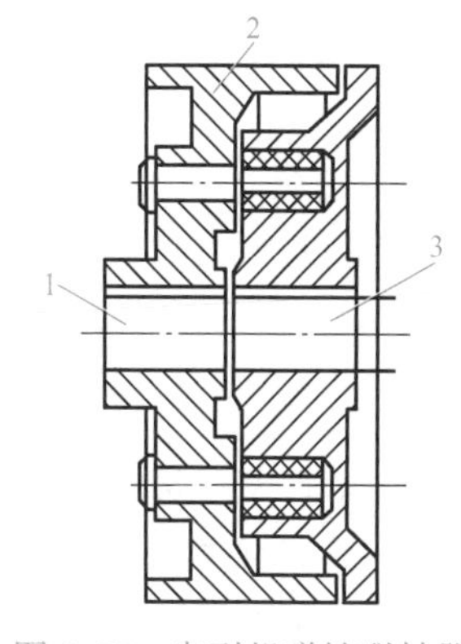

图 3-27　曳引机弹性联轴器
1—蜗杆轴　2—制动轮　3—电动机轴

2. 弹性联轴器

对于蜗杆轴采用滚动轴承的结构，一般采用弹性联轴器。由于弹性联轴器中的橡胶块在传递力矩时会发生弹性变形，从而能在一定范围内自动调节电动机轴与蜗杆轴之间的同轴度，因此允许安装时有较大的同轴度（公差为0.1mm），使安装与维修方便，同时，弹性联轴器对传动中的振动具有减缓作用，但橡胶圈易磨损。在使用过程中，弹性联轴器的弹性圈、挡圈和柱销等也容易损坏。

3.6　曳引轮

当曳引电动机运转时，可直接或者间接带动曳引轮转动。当曳引轮转动时，通过曳引绳和曳引轮之间的摩擦力（也称曳引力），驱动轿厢和对重装置上下运动。

曳引机通过曳引轮与嵌挂在其上的钢丝绳之间的曳引力将能量传给轿厢，实现轿厢与对重的上、下运行。有齿轮曳引机的曳引轮安装在减速器中的蜗轮轴上。无齿轮曳引机的曳引轮安装在制动器的旁侧，与电动机轴、制动器轴在同一轴线上。

3.6.1　曳引轮的结构

曳引绳与曳引轮不同形状的绳槽接触时，所产生的摩擦力是不相同的，摩擦力越大则曳引力就越大。目前曳引轮绳槽形状（见图 3-28）有四种：U 形槽、V 形槽、凹形槽及带切口的 V 形槽。

（1）U 形槽　又称半圆槽，和钢丝绳绳型基本相同，与钢丝绳的接触面积最大，钢丝绳在绳槽中变形小，挤压应力较小。但其当量摩擦因数小，易打滑，须增大包角才能提高其曳引能力。一般用于复绕式电梯，常见于高速电梯。

（2）V 形槽　又称楔形槽，有较大的当量摩擦因数，增加了摩擦传动能力。其原理与 V 带传动一样，槽型角通常为 25°~40°，正压力有明显增加。但 V 形槽使钢丝绳受到很大的挤压应力，钢丝绳与绳槽的磨损较快，缩短了钢丝绳的使用寿命。现在大多数客货电梯的曳

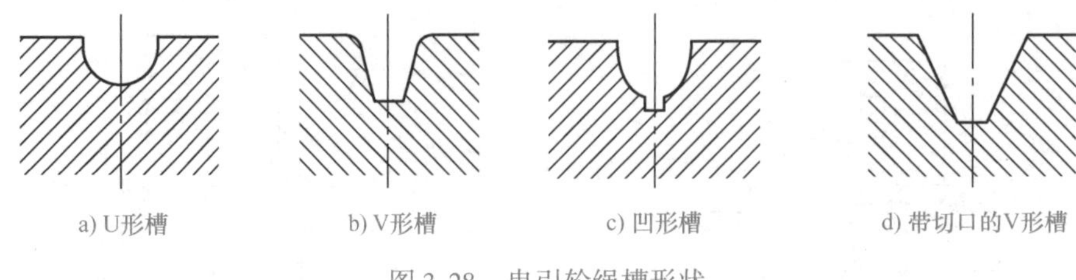

图 3-28　曳引轮绳槽形状

引轮不采用此种槽形，一般在杂物梯等轻载、低速电梯上使用。

(3) 凹形槽　即带切口的半圆槽，或称预制槽。这种槽形在 V 形槽的基础上将底部做成圆弧形，在其中部切制一个切口，使钢丝绳在沟槽处发生弹性变形，部分楔入沟槽中，使当量摩擦因数大为增加，能获得较大的曳引力，一般为 U 形槽的 1.5～2 倍，而且曳引钢丝绳在槽内变形自由、运行自如，具有接触面积大、挤压应力较小、寿命长等优点，在电梯上应用广泛。

(4) 带切口的 V 形槽　与凹形槽相比，其能获得较大的摩擦力，而且曳引钢丝绳在槽内运行的寿命也不低，故目前这种槽形的曳引轮在电梯上也广泛地被采用。

3.6.2　曳引轮的技术要求

根据曳引轮的工况，曳引轮应保证一定的强度和耐磨性，而钢质曳引轮会加速曳引绳的磨损，所以选用球墨铸铁制作曳引轮。为了保证曳引轮绳槽及曳引绳存在微小的相对滑动时磨损均匀，必须要求曳引轮绳槽的金相组织及硬度在足够的深度上相同，且在曳引轮整个圆周上均匀分布。一般情况下，曳引轮绳槽的硬度为 200HBW 左右，且同一曳引轮绳槽的硬度差值不大于 15HBW；曳引轮绳槽工作表面的表面粗糙度小于 $Ra6.3\mu m$，曳引轮绳槽槽面法向跳动公差为曳引轮节圆直径的 1/2000，各槽节圆直径之间的差值不应大于 0.10mm。

与曳引轮配合使用的曳引绳工作时，反复进行弯曲，为了减少曳引绳内的弯曲应力，延长曳引绳寿命，对于快速及高速电梯，曳引轮节圆直径与钢丝绳直径之比不应小于 40，即

$$D/d \geqslant 40 \tag{3-4}$$

式中，D 为曳引轮节圆直径（mm）；d 为钢丝绳直径（mm）。

3.7　曳引绳、曳引钢带及碳纤维曳引带

曳引电梯采用的曳引方式分为曳引钢丝绳式（见图 3-29）与扁平复合曳引钢带式。

3.7.1　曳引绳

曳引绳是连接轿厢和对重装置，并靠其与曳引轮槽的摩擦力驱动轿厢升降的专用钢丝绳，目前，在曳引电梯中大量采用。

1. 曳引绳的基本结构

曳引绳一般是圆形股状结构，主要由钢丝、绳股和绳芯组成，如图 3-30 所示。钢丝是

钢丝绳的基本组成件，也是钢丝绳的基本强度单元，有很高的强度和韧性（含挠性）。绳股是由钢丝捻成的每一小绳股。相同直径与结构的钢丝绳，股数越多，抗疲劳强度越高。电梯用钢丝绳一般是6股和8股。绳芯是被绳股所缠绕的挠性芯棒，分为纤维芯和钢芯。纤维芯通常由纤维剑麻或聚烯烃类（聚丙烯或聚乙烯）的合成纤维制成，能起到支撑和固定绳的作用，且纤维芯中应加入适量的润滑剂，以防止生锈。钢芯分为独立的钢丝绳（IWR）和钢丝股芯（IWS）。

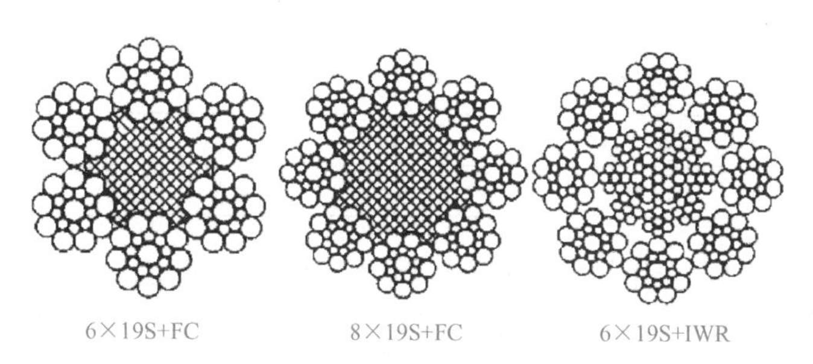

图3-29　曳引钢丝绳

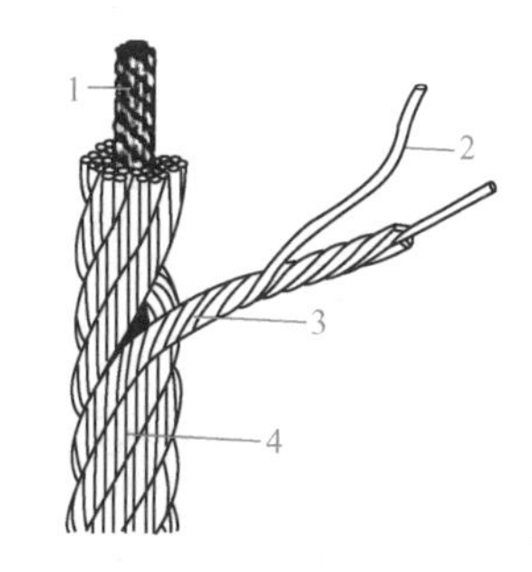

图3-30　曳引绳结构

1—绳芯　2—钢丝　3—绳股　4—绳

曳引绳通常为右交互捻（见图3-31a），捻距应不超过钢丝绳公称直径的6.75倍。

曳引绳规格即公称直径，指钢丝绳外围的最大直径，规定不小于8mm，如8mm、11mm、13mm、16mm、19mm、22mm。通常用带宽钳口的游标卡尺进行测量（见图3-32），其钳口的宽度最小要足以跨越两个相邻的股。

a) 右交互捻

b) 右同向捻

图3-31　钢丝绳捻向

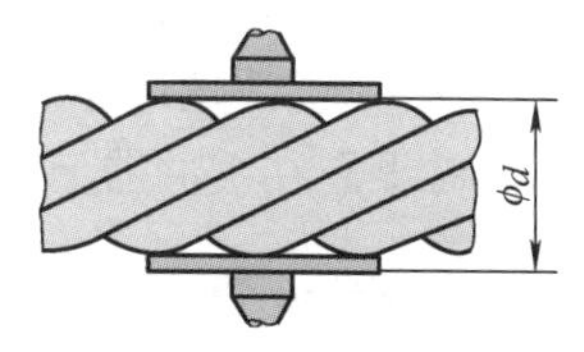

图3-32　钢丝绳直径

2. 曳引绳的基本性能

曳引绳担负着轿厢自重、对重装置自重、额定载重量及驱动力和制动力等的总和，必须具备足够的承载能力。根据曳引绳的结构，可以分为单强度钢丝绳和双强度钢丝绳。单强度钢丝绳的外层绳股的外层钢丝具有和内层钢丝相同的抗拉强度，如内层、外层钢丝全部都是1570MPa；双强度钢丝绳的外层绳股的外层钢丝的抗拉强度比内层钢丝低，如外层钢丝为1370MPa，内层钢丝为1770MPa，见表3-3。

表3-3　曳引钢丝绳的强度

强度级别配置		抗拉强度/MPa
单强度级别		1570或1770
双强度级别	外层钢丝	1370
	内层钢丝	1770

破断拉力也是曳引绳的一个重要性能参数，是指整条钢丝绳被拉断时的最大拉力，破断拉力总和是指钢丝在未被缠绕前抗拉强度的总和。即：钢丝绳破断拉力=钢丝绳破断拉力总

和 $\times k$，当钢丝绳为 6×19S+NF 时，$k=0.86$；当钢丝绳为 8×19S+NF 时，$k=0.84$。

公称抗拉强度是选用曳引绳根数时需要采用的一个参数，它是指单位钢丝绳截面积的抗拉能力，其表达式为：钢丝绳公称抗拉强度＝钢丝绳破断拉力总和÷钢丝绳截面积。

曳引绳是电梯的重要组成部分，其数量与规格等取决于安全系数的大小，其安全系数应符合 GB 7588—2003 对悬挂绳的安全系数要求，即在任何情况下，其应满足表 3-4 的规定。

表 3-4　曳引绳安全系数

根数	≥3	=2
安全系数	≥12	≥16

根据确定的曳引绳结构及性能，可以对选用的曳引绳进行标记。例如：结构为 8×19 西鲁式，绳芯为纤维芯（FC），公称直径为 13mm，钢丝公称抗拉强度为 1370/1770（1500）MPa，表面状态光面，双强度配制，捻制方法为右交互捻（即绳右捻，股左捻）的电梯用钢丝绳标记为：电梯用钢丝绳：13NAT8×19S+FC-1500（双）ZS-GB 8903—2005。

3. 钢丝绳曳引应满足的条件

1）轿厢装载至 125% 时，GB 7588—2003 中 8.2.1 或 8.2.2 规定额定载荷的情况下应保持平层状态不打滑。

2）必须保证在任何紧急制动的状态下，不管轿厢内是空载还是满载，其减速度的值不能超过缓冲器（包括减行程的缓冲器）作用时减速度的值。

3）当对重压在缓冲器上而曳引机按电梯上行方向旋转时，应不可能提升空载轿厢。

4. 曳引钢丝绳的选用

曳引钢丝绳应根据 GB 8903—2005 选用，乘客电梯或载货电梯均采用曳引用钢丝绳。

曳引钢丝绳工作时，弯曲次数频繁，并且由于需要经常起动及偶然急制动等，使它承受着动载荷要求，曳引用钢丝绳应有较好的径向韧性、足够的抗拉强度、摩擦因数高、与绳槽表面接触好、磨损小、寿命长等特点。

确定曳引钢丝绳根数的主要依据有以下三个方面：

1）实际安全系数要大于规定值 K_j。

2）曳引轮绳槽承受的比压要小于规定值。

3）钢丝绳的弹性伸长要小于规定值（有微动平层装置的系统中可不考虑）。

上述三个方面对曳引钢丝绳根数的要求是不同的，需要计算出同时满足上面三个因素的钢丝绳根数，也就是电梯所需要的曳引钢丝绳的根数。

1）根据安全系数确定曳引钢丝绳的根数 n_1（在无补偿链或补偿绳的情况下）

$$n_1 = \frac{[(G+Q)K_j]}{k[(S_0 - FK_j)]} \tag{3-5}$$

式中，G 为轿厢重力（N）；Q 为额定载重力（N）；K_j 为钢丝绳的静载安全系数；k 为悬挂比；S_0 为单根钢丝绳的破断拉力（N）；F 为轿厢在最底层时，提升高度内单根曳引钢丝绳

的重力（N）。

曳引钢丝绳的静载安全系数 K_j 为钢丝绳破断拉力与算出的钢丝绳最大静拉力（包括提升载荷重量、轿厢重量和钢丝绳悬垂长度的重量）之比。

2）根据曳引轮绳槽允许比压确定曳引钢丝绳的根数 n_2

$$n_2 = \frac{[w(G+Q)]}{[k(dDP - Fw)]} \tag{3-6}$$

式中，P 为许用挤压应力；D 为曳引轮直径；d 为曳引钢丝绳直径；w 为挤压系数。

对半圆形带切口槽：

$$w = \frac{[8\cos(\beta/2)]}{(\varphi + \sin\varphi - \beta - \sin\beta)} \tag{3-7}$$

当 $\varphi = \pi$ 时，

$$w = \frac{[8\cos(\beta/2)]}{(\pi - \beta - \sin\beta)} \tag{3-8}$$

对半圆形槽：$w = 8/\pi$。

对 V 形槽：当楔角 $\gamma = 35°$ 时，$w = 12$，当 $\gamma < 35°$ 时，$w = 4.5/\sin(\gamma/2)$。

3）根据曳引钢丝绳弹性伸长确定曳引钢丝绳根数 n_3

对于曳引机布置在上方的情况：

$$n_3 = \frac{12490QH}{(d^2kE \cdot SKEZ \cdot K_{ZF})} \tag{3-9}$$

式中，H 为电梯提升高度（m）；E 为钢丝绳弹性模量，$E = 80000\text{MPa}$；$SKEZ$ 为钢丝绳允许伸长量（mm）；K_{ZF} 为钢丝绳填充系数，$K_{ZF} = \sum dF/DF$，$\sum dF$ 为每根钢丝面积总和，DF 为钢丝绳的截面积。

标准规定：当电梯停在底层时，在静止状态下轿内由空载到满载时，曳引钢丝绳的伸长量 $SKEZ \leqslant 20\text{mm}$。

从 n_3 的公式中可以看出，提升高度 H 越高，所需钢丝绳根数越多，这样才能保证电梯在起、制动时不会有较大的弹性跳动和较高的平层准确度波动。

n_1、n_2、n_3 中的大者为电梯所需要的曳引钢丝绳根数。

3.7.2 扁平复合曳引钢带

扁平复合曳引钢带属于新型的曳引器材，是聚氨酯外套包在钢丝外面而形成的扁平皮带，如图 3-33 所示，一般宽 30mm、厚 3mm，其良好的柔韧性使得曳引机可以采用更小的曳引轮。采用钢带曳引方式（见图 3-34），可以缩减曳引机的体积和重量，降低井道噪声，提高曳引能力。

图 3-33 曳引钢带

1—聚氨酯 2—钢丝

图 3-34 钢带曳引

3.7.3 碳纤维曳引带

电梯运行时曳引机驱动的随行重量中，除了轿厢和乘客重量外，曳引绳的重量也是不容忽视的，而且建筑物越高，曳引绳所占的比重就越大。在一个大约500m高的电梯井内，若电梯采用传统钢丝绳，则电梯运行所需的电量中有多达3/4被绳索消耗，而碳纤维曳引带（见图3-35）却能把建筑物的高度极限提高一倍，达到1000m。

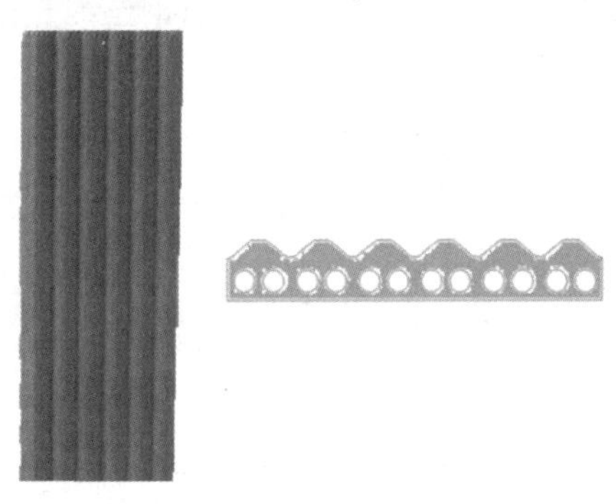

图3-35　碳纤维曳引带

碳纤维曳引带由碳纤维内芯和特殊的高摩擦因数涂层组成，其强度高、伸长率低、抗磨损、寿命长。碳纤维曳引带的单位长度重量比标准电梯钢丝绳轻80%（见图3-36），而强度却与后者不相上下，因其自重极轻，使所在高层建筑的能耗大幅度降低。而且，碳纤维与钢铁及其他建筑材料的共振频率不同，能够有效地减少由于建筑摆动所引起的电梯停运次数。同时，其外表的特殊高摩擦因数涂层无须润滑，能够进一步减少对环境的影响。

a) 传统的钢丝绳(双臂用力才抬起15cm左右)

b) 超轻质碳纤维曳引带(用一个手指即可托起)

图3-36　碳纤维曳引带的单位长度重量轻

3.8 曳引传动方式

电梯的曳引传动方式取决于悬挂比、曳引绳绕式、曳引机位置等的组合形式，组合形式不同，则传动效果和用途不同。

3.8.1 悬挂比

悬挂比是指电梯运行时，曳引轮的线速度与轿厢升降速度之比。根据电梯的使用要求和建筑物的具体情况等，电梯的悬挂比是多样的，通常有1∶1、2∶1、3∶1等。

1. 悬挂比1∶1（见图3-37）

悬挂比为1∶1时，$v_1 = v_2$，$P_1 = P_2$。其中，v_1为曳引绳线速度（m/s）；v_2为轿厢升降速度（m/s）；P_1为轿厢侧曳引绳载荷力（N）；P_2为轿厢总重量（N）。由曳引绳直接拖动轿厢和对重（又称直吊式），轿顶和对重顶部均无反绳轮，适用于客梯。

2. 悬挂比2∶1（见图3-38）

悬挂比为2∶1时，$v_1 = 2v_2$，$P_1 = 1/2P_2$。即曳引绳的线速度等于2倍轿厢的升降速度，轿厢曳引绳载荷力等于1/2轿厢总重量，使曳引机只需承受电梯的1/2悬挂重量，减轻了曳引机承受的重量，降低了对曳引机的动力输出要求，但增加了曳引绳的曲折次数，降低了绳索的使用寿命，适用于货梯。

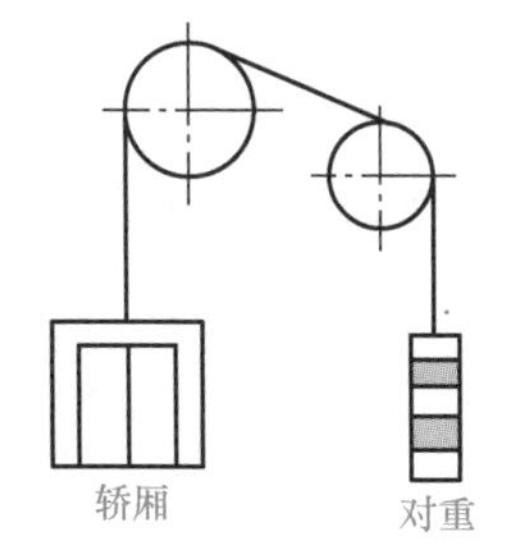

图3-37 悬挂比1∶1

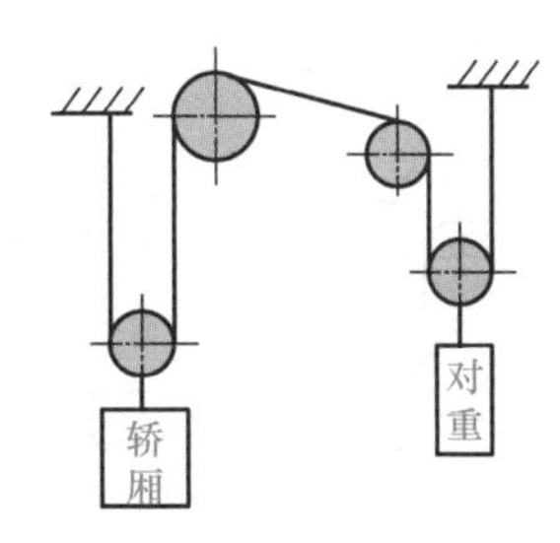

图3-38 悬挂比2∶1

总之，对于任意的n∶1悬挂比，曳引轮的线速度与轿厢的升降速度之比为n∶1，轿厢曳引绳载荷力等于$1/n$轿厢总重量。

3.8.2 曳引绳绕式

曳引绳在曳引轮上的缠绕方式可以分为半绕式与全绕式，如图3-39所示。

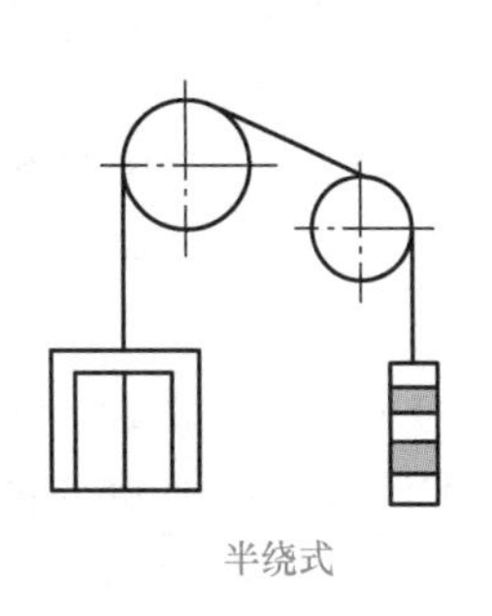

半绕式

全绕式

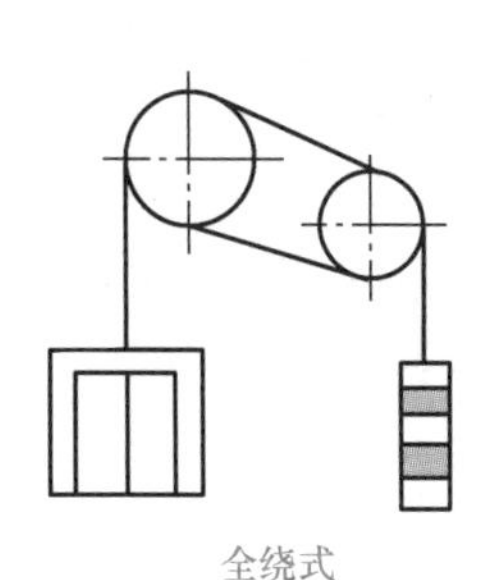

全绕式

图3-39 曳引绳在曳引轮上的绕法（一）

1. 半绕式

曳引绳挂在曳引轮上，曳引绳对曳引轮的最大包角为180°，因此称为半绕式，如图3-40中的a、b、d、f、g、i、j。

2. 全绕式（也称复绕式）

全绕式的形式有两种：一种是曳引绳绕曳引轮和导向轮一周后，才引向轿厢和对重，其目的是增大曳引绳对曳引轮的包角，提高摩擦力，其包角大于180°。另一种是曳引绳绕曳引轮槽和复绕轮槽后，再经导向轮槽到轿厢上，另一端引到对重上，其包角大于180°。无论哪种形式的全绕，其特点都是增大曳引绳对曳引轮的包角。为了增大包角，提高曳引力，现代电梯常采用全绕式。全绕式如图3-40中的c、e、h。

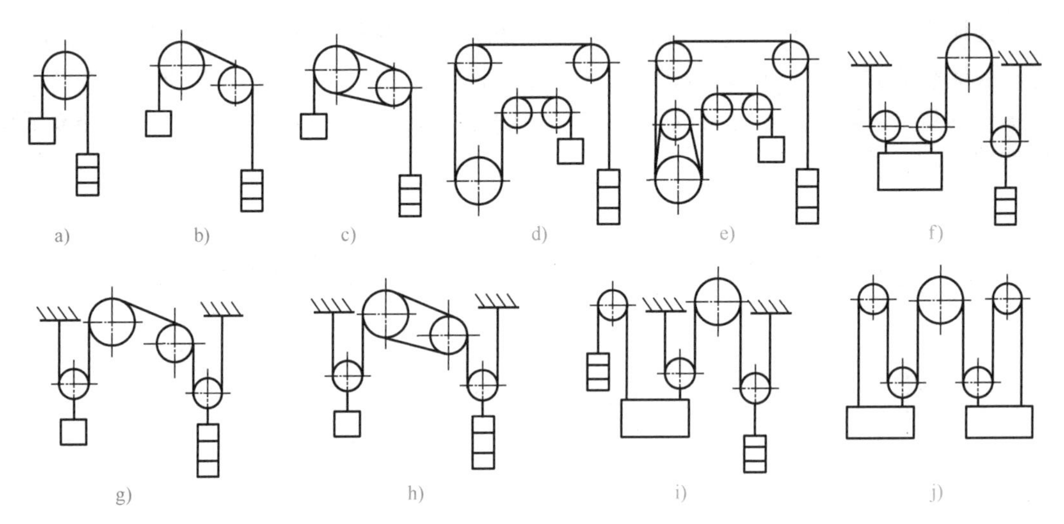

图3-40　曳引绳在曳引轮上的绕法（二）

各种曳引传动方式的区别和用途见表3-5。

表3-5　各种曳引传动方式的区别和用途

图3-40	悬挂比	曳引绳绕式	曳引机位置	用途
a	1:1	半绕式	上部	用于$v \geqslant 0.5$m/s的有齿电梯
b	1:1	半绕式	上部	用于$v \geqslant 0.5$m/s的有齿电梯
c	1:1	全绕式	上部	用于$v \geqslant 2.5$m/s的无齿电梯
d	1:1	半绕式	下部	用于$v \geqslant 0.5$m/s的有齿电梯
e	1:1	全绕式	下部	用于$v \geqslant 2.5$m/s的无齿电梯
f	2:1	半绕式	上部	用于$v \geqslant 0.5$m/s的有齿电梯
g	2:1	半绕式	上部	用于$v \geqslant 0.5$m/s的有齿电梯
h	2:1	全绕式	上部	用于$v \geqslant 2.5$m/s的无齿电梯
i	2:1	半绕式	上部	用于大吨位电梯
j	2:1	半绕式	上部	用于大吨位、低速度电梯

从表3-5可见，具体的一种曳引传动方式是悬挂比、曳引绳绕式、曳引机位置这三项内容的组合。应用中，应选用简单方式，以简化结构，从而用最少的轮，既可减少钢丝绳的弯曲，又可提高钢丝绳的使用寿命和传动总效率。

3.9 曳引原理

3.9.1 曳引式电梯的提升方法

曳引式电梯运行时，电梯通过曳引力实现运动。曳引电动机与减速器（或者无减速器）、制动器等组成曳引机，曳引钢丝绳通过曳引轮，一端连接轿厢，另一端连接对重（平衡重），并压紧在曳引轮绳槽内，如图3-41所示。电动机一转动就带动曳引轮转动，驱动钢丝绳，拖动轿厢和对重在井道中沿导轨上、下往复运行。

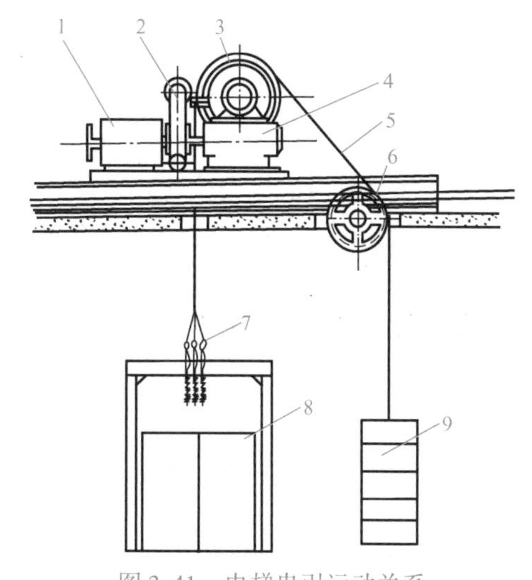

图3-41 电梯曳引运动关系

1—电机动 2—制动器 3—曳引轮 4—减速器 5—曳引绳 6—导向轮 7—绳头组合 8—轿厢 9—对重

3.9.2 曳引系统的受力分析

1. 曳引力的分析

轿厢与对重能做相对运动是靠曳引绳和曳引轮间的摩擦力来实现的，这种力称为曳引力。要使电梯运行，曳引力 T 必须大于或等于曳引绳中较大载荷力 P_1 与较小载荷力 P_2 之差，即 $T \geqslant P_1 - P_2$。由于载荷力不仅与轿厢的载重量有关，而且随电梯的运行阶段而变化，因此曳引力是一个不断变化的力。曳引系统受力分析如图3-42所示。

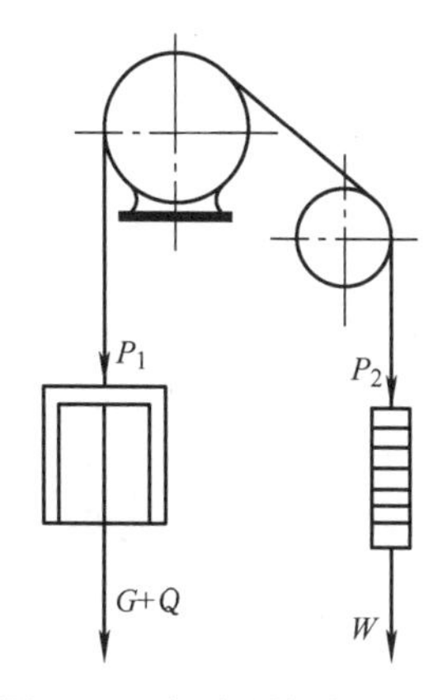

图3-42 曳引系统受力分析

（1）上行加速阶段的曳引力 T_1 这个运行阶段电梯向上做加速运动。载荷力（P_1、P_2）受轿厢和对重惯性力的影响，这时的载荷力为

左侧：$P_1 = (G+Q)(1+a/g)$

右侧：$P_2 = W(1-a/g)$

曳引力为

$$T_1 = P_1 - P_2 = (G+Q)(1+a/g) - W(1-a/g) \tag{3-10}$$

式中，G 为轿厢自重（kg）；Q 为额定载重量（kg）；W 为对重重量（kg）；a 为电梯加速度（m/s^2）；g 为重力加速度，$g = 9.8m/s^2$。

（2）稳定上行阶段的曳引力 T_2 这个运行阶段电梯匀速运行，无加速度，载荷力（P_1、P_2）只与轿厢和对重的重量有关，这时的载荷力为

左侧：$P_1 = G + Q$

右侧：$P_2 = W$

曳引力为

$$T_2 = P_1 - P_2 = G + Q - W \tag{3-11}$$

（3）上行减速阶段的曳引力 T_3　这个运行阶段电梯减速制动，载荷力（P_1、P_2）受轿厢与对重惯性力的影响，但作用方向与前面加速时相反，这时的载荷力为

左侧：$P_1 = (G+Q)(1-a/g)$

右侧：$P_2 = W(1+a/g)$

曳引力为

$$T_3 = P_1 - P_2 = (G+Q)(1-a/g) - W(1+a/g) \tag{3-12}$$

（4）下行加速阶段的曳引力 T_4　这个运行阶段电梯向下做加速运动，惯性力的作用方向与上行减速阶段相同，因此曳引力 T_4与前面的 T_3相同，即曳引力为

$$T_4 = T_3 = (G+Q)(1-a/g) - W(1+a/g) \tag{3-13}$$

（5）稳定下行阶段曳引力 T_5　这个运行阶段与电梯稳定上行阶段相同，电梯做匀速运动，因此曳引力为

$$T_5 = T_2 = G + Q - W \tag{3-14}$$

（6）下行减速阶段的曳引力 T_6　曳引力 T_6与前面的 T_1一样，即曳引力为

$$T_6 = T_1 = (G+Q)(1+a/g) - W(1-a/g) \tag{3-15}$$

通过以上的计算可知，随着电梯轿厢载重量大小的不同和电梯运行所在阶段的不同，其曳引力不仅有大小的变化，而且会出现负值，当曳引力为负值时，表明力的方向与轿厢方向相反。

2. 曳引力矩的分析

曳引力作用在曳引轮上的力矩，称为曳引力矩，由于曳引力存在正负，所以曳引力矩也同样有正负。

曳引力矩为

$$M = T \times (D/2) \tag{3-16}$$

式中，T 为曳引力；$D/2$ 为曳引轮的半径。

例如：当电梯上行（见图 3-43）时，其三个阶段——加速、稳定、减速的曳引力矩分别为

$M_1 = T_1 (D/2)$（加速阶段）

$M_2 = T_2 (D/2)$（稳定阶段）

$M_3 = T_3 (D/2)$（减速阶段）

当电梯下行（见图 3-44）时，其三个阶段——加速、稳定、减速的曳引力矩分别为

$M_4 = -T_4 \times (D/2)$（加速阶段）

$M_5 = -T_5 \times (D/2)$（稳定阶段）

$M_6 = -T_6 \times (D/2)$（减速阶段）

因为方向改变，所以加负号。

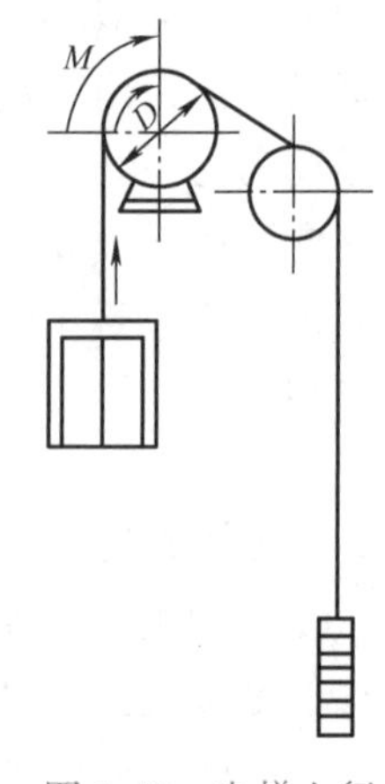

图 3-43　电梯上行

当电梯满载上升时（指轿厢向上运行），曳引力和曳引力矩为正，表明力矩的作用是驱动轿厢运行，此时曳引系统的功率流向为：曳引电动机→减速器→曳引轮→曳引绳→轿厢。这时电梯的曳引系统输出动力。

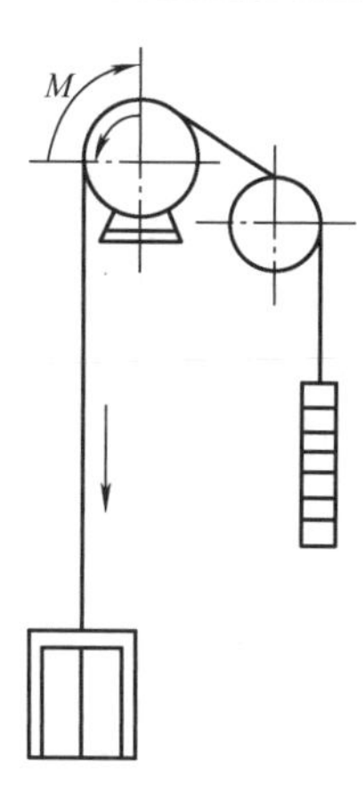

图3-44　电梯下行

当电梯满载下降时（指轿厢向下运行），曳引力和曳引力矩为负，表明力矩的作用方向与曳引轮的旋转方向相反，其力矩的作用是控制轿厢速度，此时曳引系统的功率流向为：轿厢→曳引绳→曳引轮→减速器→曳引电动机。这时电梯的曳引系统是在消耗动力，曳引电动机做发电制动运行。

若电梯为半载运行时，则向上为驱动状态，向下为制动状态。若电梯为轻载运行时，则向上为制动状态，向下为驱动状态。

根据以上曳引力的计算式和曳引力矩的计算式，还可以计算出当电梯满载状态、半载状态以及空载状态时的力矩大小与变化情况。

3. 曳引力计算

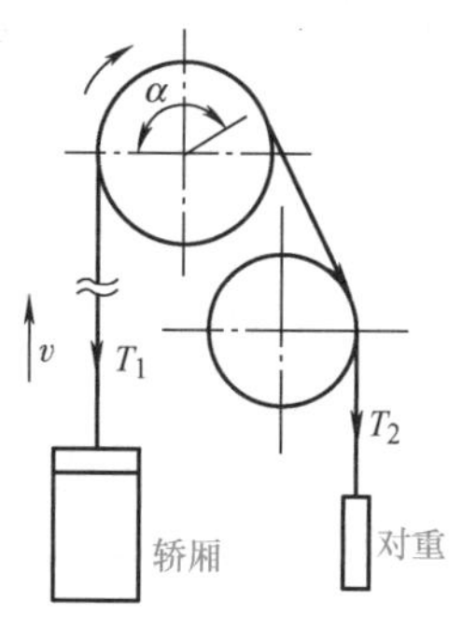

图3-45　曳引钢丝绳受力简图

（1）曳引系数　图3-45是轿厢上升状态下的曳引钢丝绳受力简图。对其进行分析的前提是假定曳引钢丝绳在曳引轮绳槽中处于即将打滑但还未打滑的临界状态，轿厢侧曳引绳受到的拉力为T_1，对重侧曳引绳受到的拉力为T_2，则T_1与T_2存在的关系采用欧拉公式表达为

$$\frac{T_1}{T_2} = e^{f\alpha} \tag{3-17}$$

式中，f为当量摩擦因数；α为钢丝绳在绳轮上的包角；e为自然对数底数；T_1、T_2为曳引轮两侧曳引绳中的拉力。$e^{f\alpha}$称为曳引系数。$e^{f\alpha}$越大，T_1/T_2允许比值越大，即T_1-T_2的差值就越大，电梯的曳引能力越大。

（2）影响曳引系数的因素　曳引系数$e^{f\alpha}$取决于当量摩擦因数f以及曳引绳与曳引轮间的包角α大小。

当量摩擦因数f取决于以下因素：

1）曳引轮结构、功能与参数。

2）润滑状态。

包角α取决于曳引绳与曳引轮间的缠绕方式。包角α越大，在当量摩擦因数f一定的条件下，曳引系数$e^{f\alpha}$越大，电梯曳引能力就越大，可以提高电梯的安全性。若要增大包角，就必须合理地选择曳引钢丝绳在曳引轮槽内的缠绕方法。

（3）满足电梯曳引条件的曳引系数　根据GB 7588—2003《电梯制造与安装安全规范》规定，电梯在以下两种情况下必须保证曳引钢丝绳在曳引绳槽上不出现打滑现象：

1）空载电梯在最高停站处上升制动状态（或下降起动状态）。

2）装有125%额定载荷的电梯，在最低停站处下降制动状态（或上升起动状态）。

为了满足上述曳引条件，应按照下式设计曳引系数。

$$\frac{T_1}{T_2}C_1C_2 \leqslant e^{f\alpha} \tag{3-18}$$

式中，T_1/T_2为在载有125%额定载荷的轿厢位于最低层站及空载轿厢位于最高层站的情况下，曳引轮两边曳引钢丝绳中较大静拉力与较小静拉力之比；C_1为与加速度、减速度及电梯特殊安装情况有关的系数，$C_1=(g+a)/(g-a)$，g为重力加速度，$g=9.8\text{m/s}^2$，a为轿厢的制停减速度（或起动加速度）（m/s^2）；C_2为与因磨损而发生的曳引轮绳槽断面形状改变有关的系数，对于曳引轮绳槽为半圆形和半圆形下部开切口的，$C_2=1$；对于曳引轮绳槽为V形的，$C_2=2$；当额定速度v超过2.5m/s时，C_2值应按各种具体情况另行计算，但不得小于1.25。

设计中，按GB 7588—2003的规定，C_1的最小允许值见表3-6。

表3-6　C_1最小取值

电梯额定速度	C_1值
$v\leqslant0.63$	1.1
$0.63\text{m/s}<v\leqslant1.00\text{m/s}$	1.15
$1.00\text{m/s}<v\leqslant1.60\text{m/s}$	1.2
$1.60\text{m/s}<v\leqslant2.5\text{m/s}$	1.25

（4）增大曳引系数的方法　曳引系数$e^{f\alpha}$的大小，影响电梯的曳引能力，增大曳引系数$e^{f\alpha}$可以提高电梯的曳引能力。

根据曳引系数的表达式$e^{f\alpha}$，可以采用四种方法增大曳引系数：选择合适形状的曳引轮绳槽；增大曳引绳在曳引轮上的包角；选择耐磨且摩擦因数大的材料制造曳引轮；曳引绳不能过度润滑。

3.9.3　曳引力的应用

在GB 7588—2003附录M中，对曳引力的各种需求状态进行了描述。

曳引力应在下列情况的任何时候都能得到保证：①正常运行；②在底层装载；③紧急制停的减速度。另外，必须考虑当轿厢在井道中不管由于何种原因而滞留时应允许钢丝绳在绳轮上滑移。

下面的计算是一个指南，用于对传统应用的钢丝绳配钢或铸铁绳轮且驱动主机位于井道上部的电梯进行曳引力计算。

根据经验，由于有安全裕量，因此对绳的结构、润滑的种类及其程度、绳及绳轮的材料、制造误差等因素均无须详加考虑，结果仍是安全的。

1. 曳引力计算

曳引力计算须用下面的公式：

$\frac{T_1}{T_2} \leqslant e^{f\alpha}$——用于轿厢装载和紧急制动工况；

$\frac{T_1}{T_2} \geqslant e^{f\alpha}$——用于桥厢滞留工况（对重压在缓冲器上，曳引机向上方向旋转）。

式中，f 为当量摩擦因数；α 为钢丝绳在绳轮上的包角；T_1，T_2 为曳引轮两侧曳引绳中的拉力。

2. T_1/T_2 的计算

（1）轿厢装载工况　T_1/T_2 的静态比值应按照轿厢装有125%额定载荷并考虑轿厢在井道的不同位置时的最不利情况进行计算。如果载荷的1.25系数未包括GB 7588—2003中8.2.2的情况，则8.2.2的情况必须特别对待。

（2）紧急制动工况　T_1/T_2 的动态比值应按照轿厢空载或装有额定载荷时在井道的不同位置的最不利情况进行计算。

每一个运动部件都应正确考虑其减速度和钢丝绳的倍率。

任何情况下，减速度不应小于下面数值：

1）对于正常情况，为0.5m/s。

2）对于使用了减行程缓冲器的情况，为0.8m/s^2。

3）轿厢滞留工况　T_1/T_2 的静态比值应按照轿厢空载或装有额定载荷并考虑轿厢在井道的不同位置时的最不利情况进行计算。

3. 当量摩擦因数的计算

当量摩擦因数根据不同的绳槽类型、绳槽的表面状态、工况进行计算。

（1）绳槽类型

1）半圆槽和带切口的半圆槽（见图3-46）。当量摩擦因数为

$$f = 4\frac{\mu\left(\cos\frac{\gamma}{2} - \sin\frac{\beta}{2}\right)}{\pi - \beta - \gamma - \sin\beta + \sin\gamma} \tag{3-19}$$

式中，β 为下部切口角度值；γ 为槽的角度值；μ 为摩擦因数。

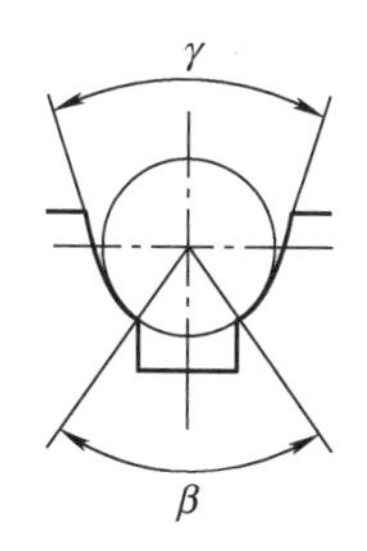

图3-46　带切口的半圆槽

β—下部切口角　γ—槽的角度

β 的数值最大不应超过106°（1.83弧度），相当于槽下部80%被切除。

γ 的数值由制造者根据槽的设计提供。任何情况下，其值不应小于25°（0.43弧度）。

2）V形槽（见图3-47）。当槽没有进行附加的硬化处理时，为了限制由于磨损而导致曳引条件的恶化，下部切口是必要的。

① 轿厢装载和紧急制停的工况。

对于未经硬化处理的槽，当量摩擦因数 f 为

$$f = 4\frac{\mu\left(1 - \sin\frac{\beta}{2}\right)}{\pi - \beta - \sin\beta} \tag{3-20}$$

对于经硬化处理的槽，当量摩擦因数 f 为

$$f = \frac{\mu}{\sin\frac{\lambda}{2}} \tag{3-21}$$

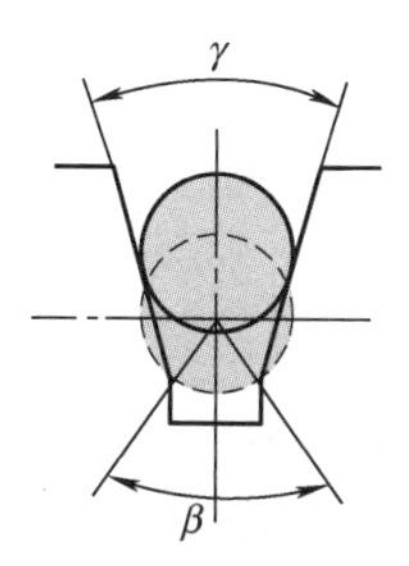

图3-47　V形槽

β—下部切口角　γ—槽的角度

② 轿厢滞留的工况。

对于硬化和未硬化处理的槽，当量摩擦因数f为

$$f=\frac{\mu}{\sin\frac{\lambda}{2}} \tag{3-22}$$

下部切口角β的数值最大不应超过106°（1.83弧度），相当于槽下部80%被切除。对电梯而言，任何情况下，γ值不应小于35°。

（2）摩擦因数计算　最小摩擦因数如图3-48所示。

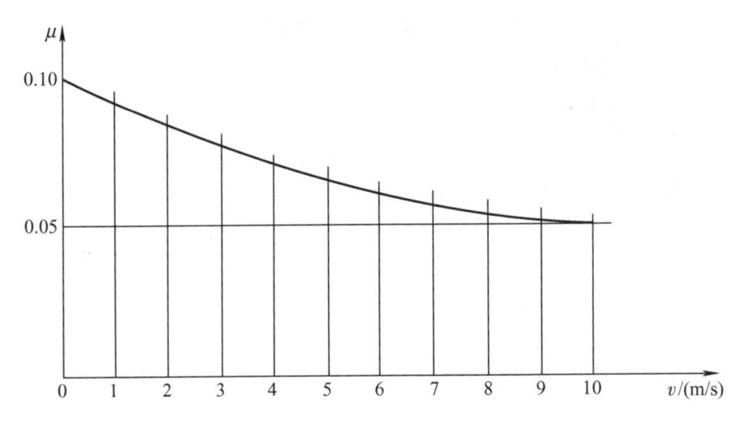

图3-48　最小摩擦因数

1）装载工况时，$\mu=0.1$。

2）紧急制停工况时，

$$\mu=\frac{0.1}{1+\frac{v}{10}} \tag{3-23}$$

式中，v为轿厢额定速度下对应的绳速（m/s）。

3）轿厢滞留工况时，$\mu=0.2$。

本章习题

一、判断题

1. 曳引机可以安装在底坑中。（　　）
2. 蜗杆曳引机只分为蜗杆上置式与蜗杆下置式。（　　）
3. 电梯只能采用直径不小于8mm的曳引绳驱动。（　　）
4. 可以采用普通电动机作为曳引电动机。（　　）
5. 确定电梯时，不受海拔高度的限制。（　　）
6. 电梯制动器允许的制动间隙都不大于0.07mm。（　　）
7. 电梯制动器的制动衬料可以采用石棉材料。（　　）
8. 曳引轮V形轮槽比U形轮槽性能优良。（　　）

二、填空题

1. 电梯曳引机根据是否有减速器可以分为________与________。

2. $\frac{T_1}{T_2} \geqslant e^{f\alpha}$ ——用于桥厢________工况（对重压在缓冲器上，曳引机向上方向旋转）。

3. 客梯曳引绳为三根或三根以上时，安全系数不小于________。

4. $\frac{T_1}{T_2} = e^{f\alpha}$ 中，________称为曳引系数。

5. ________电梯曳引轮的线速度与轿厢升降速度之比。

三、单项选择题

1. 当轿厢载有（　　）额定载荷并以额定速度下行至下部时，切断电动机和制动器电源，电梯应可靠停止。

A. 125%　　B. 135%　　C. 150%　　D. 160%

2. 下列关于蜗杆传动特点的描述中，不正确的是（　　）。

A. 传动平稳　　B. 传动比大　　C. 效率高　　D. 运行噪声低

3. 属于有齿轮曳引机的组成部件是（　　）。

A. 电动机　　B. 钢丝绳　　C. 限速器　　D. 反绳轮

4. 制动器线圈得电时，制动器（　　）。

A. 松闸　　B. 合闸　　C. 保持原来状态　　D. 难以确定

5. 电梯曳引绳为两根时，安全系数不小于（　　）。

A. 12　　B. 10　　C. 16　　D. 8

6. 条件相同的情况下，曳引轮与钢丝绳的当量摩擦因数最大的是（　　）。

A. U形槽　　B. 凹形槽

C. 带切口的V形槽　　D. V形槽

四、简答题

1. 电梯曳引机的类型有哪些?
2. 电梯曳引机制动器的作用是什么?
3. 常见的电梯曳引绳的直径有哪些?
4. 电梯曳引绳的绳芯有什么作用?
5. 曳引机用联轴器分几种?应用上有什么区别?

第 4 章

导向装置

学习导论

电梯导向装置是电梯运行的基础，直接影响电梯运行的安全性、平稳性和舒适性等。电梯导向装置的设计、制造、安装、维修和保养等需要遵守 GB 7588—2003《电梯制造与安装安全规范》、GB/T 22562—2008《电梯 T 型导轨》、GB/T 30977—2014《电梯对重和平衡重用空心导轨》、GB/T 10060—2011《电梯安装验收规范》、TSG T7001—2009《电梯监督检验和定期检验规则——曳引与强制驱动电梯》等标准的要求。

问题与思考

看到图 4-1 你会想到些什么问题呢？

1. 电梯轿厢为什么能沿固定路径运行？
2. 电梯为什么需要导向装置？
3. 电梯导向装置包括哪两大类？
4. 电梯的导向装置有哪些作用？

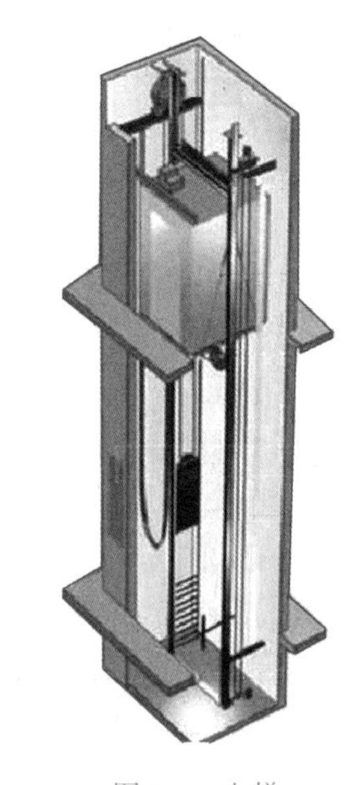

图 4-1　电梯

学习目标

1. 了解导向系统的组成。
2. 了解导轨的作用和类型。
3. 掌握导轨连接需要达到的技术要求。
4. 掌握导靴的类型和特点。
5. 了解导轨支架的类型与安装方式。

4.1　导向装置的组成及作用

电梯导向装置（见图 4-2）组成电梯的引导系统，电梯引导系统包括轿厢引导系统和对重引导系统，这两种系统都由导轨支架、导轨和导靴三种器件组成。

导轨支架与井道壁连接，用于支撑导轨。

导靴安装在轿厢架和对重架两侧，其靴衬（或滚轮）与导轨工作面配合。

导轨固定在导轨支架上，相邻的两根导轨通过连接板（连接件）紧固为一体，是供轿厢和对重（平衡重）运行的导向部件，如图 4-3 所示。导轨与导靴配合，限定轿厢与对重

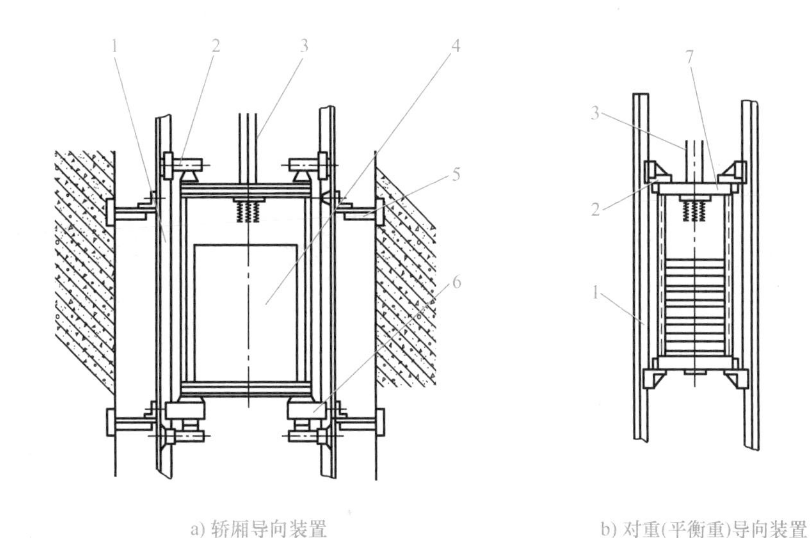

a) 轿厢导向装置　　b) 对重(平衡重)导向装置

图 4-2　电梯导向装置

1—导轨　2—导靴　3—曳引绳　4—轿厢　5—导轨支架　6—安全钳　7—对重（平衡重）

的相互位置；限制轿厢和对重的水平摆动；防止轿厢偏载而产生的倾斜；当安全钳动作时，用于支撑轿厢或对重。

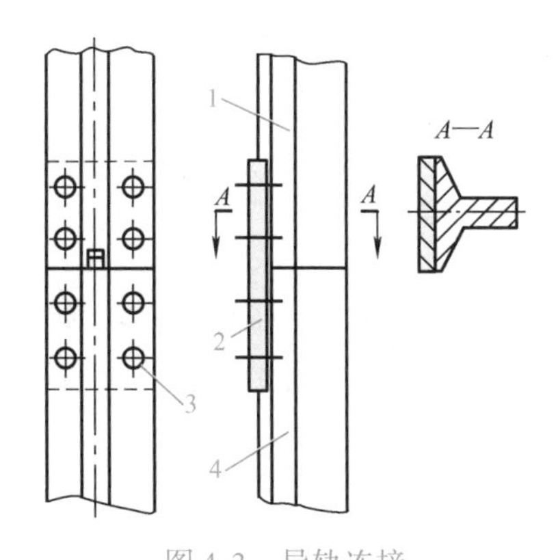

图 4-3　导轨连接

1、4—导轨　2—连接板　3—连接螺栓组件

通常情况下，电梯导轨分为电梯 T 型导轨以及电梯对重和平衡重用空心导轨，如图 4-4 和图 4-5 所示。

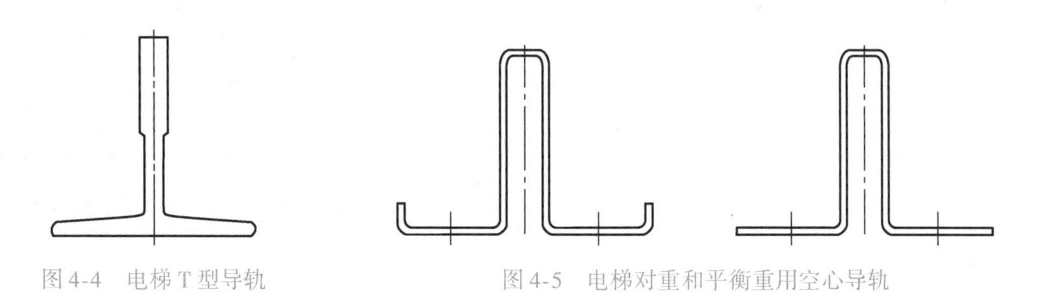

图 4-4　电梯 T 型导轨　　图 4-5　电梯对重和平衡重用空心导轨

电梯导轨按照形状又可以分为铁轨式 T 型导轨、等宽式 T 型导轨、直边式空心导轨等类型，电梯导轨截面如图 4-6 所示。

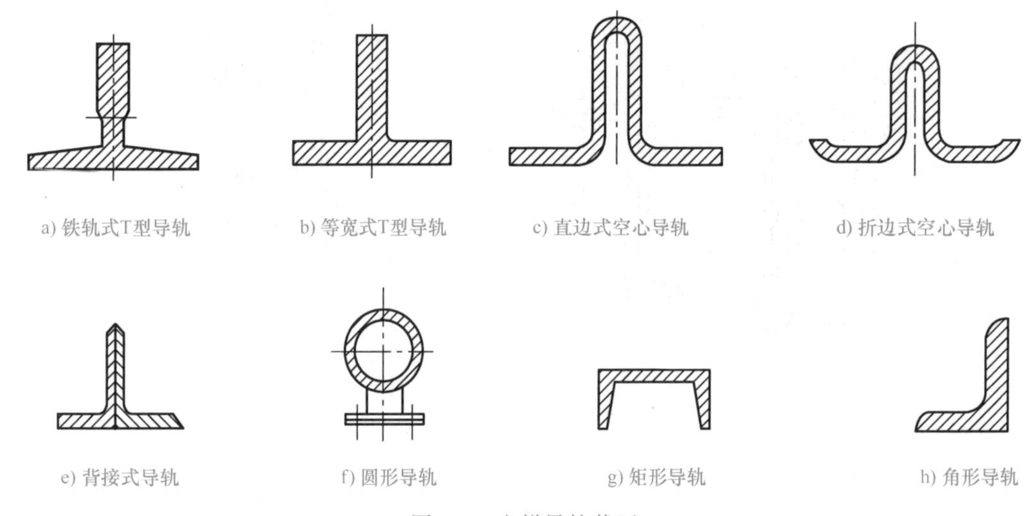

a) 铁轨式T型导轨　b) 等宽式T型导轨　c) 直边式空心导轨　d) 折边式空心导轨

e) 背接式导轨　f) 圆形导轨　g) 矩形导轨　h) 角形导轨

图 4-6　电梯导轨截面

4.2　T 型导轨

4.2.1　T 型导轨的基本技术要求

T 型导轨可为冷拔型，也可为机械加工型。其中：/A 表示冷拔，/B 表示机械加工，/BE 表示高质量机械加工。

所使用的原材料钢的抗拉强度应至少为 370MPa，且不大于 520MPa。鉴于此，宜使用 Q235 作为原材料钢，机械加工导轨的原材料钢的抗拉强度宜不小于 410MPa。

1. 导轨导向面的表面粗糙度

导轨导向面的表面粗糙度见表 4-1。

表 4-1　导轨导向面的表面粗糙度

导轨类别	方向	
	纵向	横向
/A	1.6μm≤*Ra*≤6.3μm	1.6μm≤*Ra*≤6.3μm
/B	*Ra*≤1.6μm	0.8μm≤*Ra*≤3.2μm
/BE	*Ra*≤1.6μm	0.8μm≤*Ra*≤3.2μm

机械加工导轨的底部加工面（用于安装连接板的加工面）的表面粗糙度 *Ra*＜25μm。

2. 几何公差

对导轨而言，基本的几何公差是与导向面相关的，见表4-2与图4-7。

表4-2 5000mm长导轨的几何公差

符号①	公差或偏差②					相关尺寸
	导轨类别				单位	
	/A		/B	/BE		
	两面平行	上表面倾斜				
t_1	0.2	0.2	0.1	0.05	mm	导轨两端导向面和安装连接板加工面的平面度
t_2	7	7	5	2	mm	导向面位置度和对称度
$t_3/500$	0.7	0.7	0.5	0.2	mm/mm	导向面平面度
t_4	—	0.2	0.1	0.05	mm	榫和榫槽的对称度
t_5	+0.06 0	+0.06 0	+0.06 0	+0.03 0	mm	榫槽宽：m_1
t_6	0 -0.06	0 -0.06	0 -0.06	0 -0.03	mm	榫宽：m_2
t_7	±0.15	+0.1 0	+0.1 0	+0.05 0	mm	导向面宽度：k
t_8	0.4	0.4	0.2	0.1	mm	为安装连接板面设立的加工面的垂直度
t_9	±0.2	±0.1	±0.1	±0.05	mm	导轨高度： h_1为/A类，h_2为/B或/BE类
t_{10}	—	0.2	0.1	0.05	mm	榫和榫槽的垂直度
t_{11}	1	1	0.5	0.5	mm	孔中心线的对称度
t_{12}	±0.2	±0.2	±0.2	±0.2	mm	孔的中心线间的距离：b_3
t_{13}	—	0.16c③	0.16c	0.16c	mm	导轨底部至导向面之间的连接部位的宽度的对称度
t_{14}	—	±0.1	±0.1	±0.1	mm	榫高度和榫槽深度：u_1、u_2
t_{15}	±0.2	±0.2	±0.2	±0.2	mm	孔到导轨末端之间的距离：l_2g、l_3g
t_{16}	±1	±1.5	±1.5	±1.5	mm	导轨宽度：b_1
t_{17}	2	3	3	3	mm	底部对称度：b_1
t_{18}	0.4	0.4	0.2	0.1	mm	导向面顶面和侧面的垂直度

① 见图4-7。

② 这些公差或偏差用于2.5~5m的导轨。

③ c值见表4-4和表4-5。

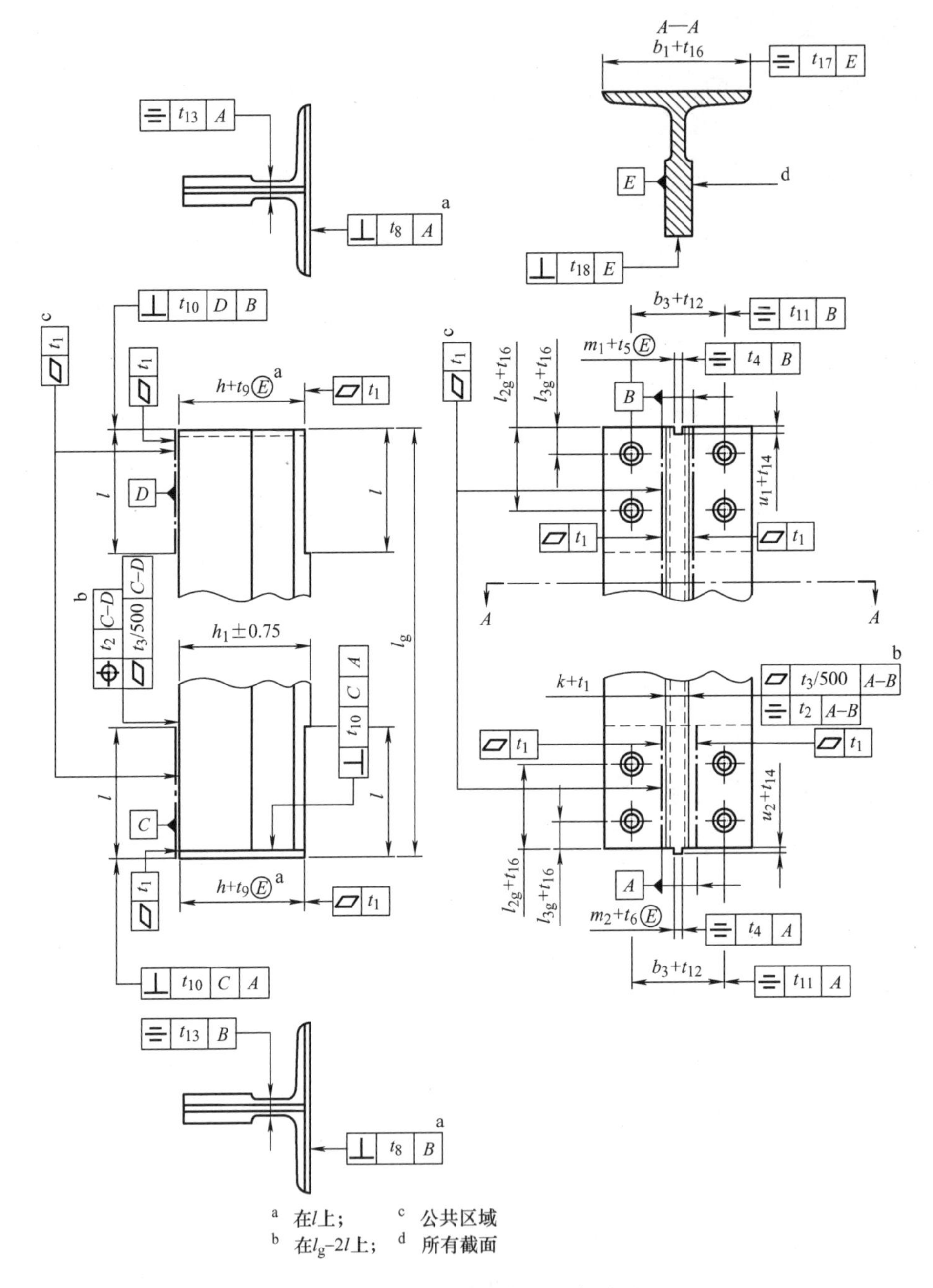

图 4-7 5000mm 长导轨的几何公差

3. 几何尺寸

电梯导轨的基本规格是一定的，T 型导轨的基本规格如图 4-8 ~ 图 4-10 所示，其尺寸和极限偏差分别见表 4-3 ~ 表 4-5。

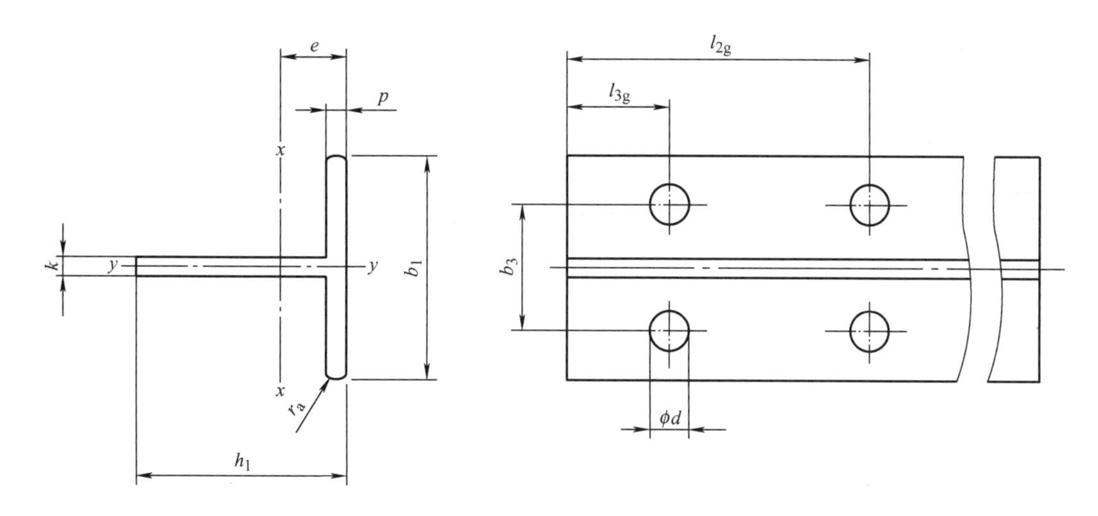

图 4-8　底部两面平行和导向面平行的冷拔导轨

表 4-3　底部两面平行和导向面平行的冷拔导轨的尺寸和极限偏差　（单位：mm）

型号与极限偏差	b_1	h_1	k	p	r_a	l_{2g}	l_{3g}	d	b_3
（T45/A）	45	45	5	5	1	65	15	9	25
T50/A	50	50	5	5	1	75	25	9	30
极限偏差	±1	±0.2	±0.15	±0.5	—	±0.2	±0.2	—	±0.2

注：l_{2g}、l_{3g}、d 和 b_3 与连接板的 l_{21}、l_{31}、d 和 b_3 的尺寸及极限偏差相同。

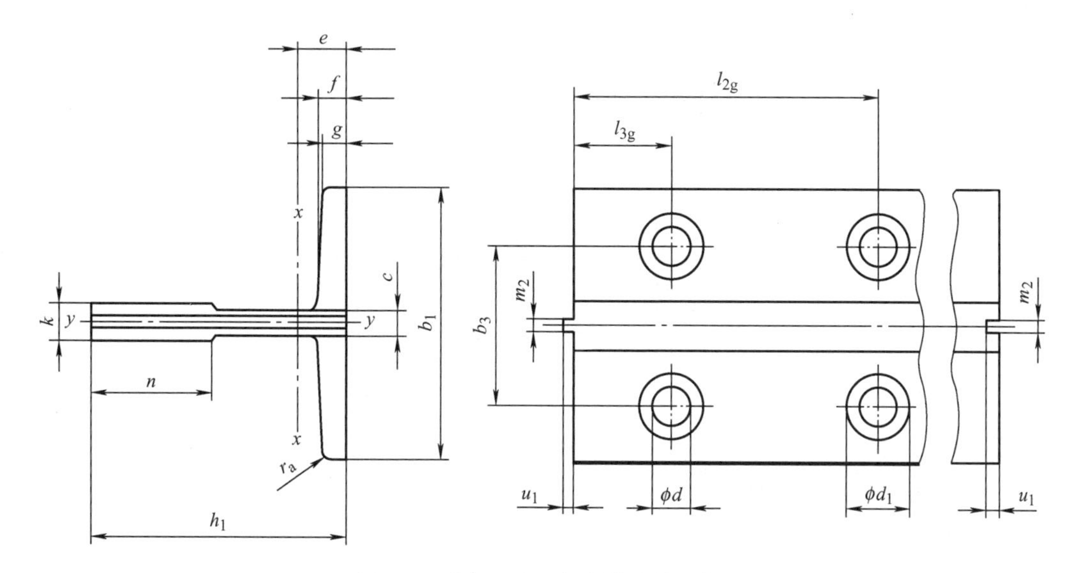

图 4-9　底部上表面倾斜的冷拔导轨

表 4-4　底部上表面倾斜的冷拔导轨的尺寸和极限偏差　　（单位：mm）

型号和极限偏差	b_1	h_1	k	n	c	f	g	m_1	m_2	u_1	u_2	d	d_1	b_3	l_{2g}	l_{3g}	r_a
T70/A	70	65	9	34	6	8	6	3.00	2.97	3.5	3.00	13	26	42	105	25	1.5
(T75/A)	75	62	10	30	8	9	7	3.00	2.97	3.5	3.00	13	26	42	105	25	1.5
T82/A	82	68	9	34	7.5	8.25	6	3.00	2.97	3.5	3.00	13	26	50.8	81	27	3
(T89/A)	89	62	16	34	10	11.1	7.9	6.40	6.37	7.14	6.35	13	26	57.2	114.3	38.1	3
(T90/A)	90	75	16	42	10	10	8	6.40	6.37	7.14	6.35	13	26	57.2	114.3	38.1	4
极限偏差	±1.5	±0.1	+0.1 0	+3 0	—	±0.75	±0.75	+0.06 0	0 -0.06	±0.10	±0.10	—	—	±0.2	±0.2	±0.2	—

注：l_{2g}、l_{3g}、d 和 b_3 与连接板的 l_{21}、l_{31}、d 和 b_3 的尺寸及极限偏差相同。

表 4-5　机械加工导轨的尺寸和极限偏差（部分）

型号和极限偏差	b_1	h_1	k	n	c	f	g	r_s	m_1	m_2
(T75/B)	75	62	10	30	8	9	7	3	3.00	2.97
T89/B	89	62	16	34	10	11.1	7.9	3	6.40	6.37
(T127-1/B 或/BE)	127	89	16	45	10	11	8	4	6.40	6.37
T127-2/B 或/BE	127	89	16	51	10	15.9	12.7	5	6.40	6.37
极限偏差/B 类别	±1.5	±0.75	+0.1 0	+3 0	—	±0.75	±0.75	—	+0.06 0	0 -0.06
极限偏差/BE 类别	±1.5	±0.75	+0.05 0	+3 0	—	±0.75	±0.75	—	+0.03 0	0 -0.03

型号和极限偏差	u_1	u_2	d	d_1	b_3	l_{2g}	l_{3g}	l	h	
(T75/B)	3.50	3.00	13	26	42	105	25	138	61	
T89/B	7.14	6.35	13	26	57.2	114.3	38.1	156	61	
(T127-1/B 或/BE)	7.14	6.35	17	33	79.4	114.3	38.1	156	88	
T127-2/B 或/BE	7.14	6.35	17	33	79.4	114.3	38.1	156	88	
极限偏差/B 类别	±0.10	±0.10	—	—	±0.2	±0.2	±0.2	+3 0	±0.1	
极限偏差/BE 类别	±0.10	±0.10	—	—	±0.2	±0.2	±0.2	+3 0	±0.05	

选择电梯 T 型导轨时，宜使用下列两个系列的尺寸：首选尺寸为表 4-5 中不带括弧的尺寸，如 T89/B；非首选尺寸为带括弧的尺寸，如（T75/B）。当导轨制造商和客户之间有特殊约定时，可选择其他尺寸的导轨。

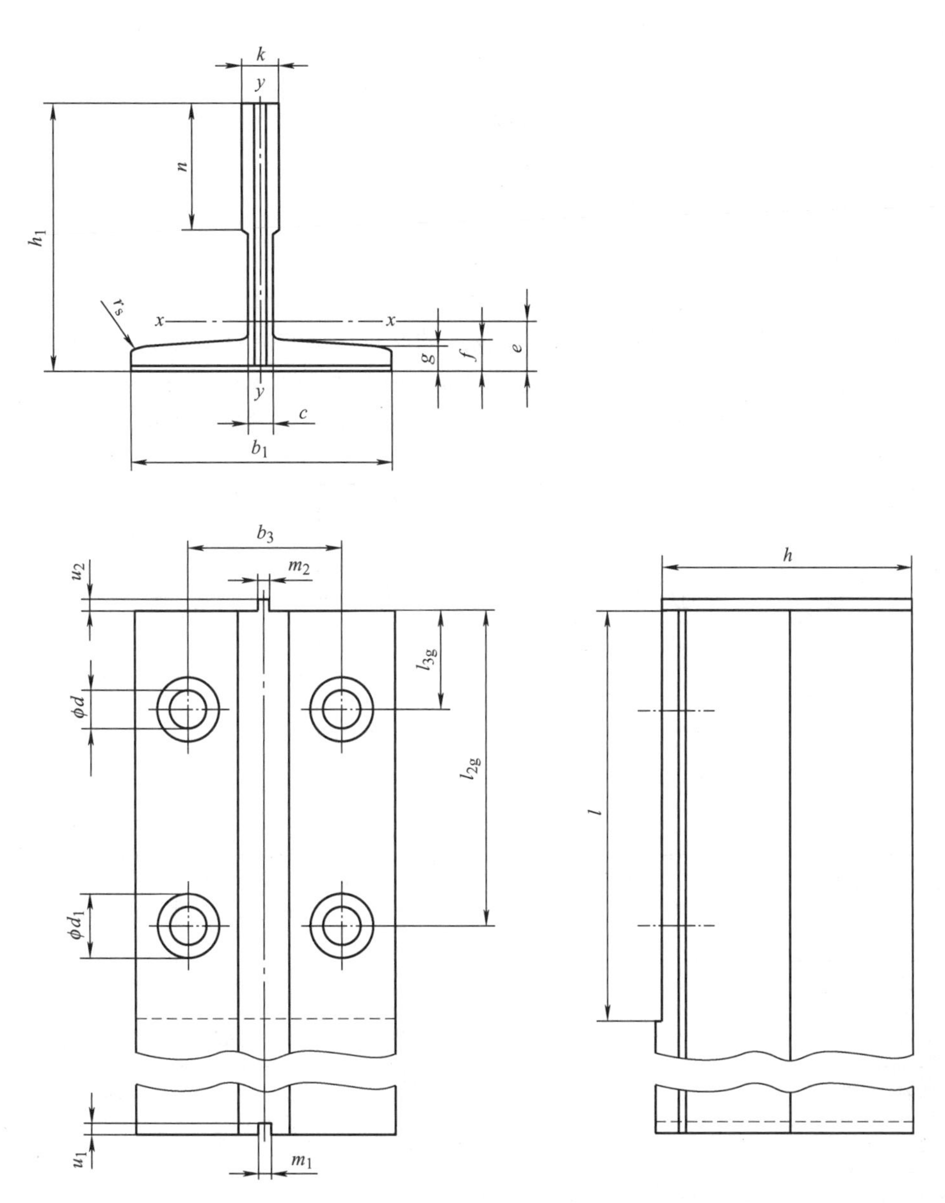

图 4-10 机械加工导轨

4.2.2 T型导轨的命名

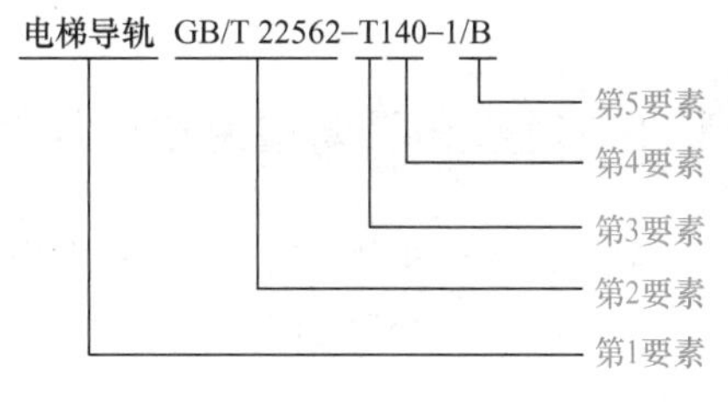

图 4-11 导轨命名

电梯导轨在制造、选用时，采用统一的命名方法。导轨命名如图 4-11 所示，包括五个方面的要素。

第 1 要素：电梯导轨。

第 2 要素：标准的编号，并后加“-”：GB/T 22562 -。

第 3 要素：导轨形状：T。

第 4 要素：导轨底部宽度的圆整值，必要时带有相同宽度底部但不同剖面的编号 45、50、70、75、78、82、89、90、114、125、127-1、127-2、140-1、140-2、140-3。

第 5 要素：制造工艺。冷拔：/A；机械加工：/B；高质量机械加工：/BE。

示例 1：电梯导轨 GB/T 22562-T89/B。

示例 2：电梯导轨 GB/T 22562-T127-1/BE。

4.2.3 T 型导轨的连接板

连接板材料与导轨材料的钢号相同，所使用的原材料钢的抗拉强度至少等于导轨所使用的原材料钢的抗拉强度。连接板与导轨底部的接合面的平面度≤0.20mm，且此面的表面粗糙度 Ra≤25μm。连接板如图 4-12 所示，连接板尺寸和极限偏差见表 4-6。

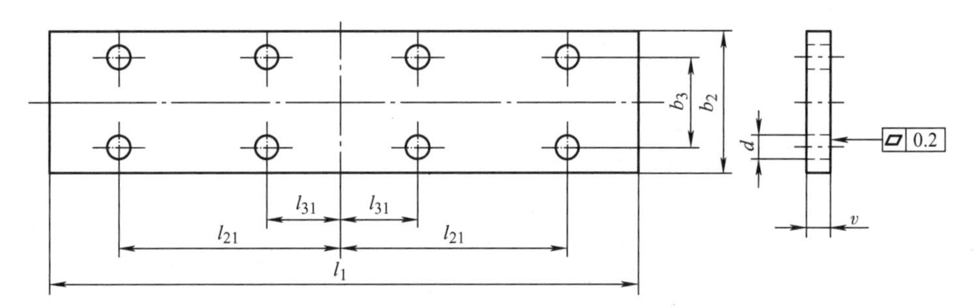

图 4-12 连接板

表 4-6 连接板尺寸和极限偏差（部分） （单位：mm）

型号与极限偏差	d	l_1	l_{21}	l_{31}	b_2	b_3	v
(T75/B)	13	250	105	25	70	42	10
T89/B	13	305	114.3	38.1	90	57.2	13
(T127-1/B)	17	305	114.3	38.1	130	79.4	18
(T127-1/BE)	17	305	114.3	38.1	130	79.4	28
T127-2/B	17	305	114.3	38.1	130	79.4	18
T127-2/BE	17	305	114.3	38.1	130	79.4	28
极限偏差	—	$^{+3}_{0}$	±0.2	±0.2	—	±0.2	$^{+3}_{0}$

4.3 对重和平衡重用空心导轨

对重和平衡重用空心导轨采用板材经冷弯成形，是供电梯对重和平衡重运行的导向部件。导轨按形状分底面直边与折弯两种形式，相邻导轨用连接件连接，连接件分实心与空心两种形式。

导轨横截面与连接孔位尺寸如图 4-13 所示。

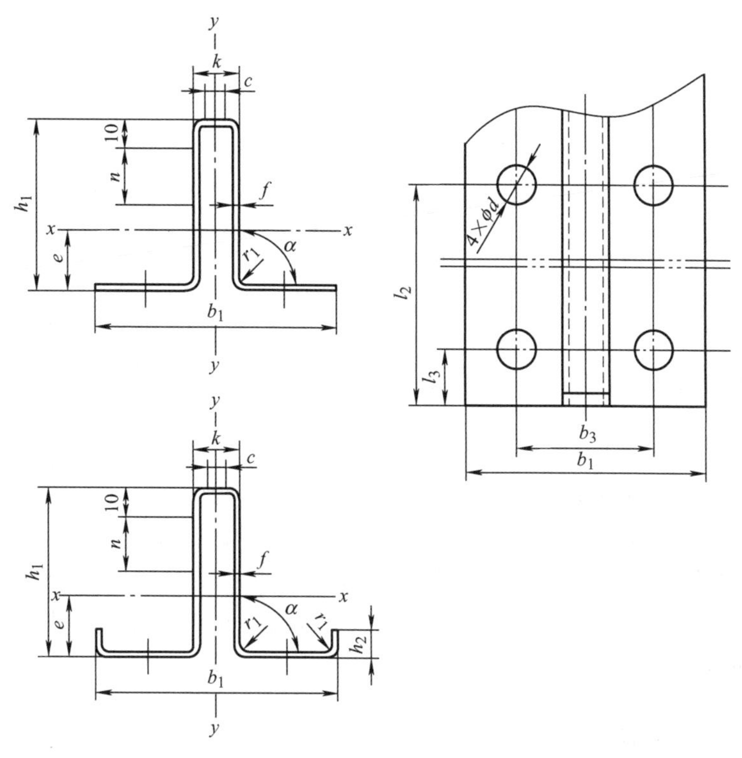

图 4-13　导轨横截面与连接孔位尺寸

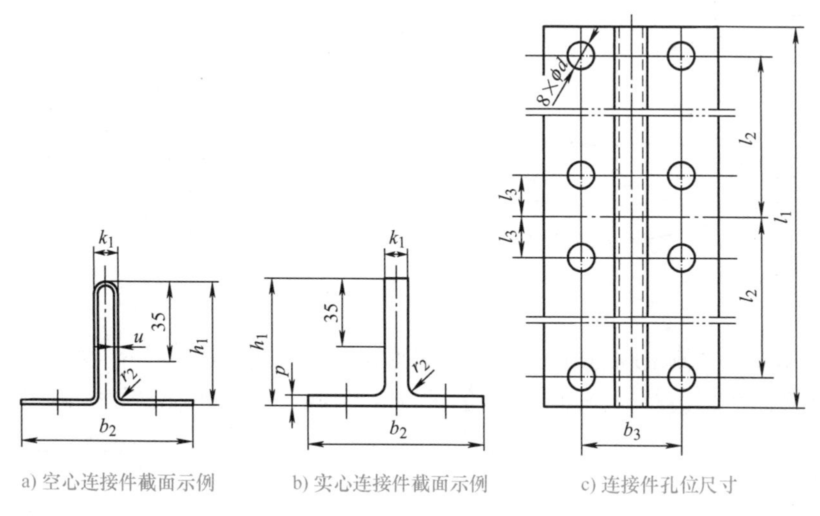

图 4-14　空心与实心连接件横截面与连接件孔位尺寸

空心与实心连接件横截面与连接件孔位尺寸如图 4-14 所示。

4.3.1　对重和平衡重用空心导轨的基本技术要求

1）导轨导向面的纵向或横向表面粗糙度均为 $Ra \leq 6.3\mu m$。

2）导轨主要尺寸参数见表 4-7。

表 4-7 导轨主要尺寸参数

型号和极限偏差	b_1	c	f	h_1	h_2	k	n	l_2	l_3	d	r_1	α
TK3	87 ±1.00	≥1.8	2	60		16.4	25	180	20	14	3	90°
TK5			3									
TK8	100 ±2.00	≥4	4.5	80		22	30	200	25		6	90°
TK3A	78 ±1.00	≥1.8	2.2	60	10	16.4	25	75	25	11.5	3	90°
TK5A-1			3									
TK5A			3.2									
极限偏差			+0.20 -0.15	0 -0.50		±0.40		±0.50	±0.30			+60′ +20′

批量供应产品的长度为 5000mm ±3mm。

导轨两端 5m 内的顶面与导向面应有不大于 1∶10 的斜度。

3）对导轨而言，基本的几何公差是与导向面相关的。导轨顶面与导向面 5m 范围内沿导轨长度方向的扭曲度在两侧导向面上不应大于 2.0mm，在顶面导向面上不应大于 2.0mm，如图 4-15 所示。导轨全长及任何间距为 1m 的导向面的相对扭曲度不应大于 1.0mm，如图 4-16 所示。

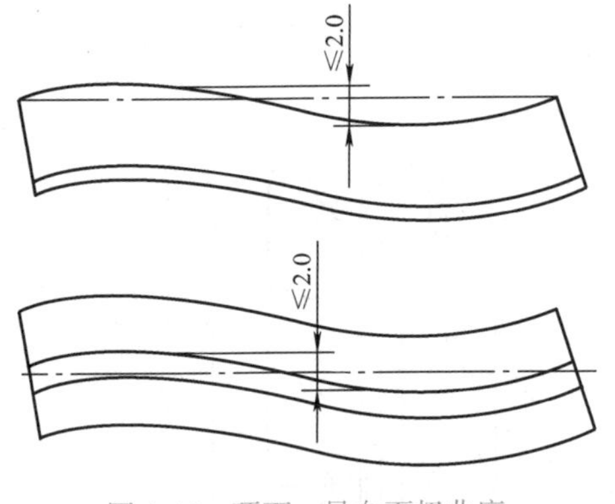

图 4-15 顶面、导向面扭曲度

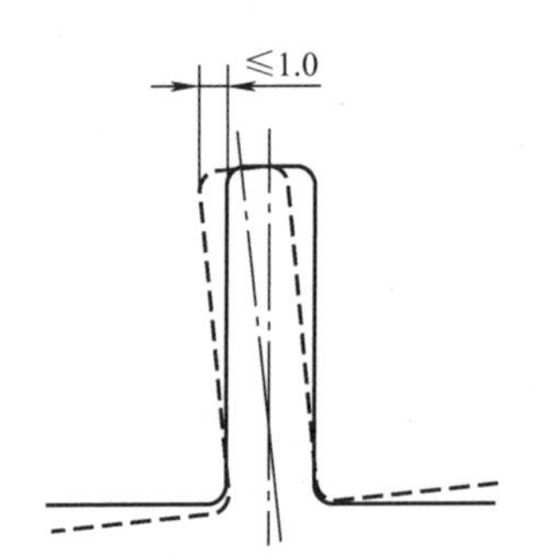

图 4-16 导向面扭曲度

4）导轨端面对同侧 200mm 长度内底面的垂直度不应大于 0.30mm，如图 4-17 所示。

5）导轨底面两端边对导向面中心线的垂直度不应大于 0.30mm，如图 4-18 所示。

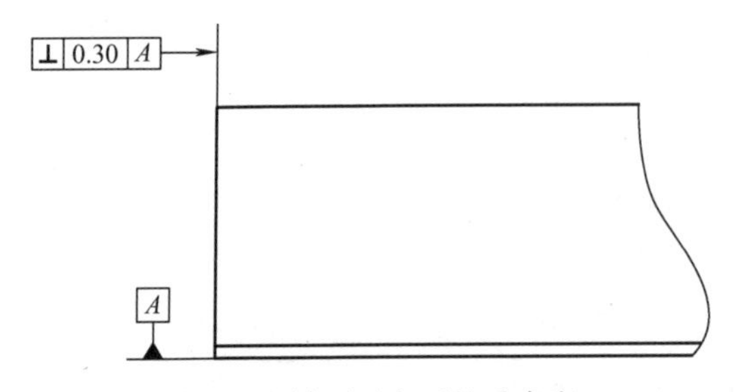

图 4-17 端面对底面的垂直度

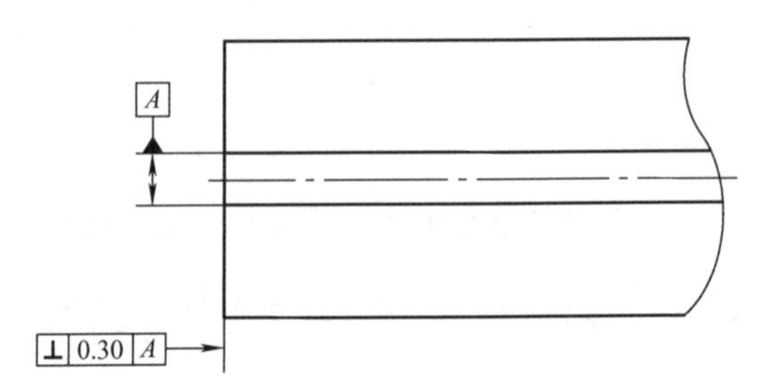

图 4-18 底面端边对导向面中心线的垂直度

6）导轨两端各200mm长度内导向面中心线对导轨底面的垂直度不应大于0.20mm，如图4-19所示。

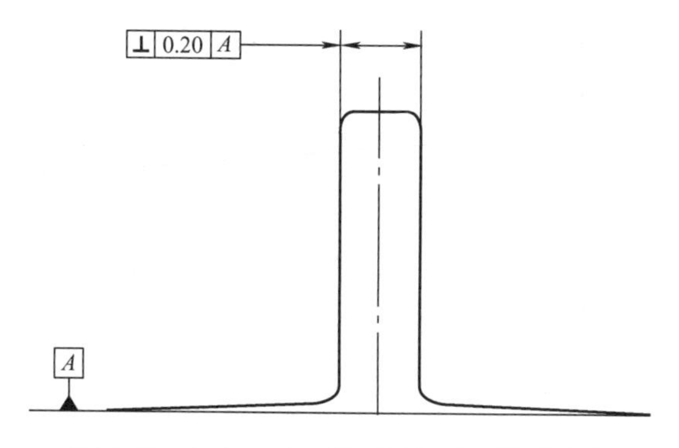

图4-19 导向面中心线对导轨底面的垂直度

4.3.2 对重和平衡重用空心导轨的连接件

连接件分实心连接件和空心连接件两种形式。连接件连接面的表面粗糙度为 $Ra \leqslant$ 12.5μm。连接件尺寸和极限偏差见表4-8。

表4-8 连接件尺寸和极限偏差

型号和极限偏差	b_2	h_3	k_1	u	p	b_3	r_2	d	l_1	l_2	l_3
LK3（LS3）	87	50	12	3		50	4	14	400	180	20
LK5（LS5）		58	10	4.5	4.5		5				
LK8（LS8）	102	76	12.6	4.5		64	5		450	200	25
LK3A（LS3A）	78	50	12	3		44	4	11.5	200	75	25
LK5A-1（LS5A-1）		58	10.4	4.5	4.5		5				
LK5A（LS5A）		58	10	4.5	4.5		5				
极限偏差			±0.20			±0.5			±1.5	±0.5	±0.3

连接件同侧两个连接面的垂直度误差不应大于0.6mm，如图4-20所示。

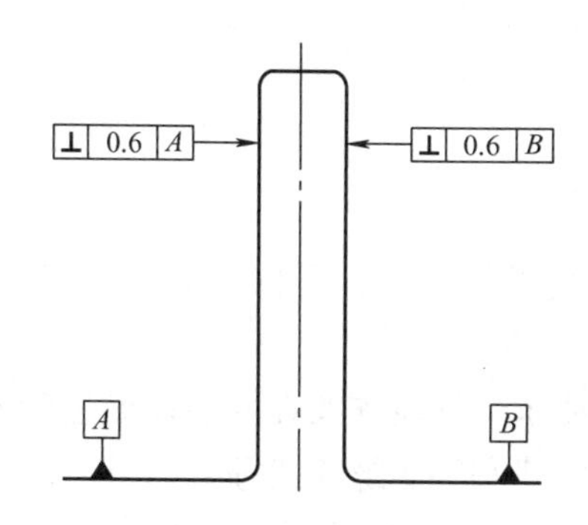

图4-20 连接件同侧连接面垂直度

4.3.3 对重和平衡重用空心导轨的命名

导轨与连接件命名由类组代号、型式代号、主参数代号、变形代号和细分型号组成。

1）导轨型号如图4-21所示。

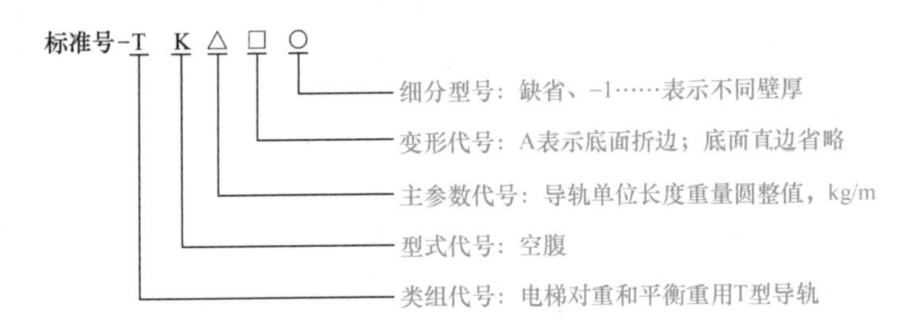

图4-21 导轨型号

2）连接件型号如图4-22所示。

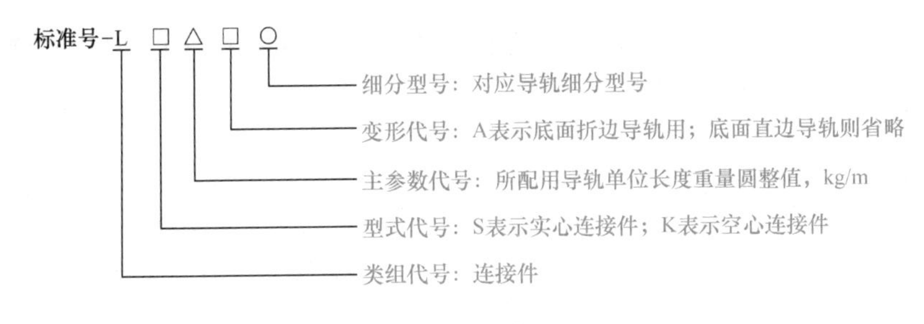

图4-22 连接件型号

3）标记示例：

① 5kg/m底面直边对重和平衡重用空心导轨：导轨GB/T 30977－TK5。

② 导轨GB/T 30977－TK5用空心连接件：连接件GB/T 30977－LK5。

③ 导轨GB/T 30977－TK5A－1用实心连接件：连接件GB/T 30977－LS5A－1。

4.4 导轨支架

4.4.1 导轨支架的技术要求

导轨支架固定在电梯井道内的墙壁上，是固定导轨的机件，导轨支架的间距≤2.5m，且每段导轨至少有两个导轨支架。

按电梯安装平面布置图的要求，导轨支架在井道墙壁上的固定方式有埋入式、焊接式、预埋螺栓固定式、对穿螺栓固定式和膨胀螺栓式等，如图4-23所示。

固定导轨用的金属支架既要求有一定的强度，又要求有一定的调节量，用以弥补电梯井道的建筑误差。

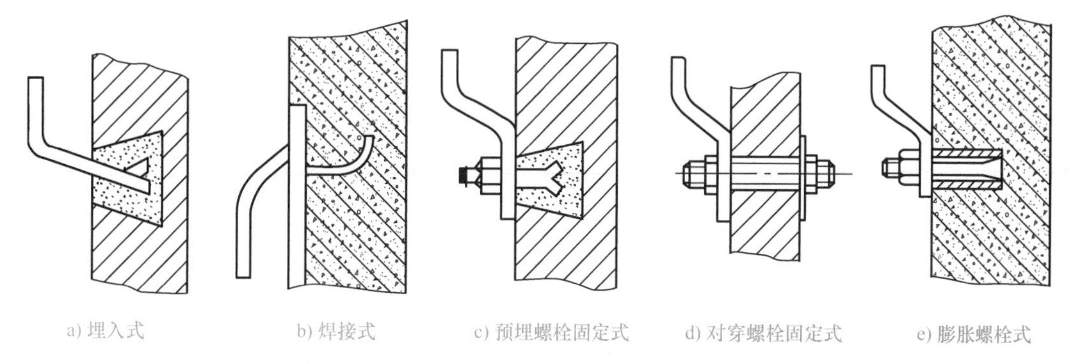

a) 埋入式　b) 焊接式　c) 预埋螺栓固定式　d) 对穿螺栓固定式　e) 膨胀螺栓式

图 4-23　导轨支架的固定方式

4.4.2　导轨支架的分类

1. 按用途分类

按用途不同，导轨支架可分为轿厢用导轨支架、对重用导轨支架、轿厢和对重共用导轨支架，如图 4-24 ~ 图 4-27 所示。

图 4-24　轿厢用导轨支架

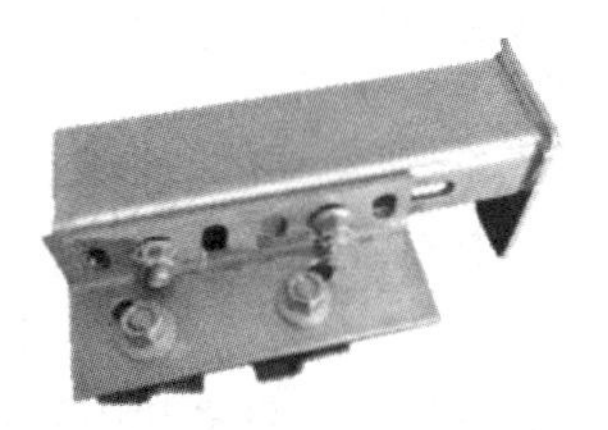

图 4-25　对重用导轨支架

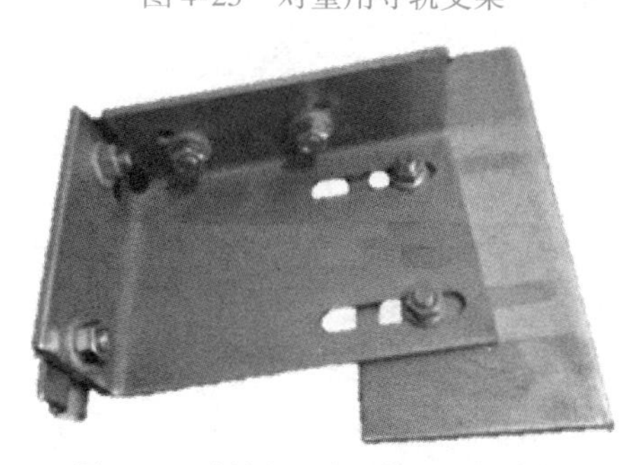

图 4-26　轿厢、对重共用导轨支架

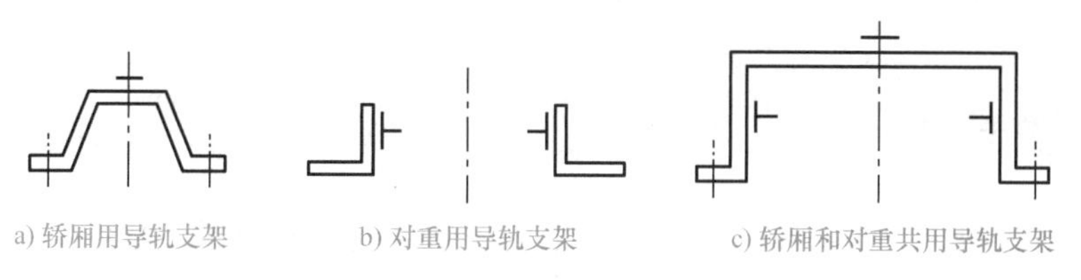

a) 轿厢用导轨支架　b) 对重用导轨支架　c) 轿厢和对重共用导轨支架

图 4-27　不同用途的导轨支架简图

2. 按组合方式分类

按组合方式不同，导轨支架可分为整体式和组合式。

1）整体式导轨支架（见图 4-28a）的架体由型钢弯曲焊接而成，具有制造容易，强度好的优点；但由于它的高度尺寸是固定的，因此对安装有较高的要求。

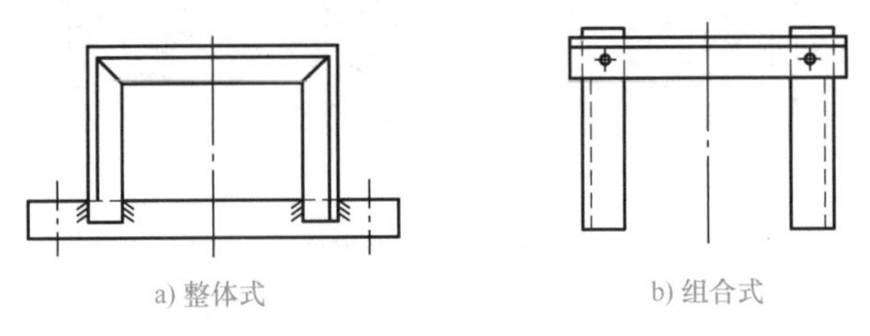

图 4-28　不同组合方式的导轨支架

2）组合式导轨支架（见图 4-24 ~ 图 4-26、图 4-28b）的高度可调，撑臂和横梁用螺栓连接。撑臂上的螺栓孔是长圆孔，移动螺栓的紧固位置就能改变高度，安装使用方便，但制造较麻烦，且强度不如整体式。

3. 按形状分类

按形状不同，导轨支架可分为山形导轨支架、框形导轨支架和 L 形导轨支架等，如图 4-29 所示。

1）山形导轨支架的撑臂是斜的，倾斜角常为 15°或 30°，具有较好的刚度。这种导轨支架一般为整体式结构，常用作轿厢导轨支架。

2）框形导轨支架呈矩形，制造比较容易，可做成整体式，也可做成组合式，常用作轿厢导轨支架和轿厢、对重共用导轨支架。

3）L 形导轨支架的结构简单，常用作对重导轨支架。

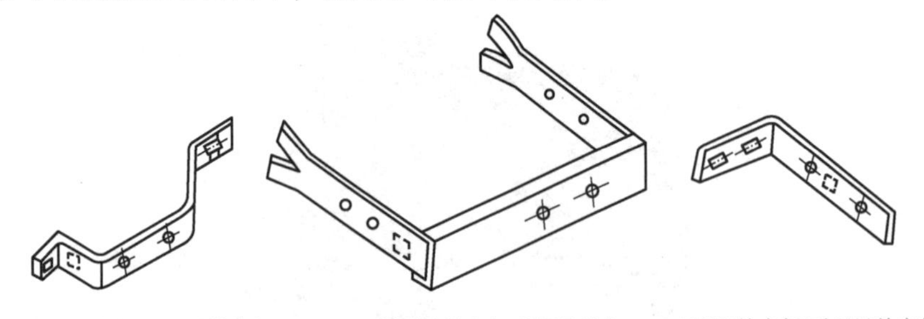

图 4-29　不同形状的导轨支架

4.5　导轨固定

电梯作为一种机电设备需要进行保养与维护，而且电梯的使用环境存在温度变化。为了满足方便维修、调整以及适应热胀冷缩的要求，导轨不能焊接或用螺钉固定在导轨支架上，而是通过螺栓、螺母与压导板进行固定。

T 型导轨以榫头与榫槽楔合定位，底部用连接板固定；对重和平衡重用空心导轨采用连接件进行固定。连接板（件）螺栓的数目一般每边不少于4个，如图 4-30 所示。

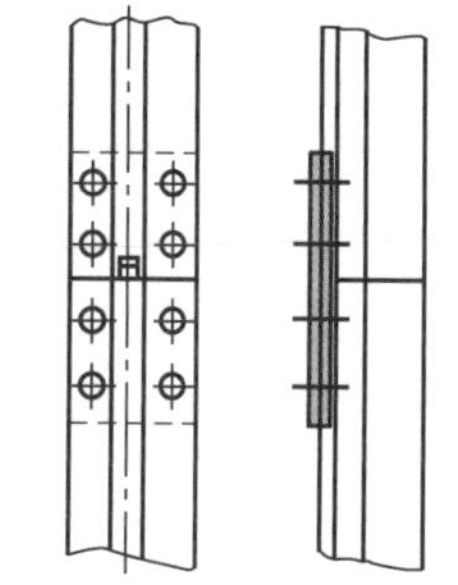

图 4-30　导轨的连接与固定

4.5.1　导轨的固定方法

在电梯井道中，导轨起始段一般都支持在底坑中的支撑板上。导轨是借助于螺栓、螺母与压导板固定于金属支架上的。

压导板结构如图 4-31 所示，在电梯安装时其能够校正一定范围内的导轨变形，但不能适应建筑物的正常下沉或混凝土收缩等情况，一旦出现这种情况，导轨就会发生变形，影响电梯的正常运行。这种压导板一般用于建筑物高度较低，运行速度不高的电梯上。其压导板示意图如图 4-32 所示。

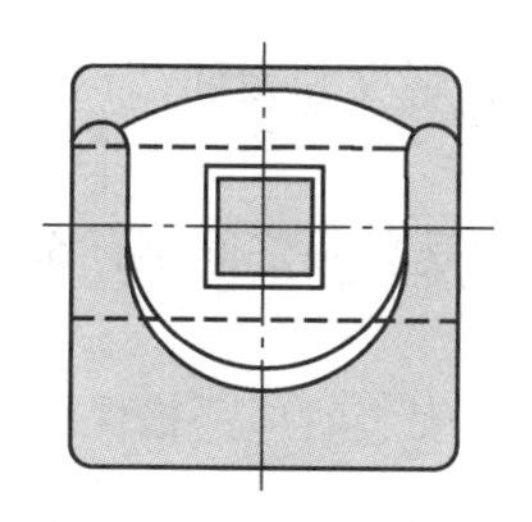

图 4-31　压导板结构（一）

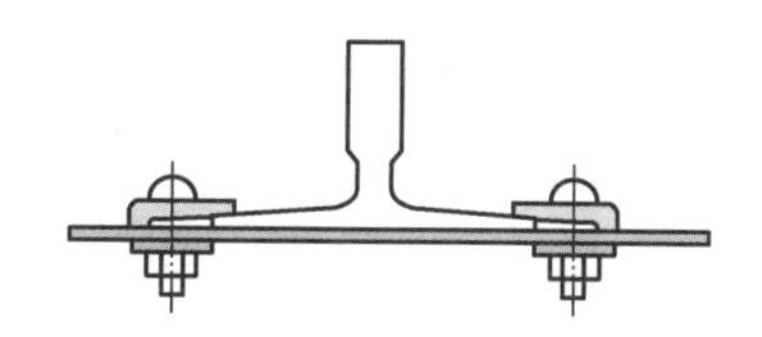

图 4-32　压导板示意图（一）

为了解决建筑物下沉或混凝土收缩对电梯导轨的影响，一般采用图 4-33 所示的压导板结构，其把导轨固定于金属支架上的情况如图 4-34 所示。

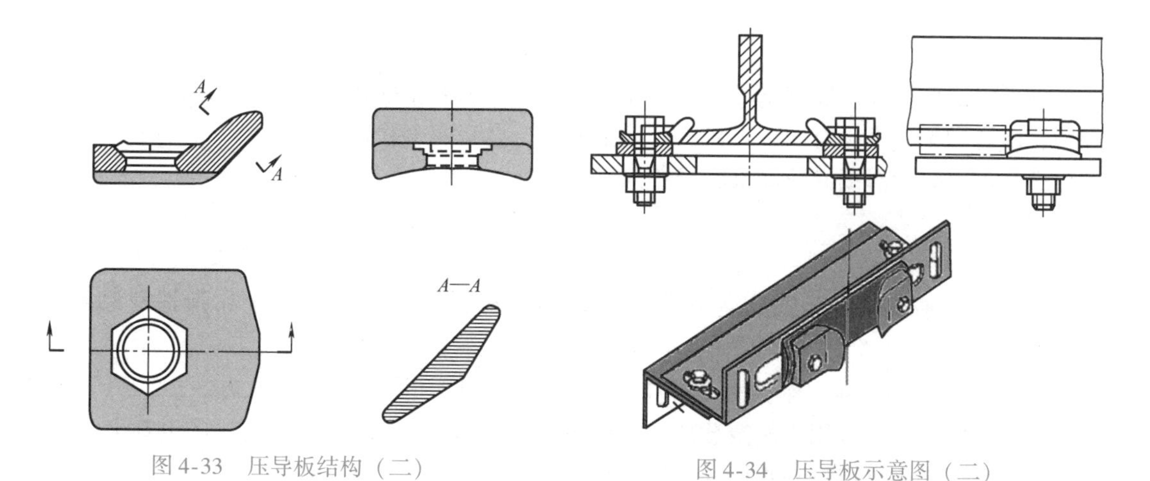

图 4-33　压导板结构（二）

图 4-34　压导板示意图（二）

采用图 4-33 所示的压导板，两压导板与导轨为点接触，当混凝土收缩时，导轨能够比较容易地在压导板之间滑移。而且，由于导轨背面是一块圆弧垫板，导轨与圆弧垫板之间为线接触，即使金属支架发生稍许偏转，导轨和圆弧垫板之间的线接触关系仍保持不变。但是，这种新型压导板结构对导轨的加工精度和直线度要求都比较高。

图 4-35 是一种对重导轨的压导方式，两压导板与导轨为点接触，适应建筑物下沉或混凝土收缩对电梯导轨产生影响的情况。

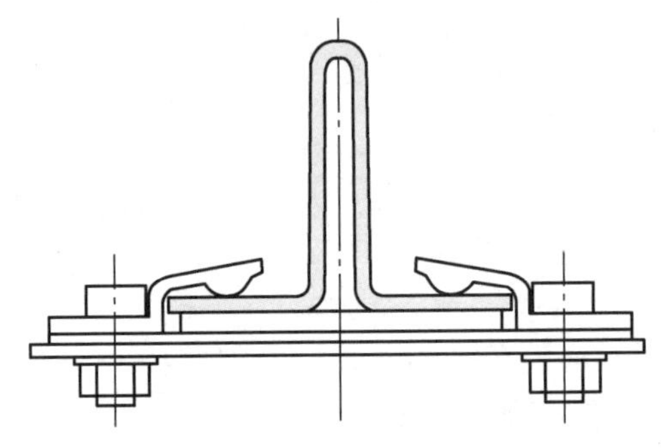

图 4-35 压导示意图（三）

4.5.2 导轨固定的基本要求

1）在井道内设置的电梯导轨的固定距离是根据导轨本身强度和土建结构决定的，一般为 2m 左右，最大不超过 2.5m。

2）考虑到金属热胀冷缩的物理性能，导轨与井道上部机房楼板之间应有 50～100mm 的间隙。

3）为了保证电梯在运行时的平稳性和降低噪声，导轨在安装时应严格保持其直线度。

4.6 导靴

4.6.1 导靴的类型

为了保证对重和轿厢的平稳运行，在对重架和轿厢架靠导轨的一面至少上下各安装一个导靴，即轿厢架上至少有四个导靴，对重架上至少也有四个导靴。

导靴可以分为滑动导靴和滚轮导靴两大类。

1. 滑动导靴

按靴头在轴向位置是固定还是浮动，滑动导靴分为刚性滑动导靴和弹性滑动导靴，如图 4-36 所示。

（1）刚性滑动导靴　刚性滑动导靴具有较高的强度和刚度，承载能力强，采用间隙的方式与导轨配合，可以用于额定载荷为 2000kg 以下、运行速度小于 0.5m/s 的电梯上。

刚性滑动导靴可以进一步分为整体式与组合式，如图 4-37 所示。

为了减小磨损及振动，刚性滑动导靴可在导靴的滑动工作面上包消声耐磨的塑料。对于不包塑料的刚性滑动导靴，要求其具有较高的加工精度，并需在工作面间定期涂抹适量的凡士林，以提高其润滑能力，减小磨损。

（2）弹性滑动导靴　弹性滑动导靴的实体如图 4-38 所示，其基本结构如图 4-39 所示。

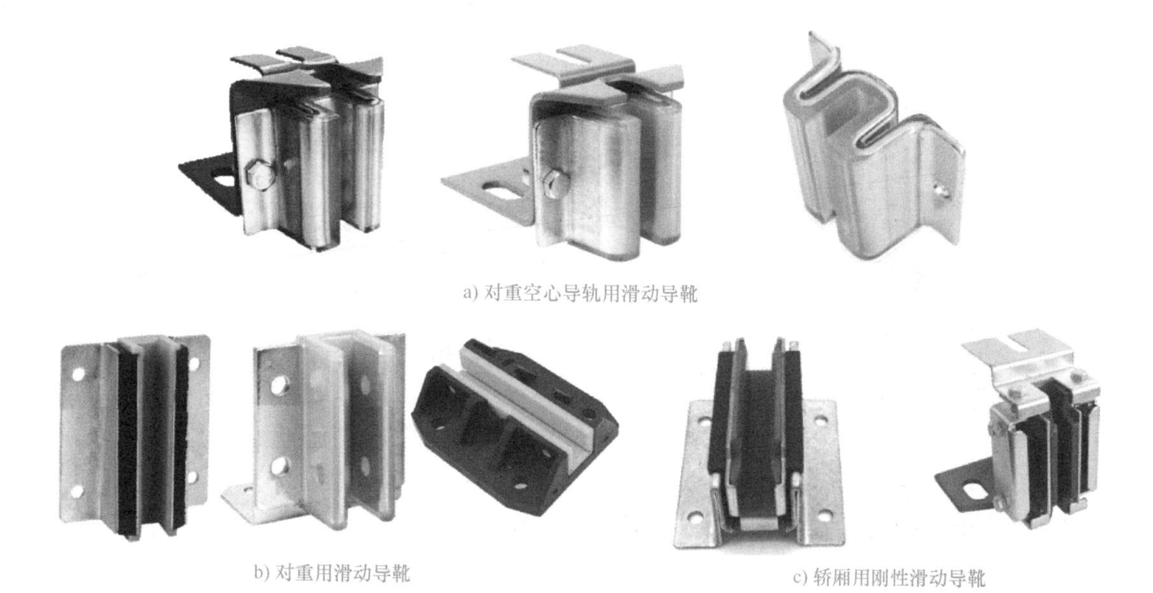

a) 对重空心导轨用滑动导靴

b) 对重用滑动导靴　　c) 轿厢用刚性滑动导靴

图 4-36　滑动导靴

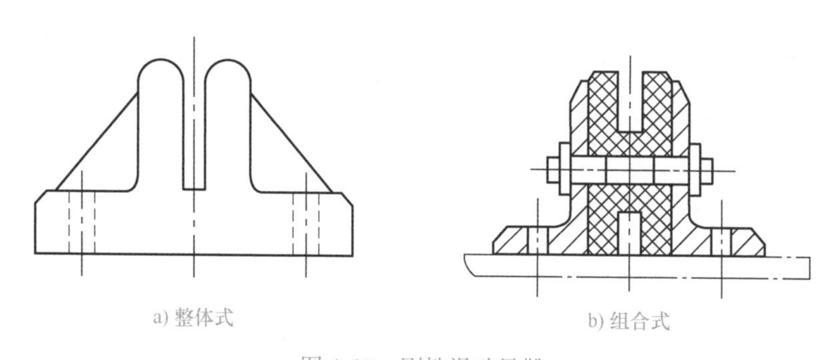

a) 整体式　　b) 组合式

图 4-37　刚性滑动导靴

弹性滑动导靴的基本结构包括靴座、靴头、靴衬、靴轴、弹簧及调节螺母等零件，靴头部分在弹簧的作用下能随导轨面的形状变化而始终紧贴导轨面，使轿厢在运行中始终处在水平位置，并能吸收一部分振动。

弹性滑动导靴在运行过程中需要润滑，一方面可以减少摩擦阻力，另一方面可以延长靴衬的使用寿命，同时，可以降低运行噪声，提高电梯运行的舒适感。一般的润滑方式是设置导靴加油盒（见图 4-40），通过油毡吸出润滑油，在电梯运行过程中，涂覆在导轨工作面上，以完成润滑要求。

2. 滚轮导靴

滚轮导靴由靴座、滚轮和调节弹簧等构成，如图 4-41 所示。滚轮导靴用三个硬质橡胶滚轮代替滑动导靴的三个工作面，调节弹簧使三个滚轮始终与导轨的三个工作面紧贴，以滚动摩擦代替滑动摩擦，减少了能量损失。弹簧和橡胶滚轮的吸振使轿厢和对重的运行更加平稳，并减小了噪声。一般情况下，滚轮导靴用于运行速度大于 2m/s 的电梯上。

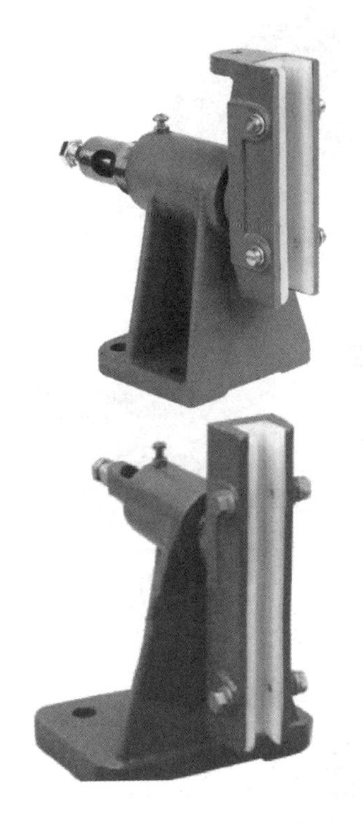

图 4-38 弹性滑动导靴的实体

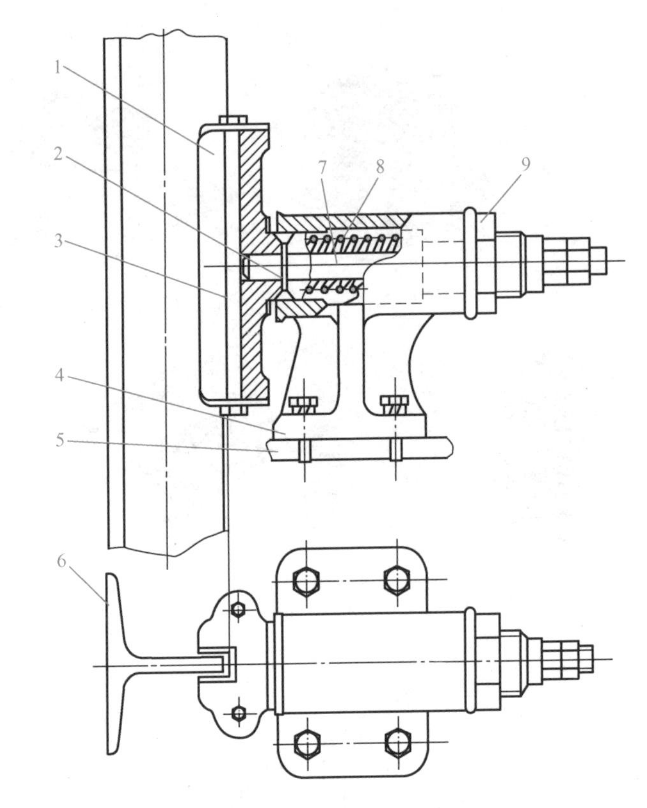

图 4-39 弹性滑动导靴的基本结构

1—靴头 2—销 3—靴衬 4—靴座 5—轿厢

6—导轨 7—靴轴 8—弹簧 9—调节螺母

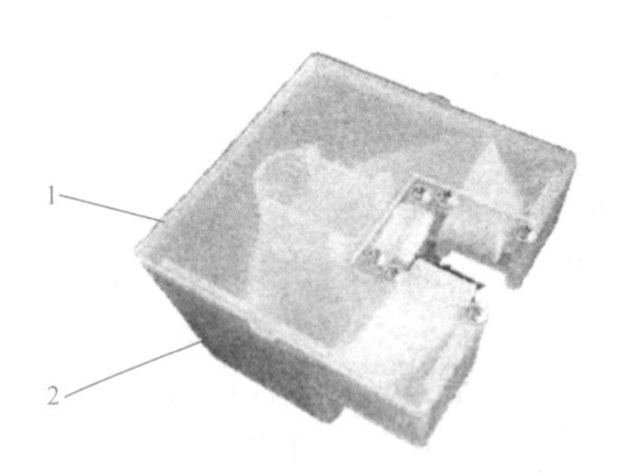

图 4-40 滑动导靴加油盒

1—油盒体 2—油毡

相对于滑动导靴，滚轮导靴运行更加平稳，并减小了噪声与环境污染。

4.6.2 导靴的使用要求

轿厢导靴的靴衬侧面与导轨的间隙为 0.5 ~ 1mm。有弹簧导靴的靴衬与导轨顶面无间隙，导靴弹簧的可压缩范围不超过 5mm；无弹簧导靴的靴衬与导轨顶面间隙为 1 ~ 2mm。对重导靴的靴衬与导轨顶面间隙不大于 2.5mm，滚轮导靴的滚轮与导轨顶面间隙为 1 ~ 2mm。

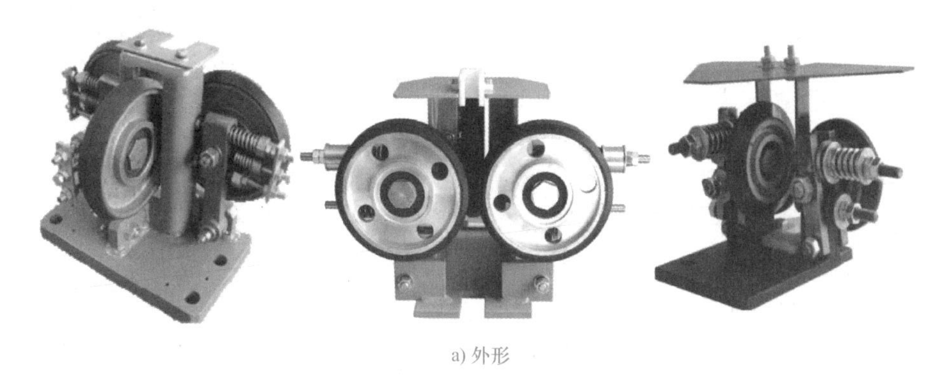

a) 外形

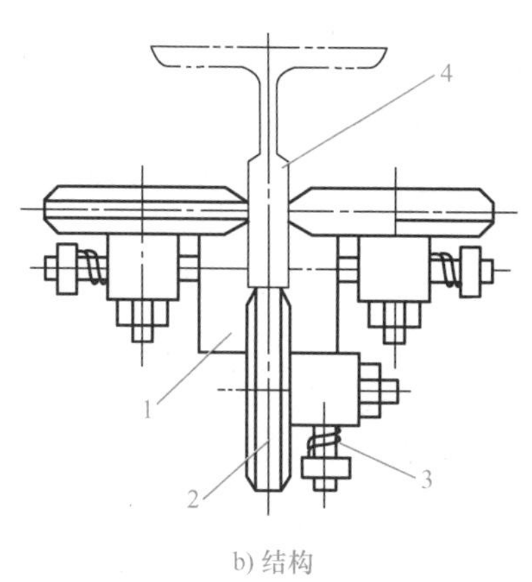

b) 结构

图 4-41　滚轮导靴

1—靴座　2—滚轮　3—调节弹簧　4—导轨

导靴的基本参数有额定速度、额定载重量、导轨宽度、导轨面正压力和导轨面侧压力，见表 4-9。

表 4-9　导靴示例及基本参数

导靴示例	型号	额定速度/(m/s)	额定载重量/kg	导轨宽度/mm	导轨面正压力/N	导轨面侧压力/N
	DX20 滑动导靴	≤1.75	≤2000	10、16	≤1200	≤1000
	DX2 滑动导靴	≤2.5		10、16	≤6500	≤6500

本章习题

一、判断题

1. 电梯每段导轨至少有两个导轨支架。 (　　)
2. 电梯导轨支架的间距不大于2.5m。 (　　)
3. 相邻两根导轨依靠连接板定位。 (　　)
4. 滚动导靴对应的电梯导轨采用油润滑。 (　　)
5. 每个滚动导靴，只能有三个滚轮。 (　　)
6. 一般情况下，批量供应的电梯导轨公称长度为5000mm。 (　　)
7. 机械加工导轨的原材料钢的抗拉强度宜不小于520MPa。 (　　)
8. 连接板材料的抗拉强度不应高于导轨材料的抗拉强度。 (　　)

二、填空题

1. 通常情况下，电梯导轨分为电梯T型导轨以及电梯对重和平衡重用________。
2. T型导轨可为冷拔型，也可为________。
3. 电梯对重和平衡重用空心导轨的连接件分________连接件与空心连接件两种形式。
4. 对电梯对重和平衡重用空心导轨而言，基本的几何公差是与________相关的。
5. 按用途不同，导轨支架可分为轿厢用导轨支架、对重用导轨支架、________导轨支架。

三、单项选择题

1. T型导轨标识中，/A表示(　　)。

A. 机械加工　B. 高质量机械加工　C. 冷拔　D. 铸造

2. 电梯导轨设计、制造过程中，所使用的原材料钢的抗拉强度应至少为370MPa且不大于(　　)MPa。

A. 400　B. 450　C. 500　D. 520

3. 电梯导轨安装时，采用(　　)把导轨固定于金属支架上。

A. 螺钉　B. 压导板　C. 焊接　D. 铆钉

四、简答题

1. 电梯导轨的类型有哪些？
2. 导靴分为哪些类型？

第 5 章 电梯轿厢及平衡装置

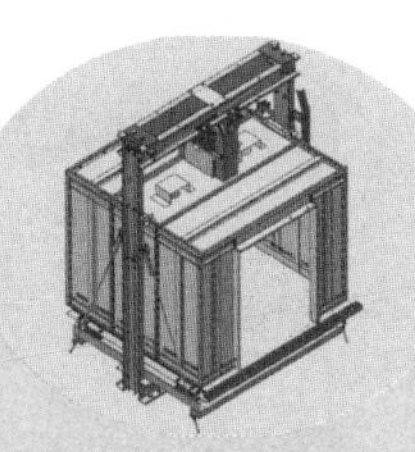

学习导论

在曳引电梯中，轿厢和对重悬挂于曳引轮两侧，轿厢是运送乘客和货物的承载部件，也是乘客唯一能够看到的电梯的结构部件。使用对重的目的是减轻曳引电动机的负担，提高曳引效率。

电梯轿厢在机械结构上主要由轿厢架、轿厢厢体及轿厢门等几个主要构件组成。轿厢架与轿厢厢体是相对独立的两部分结构，厢体为乘客提供一个封闭、舒适及多功能的空间，轿厢架则承受电梯运行时的各种载荷。

平衡装置使对重与轿厢能达到相对平衡，在电梯工作中能使轿厢与对重间的重量差保持在某一个限额之内，以保证电梯的曳引传动平稳、正常。平衡装置由对重装置和重量补偿装置两部分组成。

问题与思考

看到图 5-1 你会想到些什么问题呢？

1. 轿厢和对重是怎么保持平衡的？
2. 钢丝绳和随行电缆的重量是怎么抵消的？
3. 对重的重量是多少？
4. 轿厢的额定载重量和乘客数量有什么关系？
5. 轿厢面积和乘客数量有什么关系？
6. 电梯是怎么称重的？
7. 电梯满载和超载状态下是怎么运行的？

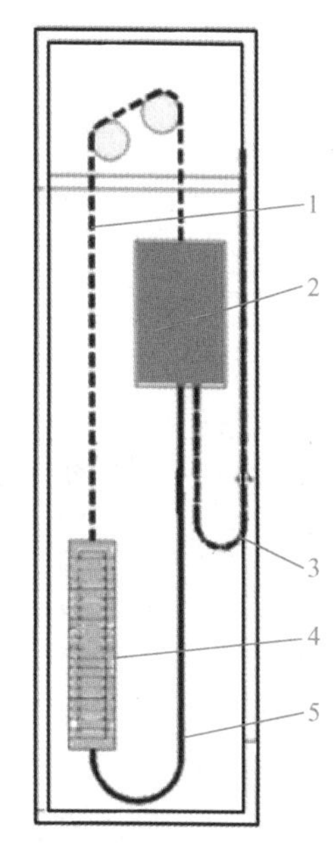

图 5-1　重量平衡系统示意图
1—钢丝绳　2—轿厢　3—随行电缆
4—对重　5—补偿装置

学习目标

1. 掌握电梯轿厢的各部分组成。
2. 了解电梯轿厢各部件的规格和要求。
3. 掌握电梯重量平衡系统的构成与作用。
4. 掌握电梯对重的重量的计算方法。
5. 掌握补偿装置的类型和补偿方法。
6. 掌握电梯轿厢超载装置的类型及各自的特点。

5.1 电梯轿厢的结构

5.1.1 普通轿厢的结构

轿厢结构示意图如图 5-2 所示，轿厢本身主要由轿厢架和轿厢体两部分构成，其中还包括若干个构件和有关的装置。

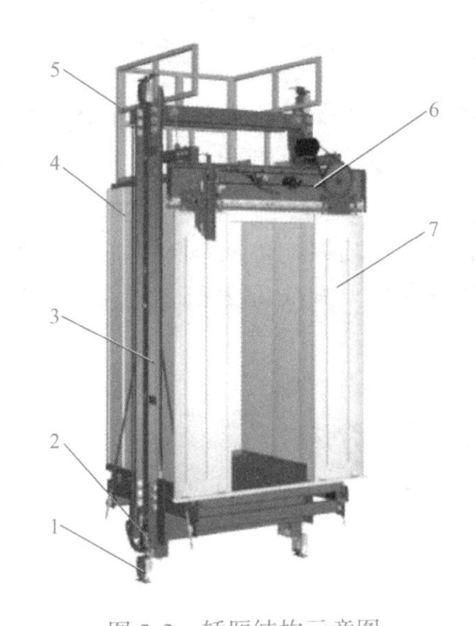

图 5-2 轿厢结构示意图

1—导靴 2—安全钳 3—轿厢架 4—轿厢体 5—轿顶护栏 6—轿厢门机 7—轿厢门

轿厢架是承重结构件，是一个框形金属架，由上、下、立梁（也称侧立柱）和拉条（拉杆）组成。框架的材质选用槽钢或按要求压成的钢板，上、下、立梁之间一般采用螺栓连接。在上、下梁的四角有供安装轿厢导靴和安全钳的平板，在上梁中部下方有供安装轿顶轮或绳头组合装置的安装板，在立梁上留有安装轿厢开关板的支架。

轿厢体由轿底、轿壁、轿顶及轿门等组成，轿底框架采用规定型号及尺寸的槽钢和角钢焊成，并在上面铺设一层钢板。为使之美观，常在钢板之上再粘贴一层塑料地板。轿壁由几块薄钢板拼合而成。每块构件的中部有特殊形状的纵向肋，目的是增强轿壁的强度，并在每块构件的拼合接缝处，由装饰嵌条遮住。轿内壁板面上通常贴有一层防火塑料板或采用具有图案、花纹的不锈钢薄板等，也有把轿壁填灰磨平后再喷漆的。轿壁间以及轿壁与轿顶、轿底之间一般采用螺钉连接、紧固。轿顶的结构与轿壁相似，要求能承受一定的载重（因电梯检修工有时需在轿顶上工作），并有防护栏以及根据设计要求设置安全窗。有的轿顶下面装有装饰板（一般客梯有，货梯没有），在装饰板的上面安装照明、风扇等。

另外，为防止电梯超载运行，多数电梯在轿厢上设置了超载装置。超载装置安装的位置，有轿底称重式（超载装置安装在轿厢底部）及轿顶称重式（超载装置安装在轿厢上梁）等。

5.1.2　双层轿厢的结构

随着建筑物高度的增加，为了向客户提供令人满意的服务，电梯数量也需相应地增加。这意味着电梯井道将占用更多的平面面积，减少了大楼的可利用空间。使用双层轿厢系统可以大大增加大楼井道的利用率，从而减少所需电梯的数量，增加大楼住户的可利用空间。

双层轿厢电梯（见图5-3）有别于普通单轿厢电梯，它由同一井道内两个叠加在一起的轿厢组成，上轿厢服务双数层楼，下轿厢服务奇数楼层，乘客根据自己想去的楼层，选择相应的轿厢。双层轿厢电梯最适合30～100层的多住户、对高峰时间交通处理能力有着较高要求的高层办公楼宇。

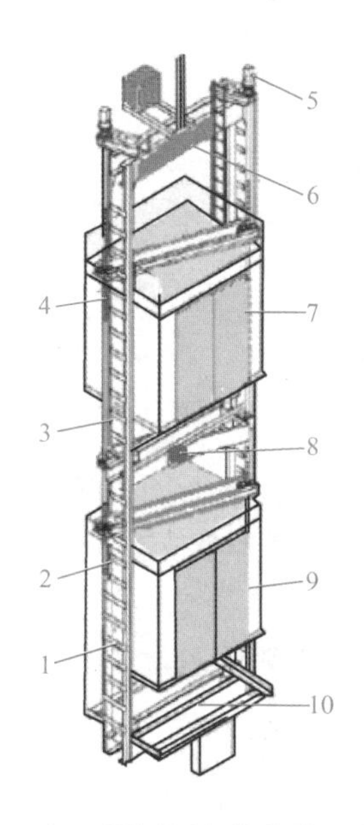

图5-3　双层轿厢电梯结构示意图

1—竖梁　2—下部轿厢的调节螺杆（反向）　3—中间连接杆件　4—上部轿厢的调节螺杆（正向）　5—调节电动机　6—顶部十字结构　7—上部轿厢　8—中间钢架　9—下部轿厢　10—底板

双层轿厢的优点：

1）一次可运输两倍的客流量，增强了大楼电梯系统的运输能力。

2）减少了乘坐电梯的等候时间。

3）通过减少停层来缩短乘客的旅行时间。

双层轿厢的缺点：

1）电梯设备投资成本较高。

2）单合电梯部分楼层之间无法直接到达。

5.1.3　电梯轿厢架的基本结构

轿厢架是承重构架，其对钢材的强度和构架的结构都有很高的要求，牢固性也要好。

1．轿厢架的分类

轿厢架有两种基本构造：对边形轿厢架和对角形轿厢架，如图5-4和图5-5所示。

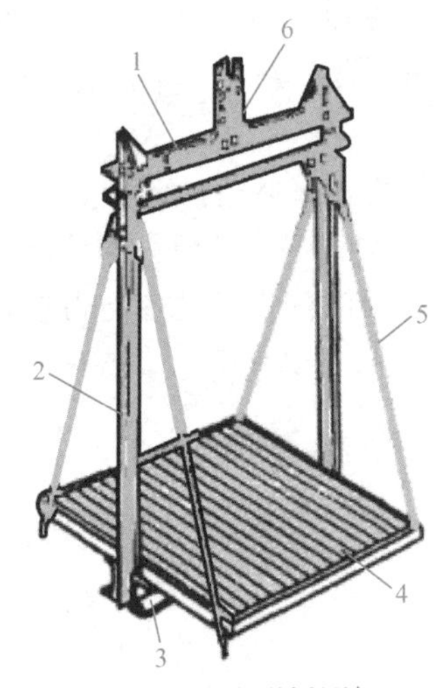

图5-4 对边形轿厢架

1—上梁 2—立柱 3—底梁 4—轿厢底
5—拉条 6—绳头组合

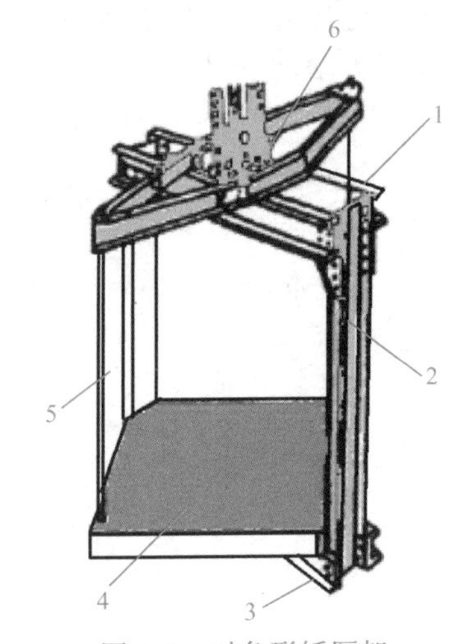

图5-5 对角形轿厢架

1—上梁 2—立柱 3—底梁 4—轿厢底
5—拉条 6—绳头组合

（1）对边形轿厢架 适用于具有一面或对面设置轿门的电梯。这种轿厢架的受力情况较好，当轿厢作用有偏心载荷时，只在轿厢架支撑范围内发生拉力，或在立柱发生推力，这是大多数电梯所采用的构造方式。

（2）对角形轿厢架 常用在具有相邻两边设置轿门的电梯上，这种轿厢架在受到偏心载荷时使各构件不但受到偏心弯曲，而且其顶架还会受到扭转的影响。受力情况较差，特别对于重型电梯，应尽量避免采用。

2．轿厢架的构造

不论是哪一种轿厢架的结构形式，一般均由上梁、立柱、底梁和拉条等组成，其基本结构如图5-4、图5-5所示。这些构件一般都采用型钢或专门折边而成的型材，通过搭接板用螺栓连接，可以拆装，以便进入井道组装。对轿厢架的整体或每个构件的强度要求都较高，要保证电梯运行过程中，万一产生超速而导致安全钳扎住导轨制停轿厢，或轿厢下坠与底坑内缓冲器相撞时，不致发生损坏情况。对轿厢架的上梁、下梁还要求在受载时发生的最大挠度应小于其跨度的1/1000。

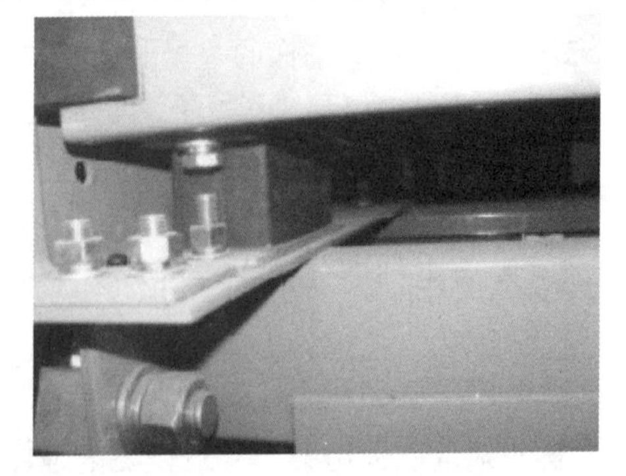
图5-6 轿厢弹性结构

（1）底梁 用以安装轿厢底，直接承受轿厢载荷。现在客梯常用框式结构，用型钢或折弯钢板焊成框架，中间有加强的横梁与立柱连接。轿底是通过弹性减振元件支撑在底梁上，如图5-6所

示。在轿厢架中，底梁的强度要求最高，在轿厢蹲底时，要能承受缓冲器的反作用力，在额定载荷时挠度不应超过1/1000。

（2）立柱　每侧一个，下部用连接板与底梁用螺栓连接，上部与上梁用螺栓连接。它是将底梁的载荷传递到上梁的构件。一般用槽钢、角钢或钢板折弯件构成。安全钳的钳块拉杆一般就设在立柱中间。

（3）上梁　由槽钢或钢板折弯件组合而成，两端用连接板与立柱连接。中间有安装绳头组合或反绳轮的绳头板，上导靴和安全钳提拉系统一般装在上梁上。

（4）拉条　在轿底或框式底梁边缘与立柱中部之间设有可以调节长度的拉条。主要作用是增强轿底的刚性，调节轿底的水平度和防止负载偏斜造成底板倾翘。

5.1.4 电梯轿厢体的分类及基本组成

1. 轿厢的分类

按用途不同，轿厢可分为客梯轿厢、货梯轿厢、病床电梯轿厢和杂物电梯轿厢等；按结构不同，轿厢可分为单层轿厢和双层轿厢，如图5-7所示。

a) 客梯轿厢

b) 货梯轿厢

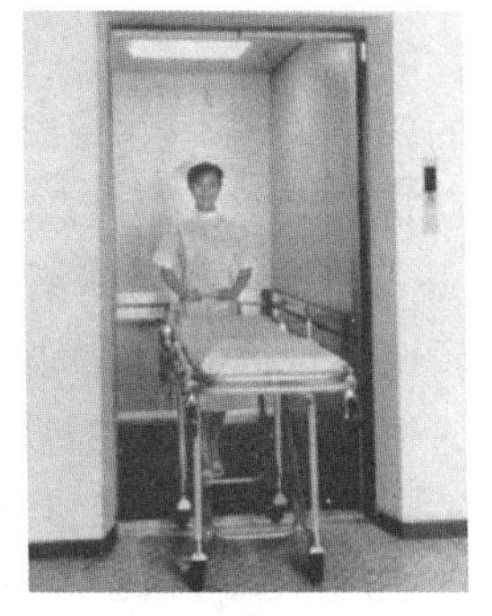

c) 病床电梯轿厢

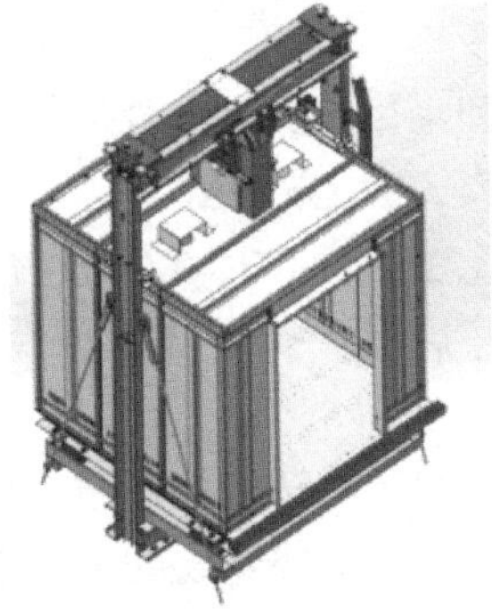

d) 单层轿厢

e) 双层轿厢

图5-7　轿厢的类型

2. 轿厢体的基本组成

轿厢厢体主要由轿底、轿壁及轿顶等组成，是一个具有轿门通道的封闭箱体，如图5-8

所示。轿厢内的电气控制装置有指令操纵盘、指层信号灯、急停开关、照明、警铃、通信装置及对讲机等。

图 5-8　轿厢厢体结构

（1）轿底　轿底是用槽钢按设计要求的尺寸焊接成框架，然后在框架上铺设一层钢板或木板而成的。轿厢的轿底、轿壁与轿顶之间用螺栓固定。高级客梯轿厢多设计成活络轿厢，不用螺栓固定。

轿底框的四个角各设置一块厚 40～50mm 的弹性橡胶元件，整个轿厢厢体通过这四个弹性元件放置在轿厢架的底架上。

（2）轿壁　轿壁多采用薄钢板制成槽钢形状，壁板的两头分别焊接一根角钢作为堵头。轿壁间以及轿壁与轿顶、轿底间多采用螺钉紧固成一体。壁板长度和宽度与电梯类型及轿壁结构有关。为了提高轿壁板的机械强度，减少电梯运行噪声，往往在壁板背面点焊上矩形加强肋。大小不同的轿厢，用数量和宽度不等的轿壁板拼装而成。

为了保证使用安全，轿壁必须有足够的机械强度，GB 7588—2003《电梯制造与安装安全规范》规定，轿厢内任何部位垂直向外，在 $5cm^2$ 的圆形或方形面积上，施加均匀分布的 300N 的力，其弹性变形不大于 15mm，且无永久变形。

另外，在靠井道侧的轿壁上，为了减小振动和噪声，要粘贴吸振隔音材料。为了增大轿壁阻尼，减小振动，通常在壁板后面粘贴夹层材料或涂上减振粘子。

当两台以上电梯共设在一个井道时，为了应急的需要，可在轿厢内侧壁上开设安全门。安全门只能向内开启，并装有限位开关，当门开启时，切断控制回路。门的宽度不小于 0.4m，高度不小于 1.5m。

为了美观，在各轿壁板之间还装有铝镶条，有的还在轿壁板面贴上一层防火塑料板，并用不锈钢板包边，也有的在轿壁板上贴一层具有各种图案或花纹的不锈钢薄板等。对于乘客电梯，在轿壁上还应装有扶手、整容镜等。在观光电梯上，轿壁被设计成透明的材料，多用在大型商场和观光景点。

（3）轿顶　轿顶应能支撑带常用工具的三个抢修人员的重量，且应具有一块足够站人的空间。如果有轿顶轮固定在轿架上，应设置有效的防护装置，以避免绳与绳槽间进入杂物或悬挂钢丝绳松弛时脱离绳槽，伤害检修人员的人体。

轿顶结构与轿壁相仿。轿顶装有照明灯、排风扇等，有的电梯装有安全窗以备应急之

用。一般规定轿顶的安全窗只能在轿顶向外打开，在轿厢内用专用钥匙打开。并规定安全窗只能由专业人员使用。轿厢内设有空调通风设备、照明设备、防火设备等，以使轿厢安静、舒适。

由于安装、检修和营救的需要，轿顶有时需要站人，GB 7588—2003《电梯制造与安装安全规范》规定，在轿顶的任何位置上，应能支撑两个人的体重，每个人按 0. 20m × 0. 20m 面积上作用 1000N 的力算，应无永久变形。

此外，轿顶上应有一块不小于 0. 12m^2的站人用的净面积，其短边长度至少应为 0. 25m。对于轿内操作的轿厢，轿顶上应设置活板门（即安全窗），其尺寸应不小于 0. 35m × 0. 5m。该活板门应有手动锁紧装置，可向轿外打开，活板门打开后，电梯的电气联锁装置就断开，使轿厢无法开动，以保证安全。同时轿顶还应设置排气风扇以及检修开关、急停开关和电源插座，以供检修人员在轿顶上工作时使用。轿顶靠近对重的一面应设置防护栏杆，其高度不应超过轿厢的高度。

5. 2 电梯重量平衡系统

电梯重量平衡系统由对重装置和重量补偿装置两部分组成。

电梯重量平衡系统可以使对重与轿厢达到相对平衡，在电梯工作中能使轿厢与对重间的重量差保持在某一个限额之内，以保证电梯的曳引传动平稳、正常。

众所周知，提升重物时，需要克服重力对物体做功。如果电梯处于最佳状态，则轿厢一边的重力与对重一边的重力相等，电梯在上行和下行时都不需对重力做功，只要克服摩擦阻力就可以。如果电梯对重一边的重力为零，电梯上行时要提升轿厢的重力，对轿厢做功；电梯下行时又要制动，位能转变为摩擦热量。

轿厢与对重的重力使得曳引钢丝绳与曳引轮压紧。实际上如果没有对重，电梯的这种曳引力就不存在了。

在电梯运行过程中，对重在对重导轨上滑行。平衡补偿装置则是为电梯在整个运行中平衡变化时设置的补偿装置，常以环链的形式悬挂在轿厢与对重之间。对重产生的平衡作用在电梯升降过程中是不断变化的，这主要是由电梯运行过程中曳引钢丝绳在对重侧和在轿厢侧的长度不断变化造成的。为使轿厢侧与对重侧在电梯运行过程中始终都保持相对平衡，就必须在轿厢和对重下面悬挂平衡补偿装置，如图 5-1 所示。

对重装置：与轿厢重量一起将曳引钢丝绳共同压紧在曳引轮的绳槽内，使之产生足够的摩擦力；平衡轿厢侧重量，减小驱动电动机的功率。

重量补偿装置：保证轿厢侧与对重侧重量比在电梯运行过程中不变，当电梯运行的高度超过 30m 时，由于曳引钢丝绳和电缆的自重，使得曳引轮的曳引力和电动机的负载发生变化，重量补偿装置可弥补轿厢两侧重量不平稳。

5. 3 电梯对重装置

电梯对重与轿厢相对悬挂在曳引绳的另一端，可以平衡（相对平衡）轿厢的重量和部分电梯负载重量，减少电动机功率的损耗。当电梯负载与对重十分匹配时，还可以减小曳引钢丝绳与绳轮之间的曳引力，延长曳引钢丝绳的寿命。

由于曳引式电梯有对重，因此轿厢或对重撞在缓冲器上后，电梯将失去曳引条件，可避免冲顶事故的发生。同时，由于曳引式电梯设置了对重，使电梯的提升不像强制式拖动电梯那样受到卷筒的限制，因而提升高度也大大提高。

对重一般分为无对重轮式（悬挂比为1∶1的电梯）和有对重轮（反绳轮）式（悬挂比为2∶1的电梯）两种。不论是有对重轮式还是无对重轮式的对重装置，其结构组成基本相同。对重装置一般由对重架、对重块、对重导靴、缓冲器撞块，以及与轿厢相连的曳引钢丝绳和对重反绳轮（指悬挂比为2∶1的电梯）组成，如图5-9所示。

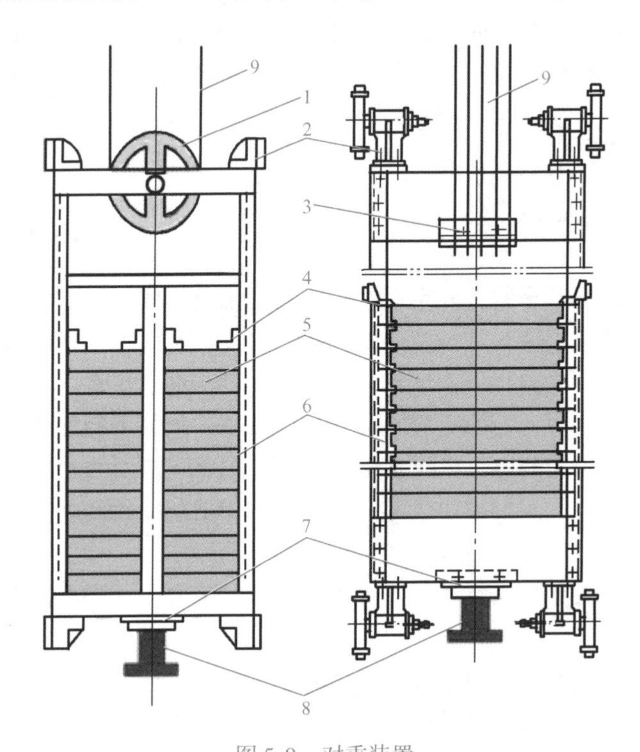

图5-9　对重装置

1—对重绳轮　2—对重导靴　3—对重绳头板　4—压板　5—对重块　6—对重架　7—对重调整垫　8—缓冲器撞块　9—曳引钢丝绳

5.3.1　电梯对重装置的结构

1. 对重装置的组成

对重装置包括对重架和对重块两部分。

对重架用槽钢或用钢板折压成槽钢型焊接而成。使用场合不同，对重架的结构形式也不同，对重架所用的型钢和钢板的规格依据电梯的额定载重量而变化。用不同规格的型钢做对重架直梁时，必须用与型钢槽口尺寸相对应的对重块。

对重块用铸铁做成，一般有50kg、75kg、100kg和125kg等几种。对重块放入对重架

后，必须用压板压紧，防止电梯在运行过程中发生窜动而产生噪声。对重装置过轻或过重，都会给电梯的调试工作带来困难，影响电梯的整机性能和使用效果。

2. 对重块的规格和材料的选择

随着人们对生态建设的日益重视及成本等因素的考虑，现在越来越多的电梯采用复合材料对重块。传统由铸造工艺制成的铁对重块，存在制造和维护成本高、易锈蚀等缺点，有被逐渐淘汰的趋势。

相对于铸铁对重块，人们将采用非金属材料或金属材料与非金属材料混合所制成的对重块称为复合材料对重块。目前国内电梯采用的复合材料对重块大致有以下几种。

（1）混凝土对重块（见图5-10）　国内早期采用复合材料替代铸铁制成电梯对重块主要采用此种方案，那时人们主要基于成本考虑，作为其功用仅是平衡电梯轿厢重量的对重块，混凝土对重块方案完全可以实现其功能要求，且利润空间巨大。

图5-10　混凝土对重块

混凝土对重块的制作流程大致为：用0.3～0.5mm的薄钢板冲剪成与对重块几何形状一致的模，模内用钢筋焊成骨架，把一定标号的水泥与砂、石子按一定的比例混合，通过搅拌后浇入模内，待一定的养护、硬化后，就制成了混凝土复合对重块。

混凝土复合对重块的原料广泛，制作简单，机械化水平低，几乎所有地区甚至电梯安装现场就可制作。但这种对重块的密度一般只能做到3.0g/cm^{3}左右，相对于铸铁对重块6.5～7.0g/cm^{3}的密度相形见绌，因此混凝土对重块要占用铸铁对重块井道空间的2倍以上，这对于井道布置则需要提供更大的建筑面积。另外，从工艺角度看，多数人力手工制作的对重块受原材料配比、养护工艺、气候、场地等诸多因素制约，其质量难以保证，变形、断裂、散开等情形时有发生。

（2）含铁矿粉对重块（见图5-11）　众所周知，铁是以化合物状态存在于自然界中的，尤其是氧化铁存量最大，经济性也好。常见的铁矿石大致有以下几种：硫铁矿，分子式FeS_2，密度为4.95g/cm^{3}左右；磁铁矿，分子式Fe_3O_4，密度为5.15g/cm^{3}左右；赤铁矿，分子式Fe_2O_3，密度为5.26g/cm^{3}左右；褐铁矿，含氢氧化铁的矿石，密度为4g/cm^{3}左右；菱铁矿，铁的硅酸盐矿石，密度为3.8g/cm^{3}左右。

含铁矿粉对重块是把铁矿粉、水泥、砂石和黏合剂按一定比例混合搅拌，倒入对重模具内，用液压式压力机压力成型，经过一定周期的养护硬化后成型。

图 5-11　含铁矿粉对重块

直接把铁矿石加入到复合材料对重块中，不仅工艺性差，而且难以实现质量分布、机械强度、外观平整等技术要求。更重要的是经济性不好，铁矿石中常含有铜、镍、锌、金、银等贵重金属，如用在对重块中，实在可惜。因此，常见的复合材料对重块中添加的铁主要是从上述铁矿石中提炼出来的铁矿粉，如 Fe_3O_4，其密度约为 $5.18g/cm^3$，呈黑色固体粉末状。

目前含铁矿粉对重块的造价约为铸铁对重块的 60%，所以含铁矿粉对重块的密度在 $4.2g/cm^3$ 为宜，过大的追求密度，制造成本难以得到控制。

经过一个阶段的使用，含铁矿粉对重块的劣势逐渐暴露出来，在潮湿的季节或潮湿的井道中，Fe_3O_4 极易被氧化成铁锈 Fe_2O_3，产生局部生锈，进而可能发生松散、胀裂等情况。

（3）重晶石对重块（见图 5-12）　重晶石是以硫酸钡（$BaSO_4$）为主要成分的非金属矿石，密度一般为 $4.3 \sim 4.7g/cm^3$，其硬度低、脆性大，广泛应用于染料、水泥、道路建筑等领域。重晶石作为电梯对重块的添加物，是看中了其不溶于水，无毒、无磁性，不会在潮湿的环境中被氧化，化学性质极其稳定的优点。

图 5-12　重晶石对重块

重晶石对重块的密度至少可以达到3.8g/cm^3，略低于含铁矿粉对重块，高于混凝土对重块，其价格稍高于混凝土对重块但低于含铁矿粉对重块。

（4）金属颗粒对重块（见图5-13）　金属制品使用过程中的新旧更替现象是必然的，由于金属制品的腐蚀、损坏和自然淘汰，每年都有大量的废旧金属产生。如果随意弃置这些废旧金属，既造成了环境的污染，又浪费了有限的金属资源。而所有的金属材料都来自金属矿产资源，矿产资源有限且不可再生，随着人类的不断开发，这些资源在不断地减少，资源短缺必然成为人类所需要直接面临的一个局势。

图5-13　金属颗粒对重块

废旧金属颗粒对重块就是用废旧金属制成颗粒与水硬性胶凝材料制成，对重块里面用钢筋结构加固并外包铁网制成的一种新型复合材料对重块。金属颗粒具有密度大、价格低、来源广泛等特点，并且利用废旧金属颗粒制作对重块没有二次污染，符合环保理念。

5.3.2　电梯对重装置的原理

为了使对重装置能对轿厢起最佳的平衡作用，必须正确计算其重量。对重的重量值与电梯轿厢本身的净重和轿厢的额定载重量有关。一般在电梯满载和空载时，曳引钢丝绳两端的重量差值应为最小，以使曳引机组消耗功率少，钢丝绳也不易打滑。

对重装置过轻或过重，都会给电梯的调整工作造成困难，影响电梯的整机性能和使用效果，甚至造成冲顶或蹲底事故。

对重的总重量通常用下面的基本公式计算：

$$W = G + KQ \tag{5-1}$$

式中，G为轿厢自重（kg）；Q为轿厢额定载重量（kg）；K为电梯平衡系数，一般取0.4～0.5，以钢丝绳两端重量之差值最小为好。

平衡系数选值原则是：尽量使电梯接近最佳工作状态。

当电梯的对重装置和轿厢侧完全平衡时，只需克服各部分摩擦力就能运行，且电梯运行平稳，平层准确度高。因此，对平衡系数K的选取，应尽量使电梯经常处于接近平衡状态。对于经常处于轻载的电梯，K可选取0.4～0.45，对于经常处于重载的电梯，K可取0.5。这样有利于节省动力，延长机件的使用寿命。

例5-1：有一台客梯的额定载重量为1000kg，轿厢净重为1000kg，若平衡系数取0.45，求对重装置的总重量。

解：已知$G=1000\text{kg}$，$Q=1000\text{kg}$，$K=0.45$，将其代入式(5-1)得

$$W = G + KQ = 1000\text{kg} + 0.45 \times 1000\text{kg} = 1450\text{kg}$$

5.4 电梯重量补偿装置

在电梯运行中，对重的相对平衡作用在电梯升降过程中还在不断地变化。当轿厢位于最底层时，曳引绳本身存在的重量大部分都集中在轿厢侧；相反，当轿厢位于顶层时，曳引绳的自身重量大部分作用在对重侧，还有电梯上随行电缆的自重，也都给轿厢和对重两侧的平衡带来变化，也就是轿厢一侧的重量 Q 与对重一侧的重量 W 的比例 Q/W 在电梯运行中是变化的。尤其当电梯的提升高度超过 30m 时，这两侧的平衡变化就更大了，因而必须增设平衡补偿装置来减弱其变化。

例如，有一台 60m 高建筑内使用的电梯，使用了 6 根 ϕ13mm 的钢丝绳，其中不可忽视的是绳的总重量约为 360kg。随着轿厢和对重位置的变化，这个总重量将轮流地分配到曳引轮的两侧。为了减少电梯传动中曳引轮所承重的载荷差，提高电梯的曳引性能，就必须采用补偿装置。

5.4.1 电梯重量补偿装置的类型

1. 补偿链

这种补偿装置以铁链为主体，链环一个扣一个，并用麻绳穿在铁链环中，其目的是利用麻绳减少运行时铁链相互碰撞引起的噪声。补偿链与电梯设备连接，通常采用一端悬挂在轿厢下面，另一端则挂在对重装置的下部，如图 5-14 所示。这种补偿装置的特点是：结构简单，但不适用于梯速超过 1.75m/s 的电梯；另外，为防止铁链掉落，应在铁链两个终端分别穿套一根 ϕ6mm 的钢丝绳，从轿底和对重底穿过后紧固。

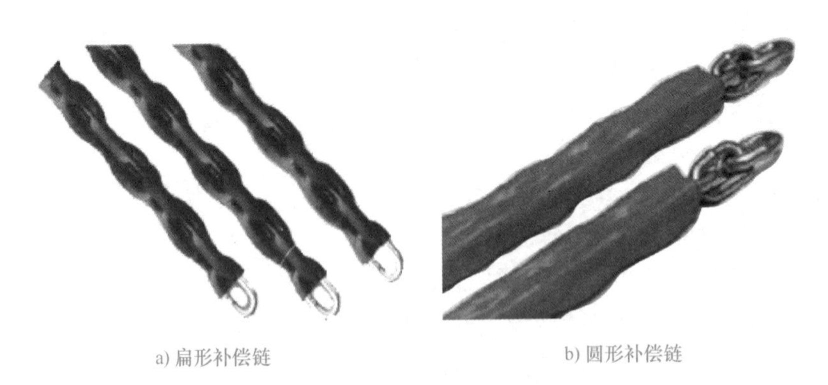

a) 扁形补偿链　　b) 圆形补偿链

图 5-14　补偿链

2. 补偿绳

这种补偿装置以钢丝绳为主体，补偿绳是把数根钢丝绳经过钢丝绳卡钳和挂绳架，一端悬挂在轿厢底梁上，另一端悬挂在对重架上，如图 5-15 所示。这种补偿装置的特点是：电梯运行稳定、噪声小，故常用在额定速度超过 1.75m/s 的电梯上；缺点是装置比较复杂，除了补偿绳外，还需张紧装置等附件。电梯运行时，张紧轮能沿导轮上下自由移动，并能张

紧补偿绳。正常运行时，张紧轮处于垂直浮动状态，本身可以转动。

图 5-15　补偿绳

3. 补偿缆

补偿缆是最近几年发展起来的新型的、高密度的补偿装置。补偿缆中间有低碳钢制成的环链，中间填塞物为金属颗粒以及聚乙烯与氯化物混合物，形成圆形保护层，链套采用具有防火、防氧化的聚乙烯护套。这种补偿缆密度高，最重的每米可达 6kg，最大悬挂长度可达 200m，运行噪声小，可适用于各种中、高速电梯的补偿装置。补偿缆的截面如图 5-16 所示。

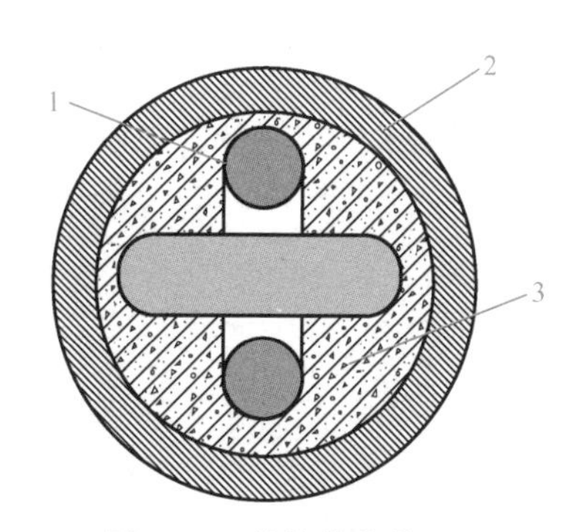

图 5-16　补偿缆的截面图

1—链条　2—护套　3—金属颗粒与聚乙烯混合物

5.4.2　电梯重量补偿装置的布置方式

常用的补偿方法有三种：单侧补偿法、双侧补偿法和对称补偿法。

1. 单侧补偿法

补偿装置一端连接在轿厢底部，另一端悬挂在井道壁的中部，如图 5-17 所示。采用这种方法时，对重的重量需加上曳引绳的总重 T_y。对重的重量为

$$W = G + KQ + T_y$$

补偿装置（补偿链或补偿绳）的重量可按下式计算（不考虑随行电缆重量）。

$$T_y = T_p$$

式中，G 为轿厢自重（kg）；Q 为轿厢额定载重量（kg）；K 为电梯平衡系数，一般取 0.4 ~ 0.5；T_y 为曳引绳总重量（kg）；T_p 为补偿装置的重量（kg）。

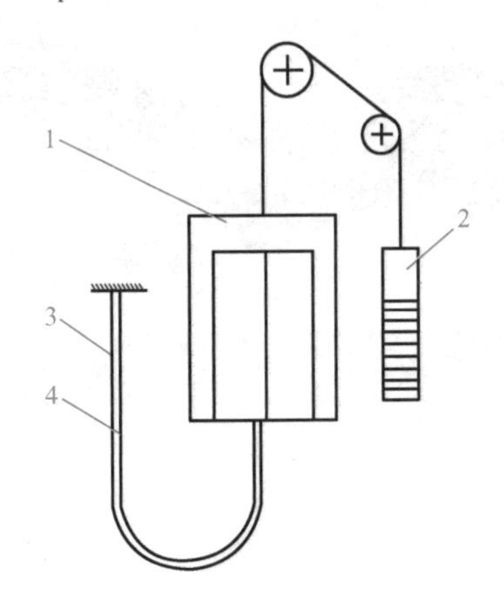

图 5-17　单侧补偿法

1—轿厢　2—对重　3—随行电缆　4—补偿装置

采用单侧补偿法，当轿厢满载运行时，不论轿厢处于何位置，曳引绳两端的负重差均为 $Q(1-K)$；当轿厢空载时，曳引绳两端的负重差均为 KQ。这种方法比较简单，但由于要增加对重的重量，使曳引轮的悬挂总重量增加。

2．双侧补偿法

轿厢和对重各自设置补偿装置，如图 5-18 所示，其安装方法与单侧补偿法基本相同。采用这种方法时，对重不需要增加重量，每侧补偿装置的重量可按下式计算（不考虑随行电缆重量）：

每侧补偿装置的重量为　$T_p = T_y$

两侧共需补偿装置的重量为　$2T_p = 2T_y$

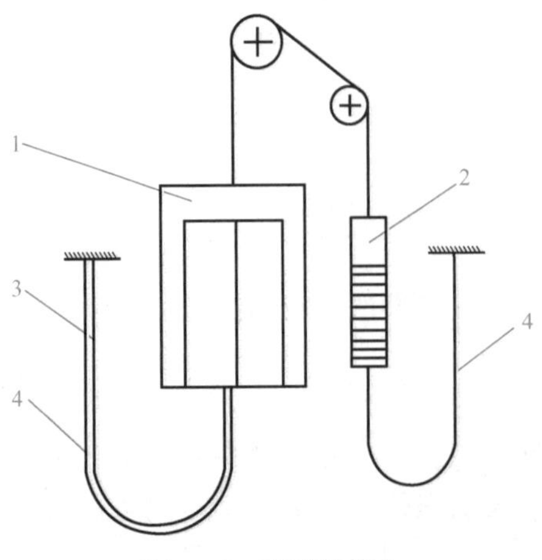

图 5-18　双侧补偿法

1—轿厢　2—对重　3—随行电缆　4—补偿装置

3. 对称补偿法

补偿装置（补偿链）的一端悬挂在轿厢底部，另一端挂在对重的底部（见图5-19a），这种补偿法称为对称补偿法。其优点是不需要增加对重的重量，补偿装置的重量等于曳引绳的总重量（不考虑随行电缆的重量），也不需要增加井道的空间。

如果采用补偿绳（钢丝绳）的对称补偿法，还需要在井道的底坑架设张紧轮装置（见图5-19b），张紧轮的重量也应该包括在补偿绳内。张紧轮装置上设有导轨，在电梯运行时，必须能沿导轨上、下自由移动，并且要有足够的重量以张紧补偿绳（在计算补偿绳重量时，应加上张紧轮装置的重量）。导轨的上部装有一个行程开关，在电梯发生碰撞时，对重在惯性力作用下冲向楼板，张紧轮沿着导轨被提起，导轨上部的行程开关动作，切断电梯控制电路。

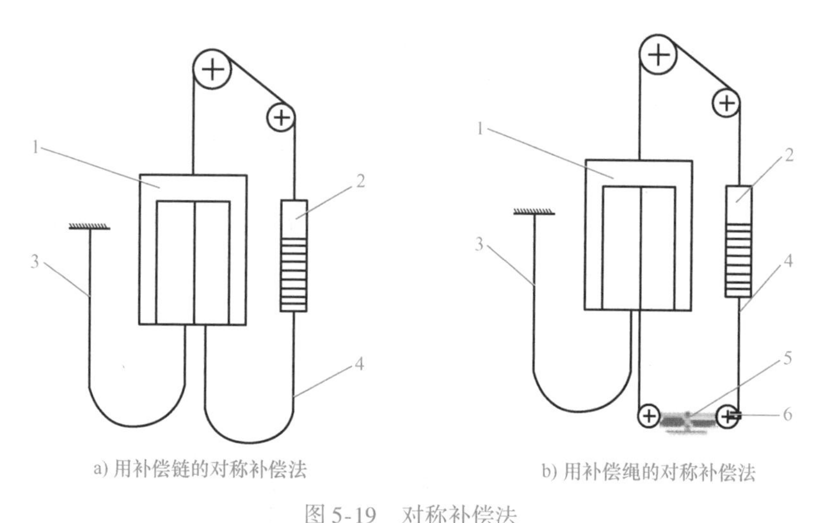

a) 用补偿链的对称补偿法　　b) 用补偿绳的对称补偿法

图5-19　对称补偿法

1—轿厢　2—对重　3—随行电缆　4—补偿装置　5—张紧轮导轨　6—张紧轮

5.5 称重装置的结构及功能

5.5.1 称重装置的作用及分类

乘客从厅门、轿门进入到轿厢后，轿厢里的乘客人数（或货物）所达到的载重量如果超过电梯的额定载重量，就可能产生不安全的后果或超载失控，发生电梯超速降落的事故。为防止电梯超载运行，多数电梯在轿厢上设置了超载装置。

目前电梯基本都是乘客自己操纵，大多都取消了专职电梯司机，所以电梯的乘客数量就变得较难控制；对于载货电梯而言，货物的重量往往较难估计。为了始终保证电梯安全可靠运行，不出现超载现象，电梯中有必要装设超载称重装置，当超载称重装置发现轿厢载荷超过额定负载时，发出警告信号并使电梯不能起动运行。

超载称重装置的分类见表5-1。

表 5-1　超载称重装置的分类

类别	形式	说明
按装设位置分	轿底称重式	活动轿厢式：超载称重装置设于轿厢底部，轿厢整体为浮动
		活动轿底式：超载称重装置设于轿厢底部，轿底部分为浮动
	轿顶称重式	超载称重装置设于轿厢上梁
	机房称重式	超载称重装置设于机房
按工作原理分	机械式	称重装置为机械式结构
	橡胶块式	橡胶块为称重元件
	压力传感器式	压力传感器作为称重元件

5.5.2　称重装置的工作原理

1. 机械式称重装置

机械式称重装置可以分为装设于轿底和装设在轿顶两种形式。其采用磅秤工作的杠杆原理，机械式轿底称重装置如图 5-20 所示。当轿厢受载后，连接块在重力作用下向下移动，当轿内重量达到设定值时，轿底的下移使连接块上的开关碰触微动开关，电梯控制线路被触发，此时电梯不能起动，报警器报警，直至超载状态解除方可恢复。称重值可以通过移动主秤砣和副秤砣来调节。

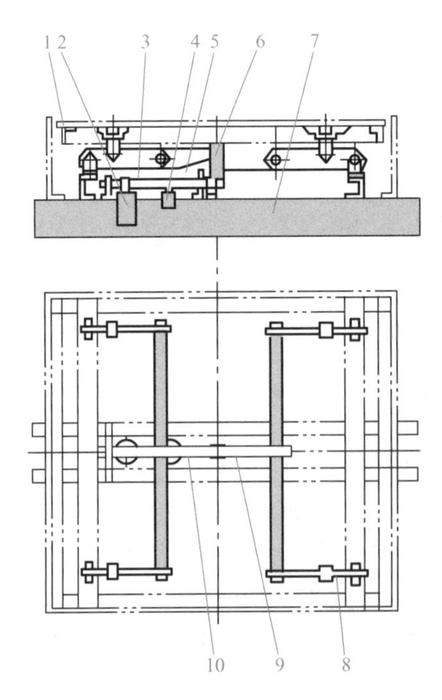

图 5-20　机械式轿底称重装置

1—轿厢底　2—主秤砣　3—秤杆　4—副秤砣　5—微动开关　6—连接块
7—轿底梁　8—悬臂梁　9、10—悬臂

机械式轿顶或机房称重装置如图5-21所示，其也采用了杠杆原理，称重装置与轿顶或机房中的绳头连接板结合在一起，维修保养较方便，但由于钢丝绳及补偿绳的长度变化导致其称重发生变化，称重值必须随时修正。

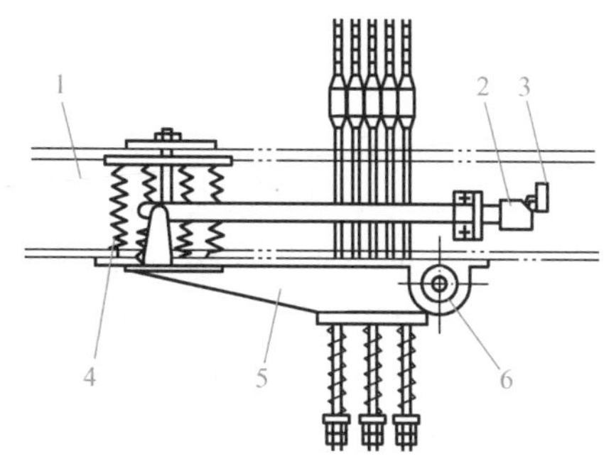

a) 机械式轿顶称重装置

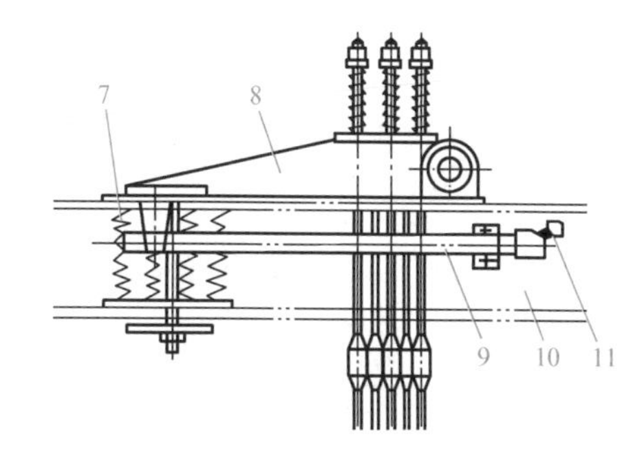

b) 机械式机房称重装置

图5-21 机械式轿顶或机房称重装置

1—上梁 2、9—摆杆 3、11—微动开关 4、7—压簧 5、8—秤杆 6—秤座 10—承重梁

2. 橡胶块式称重装置

橡胶块式称重装置利用橡胶块受力压缩变形后触及微动开关，从而达到切断控制回路的目的。橡胶块可以设置在轿顶（见图5-22），也可以设置在轿底。

3. 压力传感器式称重装置

压力传感器式称重装置（见图5-23）将应变式压力传感器装于轿顶或机房可以对轿厢负荷进行称重，或将压力传感器安装在活动轿底下进行称重。若超载则控制电路工作，切断控制回路，报警器报警，超载灯亮。

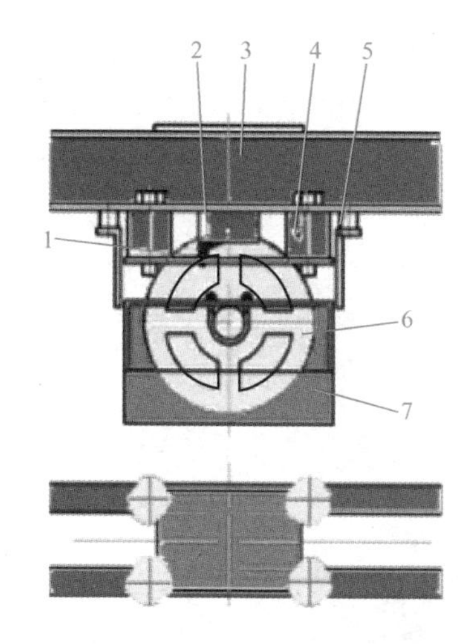

图5-22 橡胶块式轿顶称重装置

1—触头螺钉 2—微动开关 3—上梁

4—橡胶块 5—限位板 6—轿顶轮 7—防护板

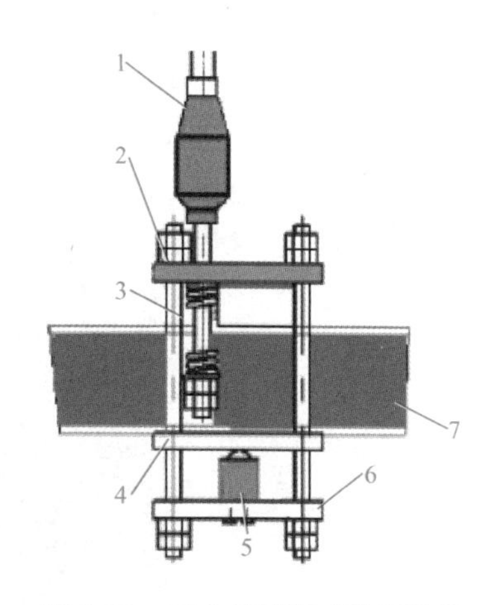

图5-23 压力传感器式称重装置

1—绳头组合 2—绳吊板 3—螺栓

4—托板 5—传感器 6—底板 7—承重梁

5.5.3 称重装置的布置方式

电梯的超载称重装置形式不同，装设位置也不同，常见的超载称重装置有以下几种形式。

1. 活动轿厢称重装置（见图5-24）

这种超载称重装置应用非常广泛，价格低，安全可靠，但更换维修较烦琐。通常采用橡胶垫作为称重元件，将其固定在轿厢底盘与轿厢架固定底盘之间。当轿厢超载时，轿厢底盘受到载重的压力向下运动使橡胶垫变形，触动微动开关，切断电梯相应的控制功能。一般设置有两个微动开关，一个微动开关在电梯达到80%载重量时发生动作，电梯确认为满载运行，电梯只响应轿厢内的呼叫，直到驶至呼叫站点（满载直驶）；另一个微动开关在电梯达到110%载重量时发生动作，电梯确认为超载，电梯停止运行，保持开门，并给出警示信号（超载保护）。微动开关通过螺栓固定在活动轿厢底盘上，调节螺栓就可以调节载重量的控制范围。

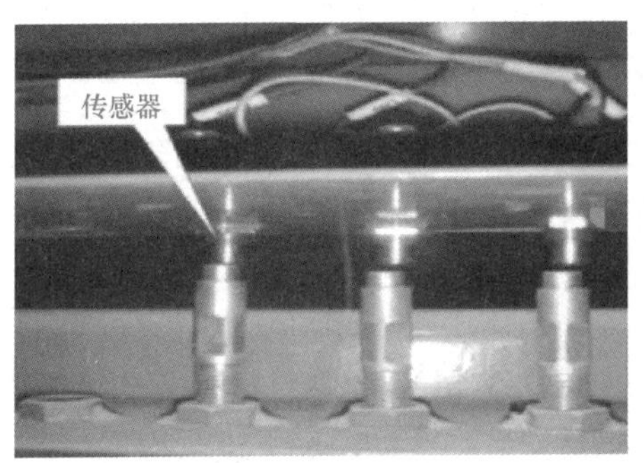

图5-24 活动轿厢称重装置

2. 轿顶称重装置（见图5-25）

这种装置是以压缩弹簧组作为称重元件，在轿厢架上梁的绳头组合处设以超载称重装置的杠杆，当电梯承受不同载荷时，绳头组合带动超载称重装置的杠杆发生上下摆动。当轿厢超载时，杠杆的摆动会触动微动开关，给电梯相应的控制信号。

图5-25 轿顶称重装置

3．机房称重装置（见图5-26）

当轿底和轿顶都不方便安装超载称重装置时，电梯采用2∶1绕法，将超载称重装置装设在机房中。它的结构和原理与轿顶称重装置类似，将其安装在机房的绳头板上，利用机房绳头板随着电梯载荷的不同产生的上下摆动，带动称重装置的杠杆做上下摆动。

图5-26　机房称重装置

4．电阻应变式称重装置（见图5-27）

上述各种称重装置的输出信号均为开关量，随着电梯技术的不断发展，特别是电梯群控技术的发展，客观上要求电梯的控制系统要精确地了解每台电梯的载荷量，才能使电梯的调度运行达到最佳状态。因此，传统的开关量载荷信号已经不再适用于群控技术，现在很多电梯采用电阻应变式称重装置。

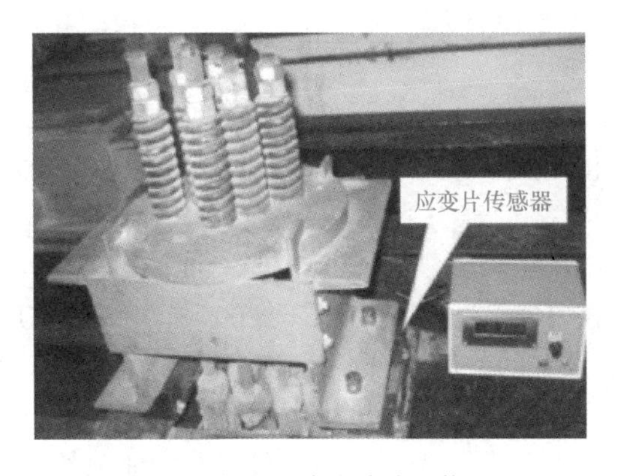

图5-27　电阻应变式称重装置

本章习题

一、判断题

1. 当超载称重装置发现轿厢载荷超过额定负载时，发出警告信号并使电梯不能起动运行。（　　）

2. 轿厢机械式称重可以安装在轿底、轿顶、机房。（　）

3. 轿厢内部净高度不应小于1m。（　）

4. 使用人员正常出入轿厢入口的净高度不应小于2m。（　）

5. 载货电梯设计计算时不仅需考虑额定载重量，还要考虑可能进入轿厢的搬运装置的质量。（　）

6. 专供批准的且受过训练的使用者使用的非商用汽车电梯，额定载重量应按单位轿厢有效面积不小于100kg/m^2 计算。（　）

7. 轿壁应具有这样的机械强度：即用300N的力，均匀地分布在5cm^2 的圆形或方形面积上，沿轿厢内向轿厢外方向垂直作用于轿壁的任何位置上，轿壁应不产生永久变形。（　）

8. 玻璃轿壁上应有临时性的标记。（　）

9. 护脚板垂直部分的高度不应小于0.25m。（　）

10. 轿厢安全窗或轿厢安全门，不应设有手动上锁装置。（　）

11. 轿厢安全窗应能不用钥匙从轿厢外开启，并应能用规定的三角形钥匙从轿厢内开启。（　）

二、填空题

1. 电梯重量平衡系统由________和________两部分组成。

2. 补偿装置的三种形式分别是________、________和________。

3. 常用的补偿方法分别是________、________和________。

4. 轿厢是用来运送乘客或货物的电梯组件。轿厢由________与________两大部分组成。

5. 电梯一旦超载，______检测出超载，超载灯亮，警铃响，电梯不能关门运行。

6. 超载称重装置按装设位置分为________、________和________。

7. 超载称重装置按工作原理分为________、________和________。

三、单项选择题

1. 曳引式电梯的平衡系数应为(　　)。

A. 0.2～0.25　B. 0.4～0.50　C. 0.5～0.75　D. 0.75～1.00

2. 一台载货电梯，额定载重量为1000kg，轿厢自重为1200kg，平衡系数设为0.5，对重的总重量应为(　　)kg。

A. 1500　B. 1700　C. 2000　D. 2200

3. 下列不属于安全窗设置的条件有(　　)。

A. 向轿厢外开启　B. 向轿厢内开启

C. 装有锁紧装置　D. 设置有验证锁紧的电气开关

4. 轿厢护脚板垂直部分的高度应不小于(　　)m。

A. 0.5　B. 0.6　C. 0.75　D. 1

5. 满载开关一般整定在额定载荷的(　　)时动作。

A. 80%　B. 90%　C. 100%　D. 110%

6. 下列哪种超载称重装置不是开关量信号。(　　)

A. 活动轿厢称重装置　B. 机房称重装置

C. 电阻应变式称重装置　D. 轿顶称重装置

7. 电梯超载称重装置一旦载重超过额定载荷的(　　)时就动作。

A. 5%　　　B. 10%　　　C. 15%　　　D. 20%

四、简答题

1. 对重装置有什么作用?

2. 补偿装置有什么作用?

3. 有一台客梯的额定载重量为1200kg，轿厢净重为1000kg，若平衡系数取0.45，试求对重装置的总重量。

第 6 章 电梯门系统

学习导论

电梯门系统是电梯事故高发点，60% ~70% 的电梯事故都是由门系统引发的。80% 以上的电梯故障及事故发生在门系统，电梯门系统是电梯监督检验和安全监察的重点。同时电梯门系统作为电梯八大系统之一，更让它的安全性能显得尤为重要；尤其是电梯的门机系列产品的主要技术指标和安全性能在国家标准中都有强制要求，切实保证了电梯的安全稳定。门机控制系统历经由电阻到变频，由变频到永磁的两大阶段。现在门机系列的主流产品都是采用最新的门驱动系统和闭环矢量控制技术，把握全局，易于掌控。此外门机和门机上坎还具有结构紧凑，节能环保，运行可靠，安装方便，噪声低等特点。人性化的设计，如西子门机系统独特的障碍点记忆保护功能、编码器故障保护功能、门机上坎的配套门锁搭配等，使电梯的维护和操作更加方便；开关门曲线可调功能、停电慢关门功能、防止轿门扒开功能(轿门锁)、防触电保护功能等，以及 GB 7588 第 1 号修改单要求门板承受撞击力达到 1000N，来保护乘客的安全、上述技术的加入及应用，大大提高了电梯安全性。

电梯的安装、保养等需要遵守 GB 7588—2003《电梯制造与安装安全规范》、GB/T 10060—2011《电梯安装验收规范》、TSG T7001—2009《电梯监督检验和定期检验规则——曳引与强制驱动电梯》；消防员电梯以及具有防火门的电梯还要满足 GB 26465—2011《消防电梯制造与安装安全规范》、GB/T 24480—2009《电梯层门耐火试验》、GB/T 27903—2011《电梯层门耐火试验　完整性、隔热性和热通量测定法》等的要求。

问题与思考

看到图 6-1 你会想到什么问题？

1. 电梯为什么每层都有门？
2. 电梯的门为什么会自动开关？
3. 电梯门有保护措施吗？
4. 电梯超载时门为什么会重新打开？

图 6-1　电梯层门

学习目标

1. 了解电梯门系统的组成、作用、分类、结构及工作原理。
2. 掌握轿门、层门和门机的分类及工作原理。
3. 掌握轿门结构、门系统工作过程。

4. 掌握电梯门刀与门锁的作用、种类、结构及动作原理。
5. 掌握电梯门系统近门保护装置的种类、功能及结构。
6. 掌握电梯层门结构、层门自闭装置的作用及结构。

6.1 电梯门系统的组成、作用和分类

6.1.1 电梯门系统的组成和作用

电梯门系统主要包括轿门（轿厢门）、层门（厅门）、开关门机构及其附属的部件。电梯门系统的作用是防止乘客和物品坠入井道或与井道相撞，避免发生乘客或货物未能完全进入轿厢而被运动的轿厢剪切等危险情况，它是电梯最重要的安全保护设施之一。

1. 层门（见图6-2和图6-3）

层门又称为厅门，安装在候梯大厅电梯入口处；电梯层门是乘客在进入电梯前首先看到或接触到的部分，电梯有多少个层站就会有多少个层门；当轿厢离开层站时，层门必须保证可靠锁闭，防止人员或其他物品坠入井道。层门是电梯很重要的一个安全设施，根据不完全统计，电梯发生的人身伤亡事故约有70%是由于层门的故障或使用不当等引起的，层门的开启与有效锁闭是保障电梯使用者安全的首要条件。

图6-2　层门正面

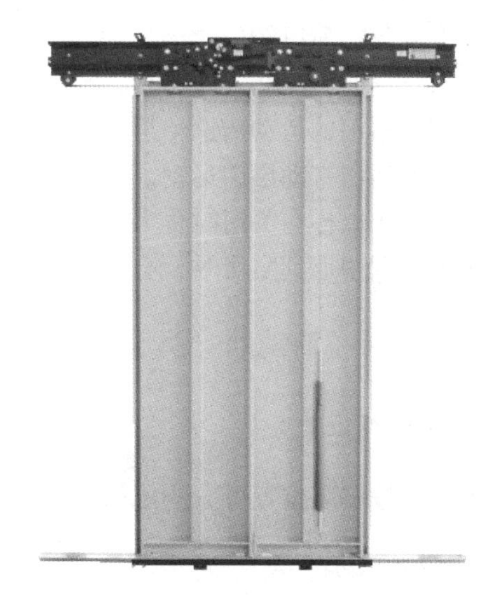

图6-3　层门背面

2. 轿门（见图6-4和图6-5）

轿门设置安装在轿厢入口处，由轿厢顶部的开关门机构驱动而开闭，同时带动层门开闭。轿门是随同轿厢一起运行的门，乘客在轿厢内部只能见到轿门，供乘客和货物的进出。简易电梯用手工操作开闭的轿门称为手动门，当前一般的电梯都装有自动开、关门机构，称为自动门。

图 6-4　轿门正面

图 6-5　轿门背面

3. 层门和轿门的相互关系

层门是设置在层站入口的封闭门，当轿厢不在该层门开锁区域时，层门保持锁闭；此时如果强行开启层门，层门上装设的机械—电气联锁门锁会切断电梯控制电路，使轿厢停驶。层门的开启和关闭，必须是当轿厢进入该层站开锁区域，轿门与层门相重叠时，随轿门驱动而开启和关闭。所以轿门称为主动门，层门称为被动门，只有轿门、层门完全关闭后，电梯才能运行。

为了将轿门的运动传递给层门，轿门上一般设有开门联动装置，通过该装置与层门门锁的配合，使轿门带动层门运动。

为了防止电梯在关门时将人夹住，在轿门上常设有关门安全装置（近门保护装置），当轿门关闭过程中遇到阻碍时，会立即反向运动，将门打开，直至阻碍消除后再完成关闭。

6.1.2　电梯门系统的分类

1. 按安装位置分

电梯门按安装位置可分为层门和轿门。

2. 按开门方式分

电梯门按开门方式可分为水平滑动门、垂直滑动门、铰链门和折叠门，如图 6-6 所示。

（1）水平滑动门　水平滑动门是指沿门导轨和地坎槽水平滑动开启的门。由于方便通行，开门效率高，电梯门一般使用的都是水平滑动门，如图 6-6a 所示

（2）垂直滑动门　垂直滑动门是指沿门两侧垂直门导轨滑动向上或向下开启的层门或轿门。由于垂直滑动门不增加井道宽度和轿厢宽度，因此在要求开门宽度较大的货梯上被使用，除此之外垂直滑动门很少被用到，在 GB 7588—2003 中仅允许用于载货电梯。垂直滑动门与水平滑动门不同，它在关闭时常见是由上面关闭下来的，如果发生撞击，撞击位置通常

a) 水平滑动门

b) 垂直滑动门

c) 铰链门

d) 垂直折叠门

图 6-6 电梯门按开门方式分类

是乘客的头部，因此垂直滑动门比水平滑动门对人的危险性更大。

常见的垂直滑动门如图 6-6b、d 所示。垂直滑动门还有垂直双扇门和直分双扇门。

1）垂直双扇门为层门或轿门的两扇门由门口中间以相同速度各自向上、下开关的门，多用于大吨位的货梯。杂物电梯常用手动垂直双扇门。

2）直分双扇门为层门或轿门的四扇门，各自两扇门由门口中间向上、下以相同速度开关的门，用于大吨位的货梯。

（3）铰链门　铰链门（外敞开式）的一侧由铰链连接，是由井道向候梯厅方向开启的层门。“铰链”即为通常所说的“合页”，铰链门与家庭的房门启闭方式类似。铰链门如图 6-6c 所示。

（4）折叠门　折叠门在开门时，其门扇是折叠起来的，关门时重叠收回的门扇会相对伸展开。旁开式的折叠门如图 6-6d 所示。

3. 按开门方向分

水平滑动的电梯门按门扇的开门运动方向可分为中分门和旁开门。

（1）中分门　中分门是指门扇由门口中间分别向左、右两侧开启的层门或轿门，如图 6-7 所示。

根据门扇的多少，有中分多折门，如图 6-8 所示。中分多折门是指门扇由门口中间分别向左、右两侧开启，每侧有数量相同的多个门扇的层门或轿门，门扇打开后呈折叠状态，此外还有中分四扇门、中分六扇门等。

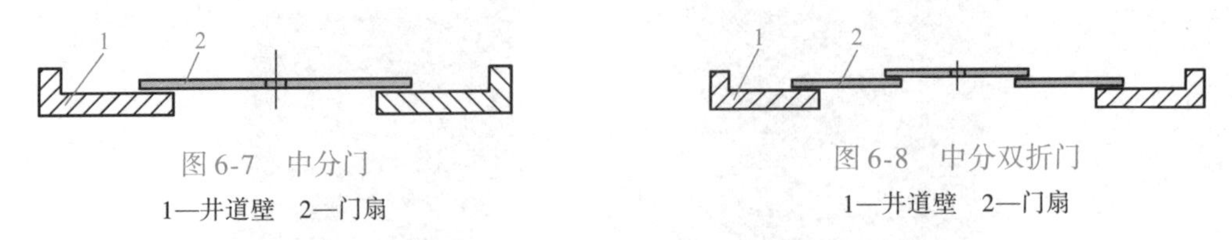

图6-7　中分门

1—井道壁　2—门扇

图6-8　中分双折门

1—井道壁　2—门扇

（2）旁开门　旁开门是指门扇向同一侧开启的层门或轿门。

1）根据门扇的多少，有旁开多折门，如图6-9和图6-10所示。旁开多折门是指有多个门扇，各门扇向同侧开启的层门或轿门。

2）根据开门方向，旁开门又可分为左开门和右开门。

① 左开门是指站在层站面对轿厢，门扇向左方向开启的层门或轿门。

② 右开门是指站在层站面对轿厢，门扇向右方向开启的层门或轿门。

图6-9　旁开双折门

图6-10　旁开三折门

4. 按与驱动机构的连接分

电梯门按与驱动机构的连接可分为主动门和被动门。

（1）主动门　主动门是指与门机的驱动机构或门刀直接机械连接的轿门或层门。

（2）被动门　被动门是指与门机的驱动机构或门刀间接机械连接的轿门或层门，即被主动门用钢丝绳等非刚性的部件带动运行的电梯门。

5. 按运行速度分

在旁开多折门或中分多折门中，按运行速度的快慢，电梯门可通俗地分为快门和慢门。

6. 手动门和自动门

手动门包含有两种含义，一种是靠人力开关，一种是手动操作控制，所以很容易混淆，其具体含义要根据其相对的对象来确定。

（1）动力来源的区别

1）自动门是靠动力开关的层门或轿门。此时，自动门其实应该称为动力驱动的门，可分为电动、液压和气动等非人力提供的动力方式。

2）手动门是靠人力开关的层门或轿门，其与动力驱动的门相对。

（2）控制方式的区别

1）“动力驱动的自动门”是指动力驱动，且装有自动开、关门控制装置，在得到一个信号后就能自动地完成开、关门动作，不需要使用人员任何强制性动作（如不需要连续地压按钮）操作的电梯门。

2）“动力驱动的手动门”是指动力驱动，且在人的控制下（如持续按住关门按钮）进行开关的电梯门。

从控制方式的区别来说，动力驱动的门和自动门的关系：自动门都是由动力驱动的；但动力驱动的不一定都是自动门，也可以是手动门。例如，由动力驱动的但需要使用人员连续地压按钮操作的门就属于动力驱动的手动门。此时动力驱动本身只是作为操作手动门的动力，使门按照使用人员的需要而动作的工具。

6.2　电梯门系统的结构

6.2.1　电梯轿门和层门的简介

1. 轿门（见图6-11）

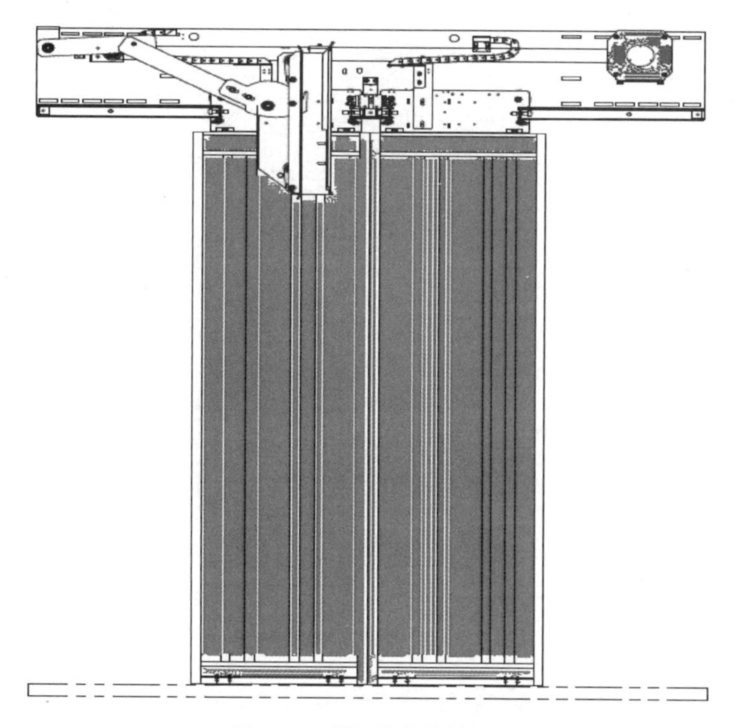

图6-11　轿门的结构简图

轿门是轿厢门的简称，是为了确保安全，在轿厢靠近层门的侧面，设置供司机、乘用人员和货物进出轿厢的门。轿门由踏板、上坎、门刀、挂门滚轮组和门扇等机件构成。20世纪80年代末以前国内生产的轿门，按结构形式分为栅栏式轿门（20世纪80年代末后不再生产）和封闭式轿门两种。按开关门方式分为手动开关门（20世纪80年代末后不再生产）和自动开关门两种。按开门方向分为左开门、右开门和中开门（俗称中分门）三种。封闭式轿门门扇的结构和轿厢体的轿壁相似。由于轿门开关频繁，为减小开关门过程中的噪声，早期生产的轿门扇背面常做消声处理，近年来，由于制造工艺水平比较高和开关门驱动系统的调速性能好，轿门扇背面一般不做消声处理，但开关门过程中的噪声仍能满足标准要求。为避免关门过程中撞击乘用人员或货物，轿门都在轿门背面装设三种不同结构形式的防撞装置。

2. 层门

在电梯停靠层站面对轿门的井道壁上设置供司机、乘用人员和货物进出轿厢的门称为层门，层门也称厅门。层门由踏板、左右立柱、上坎、下坎、挂门滚轮组和门扇等机件构成。中分自动开关式层门背面的正视图如图6-12所示。层门入口的最小净高度为2m；层门净入口宽度比轿厢净入口宽度在任一侧的超出部分均不应大于50mm。在正常运行状态下，自动开关式层门与轿门的开和关通过装设在轿门上的门刀和装设在层门上的门锁实现同步开关。由于层门面对空旷的候梯厅和广大乘用人员，为了防止垃圾和杂物坠入井道造成人身伤害或设备损坏事故，一般层门均采用封闭式层门，而且层门关闭后，门扇与门扇之间、门扇与门框之间、门扇与踏板之间的间隙均应符合相关标准和规范的规定。

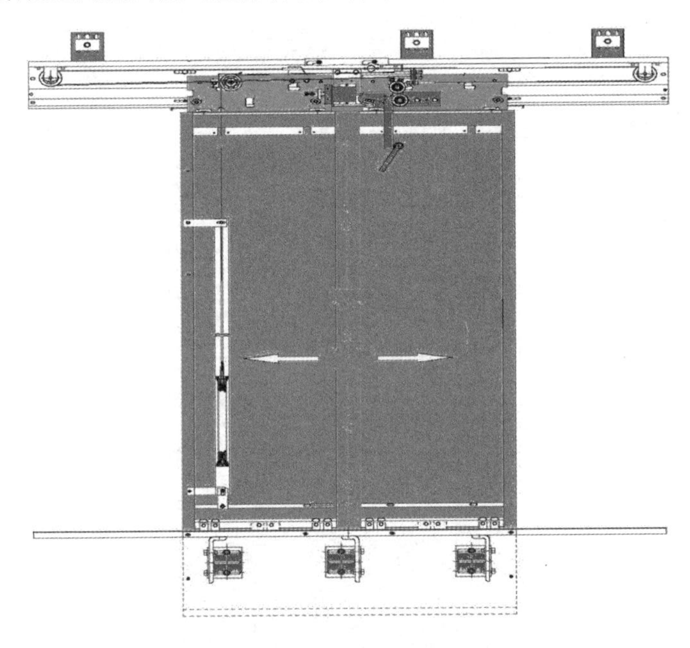

图6-12　层门的结构简图

层门是电梯设备的重要安全设施之一，也是容易发生安全事故的部位。电梯相关专业技术标准和规范对层门的安装、管理都有严格的规定。电梯安装、维保、管理人员都应按相关标准和规范的质量和管理要求来完成工作。

6.2.2　电梯轿门和层门的结构

电梯的门一般由门扇、门导轨、门滑轮、地坎和门导靴等组成。轿门由滑轮悬挂在轿门导轨上，下部通过门滑块与轿门地坎配合；层门由门滑轮悬挂在层门导轨架上，下部通过门滑块与层门地坎配合，如图6-12所示。

1. 门扇

电梯门扇应是无孔的，如图6-13所示。载货电梯作为特殊情况除外，载货电梯包括非

商用汽车电梯，其可以采用向上开启的垂直滑动轿门，这种垂直滑动轿门可以是网状的或带孔板型的，但其网孔或板孔的尺寸需符合 GB 7588—2003 的要求，在水平方向不得超过 10mm，垂直方向不得超过 60mm。

电梯门扇由位于上方的门挂板和下方的门扇面板组成，门扇面板就是电梯日常使用时乘客正常可见的电梯门部分。门挂板与门扇面板一般采用螺栓连接，门挂板与门扇面板之间垫有金属垫片，用以调整门扇面板的高低和水平，以保证门扇在门滑轮的作用下正常滑动和门扇上下部分的导向。门挂板是悬挂和调整门扇面板，安装门滑轮、门锁等门工作部件的一块金属板面总成。

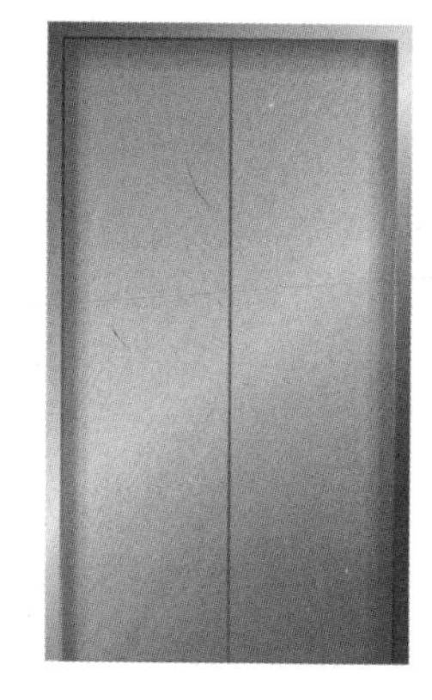

图 6-13 电梯门扇

门扇面板一般用厚度为 1 ~ 1.5mm 的钢板制成，背部设有加强肋。为了隔音和减振，部分电梯会在门扇背部涂以隔音泥或贴有阻尼材料。

电梯门扇应具有足够的机械强度，即当施加一个 300N 的力，垂直作用于门的任何位置，并使该力均匀分布在面积为 $5cm^2$ 的圆形或方形截面上时，门能够承受住且弹性变形不大于 15mm；释放后没有永久变形；经过这样的试验后，功能正常。

2. 门导轨

门导轨（见图 6-14）安装在门扇的上方，用以承受所悬挂门扇的重量和对门扇起导向作用，多用扁钢制成。

3. 门滑轮

门滑轮（见图 6-15）安装在门扇上方的门挂板上，每个门扇装有两个门滑轮，门滑轮在门导轨上运行，用作门扇的悬挂和门扇上部分的导向。滑轮采用金属轴承，轮体可由金属或非金属制成，金属滑轮承重性能好、防火；非金属滑轮耐磨性好、噪声小，因此被广泛采用。非金属滑轮一般采用尼龙或者聚四氟乙烯，聚四氟乙烯也称铁氟龙，其具有耐高温、耐磨、耐腐蚀、耐老化，能防火，摩擦因数小，有自润滑作用，不磨损对磨零件等优点。部分金属滑轮为改善耐磨性能和减小噪声，也会在轮体表面包覆非金属材料。

图 6-14 门导轨

图 6-15 门滑轮

4. 地坎

地坎（见图6-16）是电梯乘客或货物进出电梯轿厢的踏板，在开、关门时对门扇的下部分起导向作用。轿门地坎安装在轿厢底前沿处；层门地坎安装在井道层门牛腿处，用铝、钢型材或铸铁等制成。

5. 门导靴

门导靴（见图6-17）固定在门扇的下底端，每个门扇上装有两只门导靴，在门扇运动时门导靴卡在地坎槽中，起下端导向和防止门扇翻倾的作用。门扇正常运行时，门导靴底部与地坎门滑槽底部是保持一定间隙的。常见的门导靴通常由钢板外面浇注上耐磨性好、噪声小的尼龙制成。

图6-16　地坎

图6-17　门导靴

6.3　开关门机构

电梯门的开关门机构由门机、门联动机构、轿门门刀和层门门锁滚轮组成。

电梯轿门和层门的开启和关闭，有手动开关门和自动开关门两种不同的开关方法和结构形式。以下分别做简要介绍

（1）手动开关门机构　在20世纪50年代中期至80年代中期生产的全继电器控制电梯中，为减少由于继电器控制电路引发的电梯故障，曾设计生产过不少采用手动开关门机构的载货电梯和少量的乘客电梯，直至20世纪80年中后期才停止生产。但是一些简易电梯至今采用的开关门机构仍然是手动开关门机构。手动开关门机构主要由拉杆装置和门锁装置构成，简称拉杆门锁装置。

（2）自动开关门机构　20世纪80年代中期前，国内生产的电梯产品中85%以上采用自动开关门，20世纪80年代中期后生产的电梯（不包括简易电梯和杂物电梯）几乎全是自动开、关门的电梯。

具有自动开门结构的电梯，开关门是由自动开门机完成的。自动开门机是使轿门（含层门）自动开启或关闭的装置（层门的开闭是由轿门通过门刀带动的）。它装设在轿门的上方及轿门的连接处。

自动开门结构除了能自动启、闭轿门外，还应具有自动调速的功能，以避免在起端与终端发生冲击。根据使用要求，一般关门的平均速度要低于开门的平均速度，这样可以防止关门时将人夹住，而且客梯的门还设有安全触板。另外，为了防止关门对人体的冲击，有必要

对门速实行限制。国家标准 GB 7588—2003《电梯制造与安装安全规范》中规定，当门的动能超过 10J 时，最快门扇的平均关闭速度要限制在 0. 3m/s。

6.3.1 门机的结构和分类

常见的自动开门机有两扇中分式开门机和两扇旁分式开门机。两扇中分式自动开门机可以同时驱动左、右门，且以相同的速度，做相反方向的运动。这种开门机的开门结构一般为曲柄摇杆和摇杆滑块的组合。两扇旁分式开门机与前者类似，只是增加了慢门结构自动开门机。根据电动机的驱动形式，门机可分为直流门机和交流门机。

1. 直流门机

直流门机采用直流电动机提供动力，再通过减速装置驱动开关门机构。门机的直流电动机可用永磁直流电动机和他励直流电动机。用改变电枢两端极性的方法来实现开关门控制，通过改变电枢两端的电压来调节开关门速度。

图 6-18 所示为单臂中分式开门机，它以带齿轮减速器的直流电动机为动力，一级链传动。连杆的一端铰接在曲柄链轮上，另一端与摇杆铰接。摇杆的上端铰接在机座框架上，下端与门连杆铰接，门连杆则与左门铰接（相当于摇杆滑块机构）。在图 6-18 中，当曲柄链轮做顺时针转动时，摇杆向左摆动，带动门连杆使左门向左运动，进入开门行程。

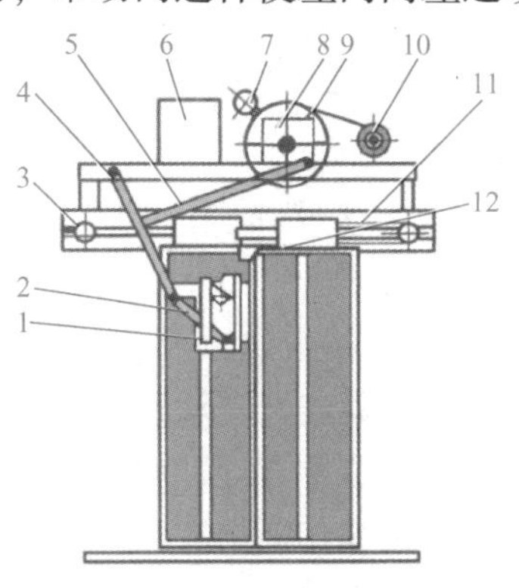

图 6-18 单臂中分式开门机

1—门镜压板机构 2—门连杆 3—绳轮 4—摇杆 5—连杆 6—电器箱 7—平衡器 8—凸轮箱 9—曲柄链轮 10—带齿轮减速器的直流电动机 11—门机结构支架 12—轿门挂板

右门由钢丝绳联动机构间接驱动。两个绳轮分别装在轿门导轨架的两端，左门扇与钢丝绳的下边连接，右门扇与钢丝绳的上边连接。当左门在门连杆带动下向左运动时，其带动钢丝绳做顺时针回转，从而使右门在钢丝绳的带动下向右运动，与左门扇同时进入开门行程。

门在启、闭时的速度变化，通过改变电动机电枢的电压来实现。曲柄链轮与凸轮箱中的凸轮相连，凸轮箱内装有行程开关（常为五个，开门方向两个，关门方向三个），曲柄链轮转动时带动凸轮依次动作行程开关，使电动机连接上或断开电器箱中的电阻，以此来改变电动机电枢的电压，使其转速符合门速要求。

曲柄链轮上平衡锤的作用是抵消门在关闭后的自开趋势，这是因为摇杆机构中各构件自重的合力使门扇受到回开力，如果不加以抵消，门就不能关严，平衡锤还使门在关闭后产生紧闭力，从而不会受轿厢在运行中的振动而松开。

图 6-19 所示为双臂中分式开门机，它也是以直流电动机为动力的，但电动机不带减速器，常以两级 V 带传动减速，经第二级的大带轮作为曲柄轮，当曲柄轮沿逆时针方向转动 180°时，左右摇杆同时推动左右门扇，完成一次开门行程；然后，曲柄轮再沿顺时针方向转动 180°，就能使左右门扇同时合拢，完成一次关门行程。这种开门机采用电阻降压调速，用于速度控制的行程开关装在曲柄轮背面的开关架上，一般为五个。开关打板装在曲柄轮上，在曲柄轮转动时依次动作各开关，以达到调速的目的。改变行程开关在开关架上的位置，就能改变运动阶段的行程。

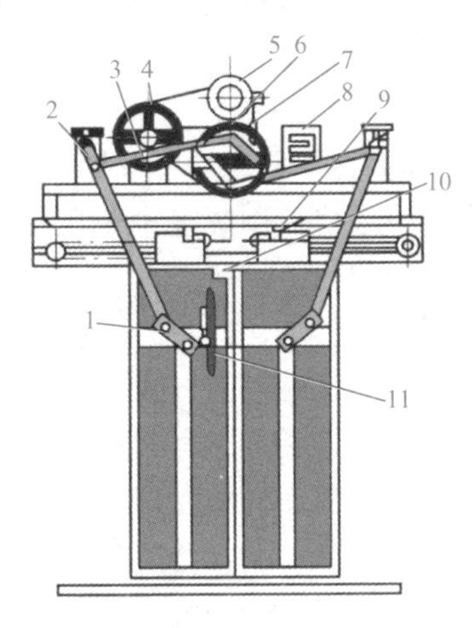

图 6-19　双臂中分式开门机

1—门连杆　2—摇杆　3—连杆　4—带轮　5—电动机　6—曲柄轮　7—行程开关　8—电阻箱　9—强迫锁紧装置　10—自动门锁　11—门刀

图 6-20 所示为两扇旁分式自动开门机。这种开门机与单臂中分式开门机具有相同的结构，不同之处是多了一条慢门连杆。曲柄连杆转动时，摇杆带动快门运动，同时慢门连杆也使慢门运动，只要慢门连杆与杆的铰接位置合理，就能使慢门的速度为快门的 1/2。这种门机也采用直流电动机驱动，它的自动调速功能的实现与单臂中分式开门机相同，由于旁分式门的行程要大于中分式门，为了提高使用效率，门的平均速度一般高于中分式门。

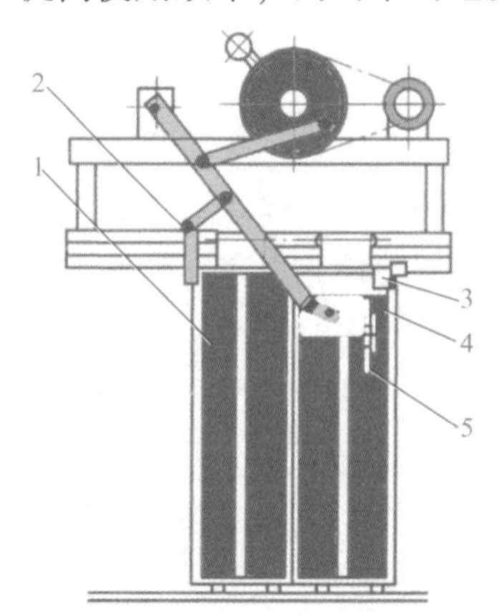

图 6-20　两扇旁分式自动开门机

1—慢门　2—慢门连杆　3—自动门锁　4—快门　5—开门刀

2. 交流门机

前面介绍的几种门机都是采用直流电动机驱动的，其优点是方法简单；但其需要减速装置，结构复杂，体积大，开关门时分段设定门的速度，调速曲线是不连续的。交流门机是采用交流电动机驱动门机机构的，目前，交流门机有采用交流异步电动机驱动的变频门机和采用交流永磁同步电动机驱动的变频门机。这两种门机都采用变频调速技术，因此电动机无需减速装置，可以实现无级调速，门机构造简单，开关门速度调节和控制性能好，开关门过程平稳，噪声小，能耗低。

图6-21所示为交流变频门机。这种门机以交流异步电动机为动力，控制器以调频调压的方式调节开关门速度和控制开关门动作。门机工作时，交流电动机通过驱动V带使带轮旋转，同步带轮与带轮同轴安装，这样同步带传动带动门挂板运动，轿门与挂板连接，从而控制轿门的开、关门动作。门刀安装在轿门（异步门刀）或门机挂板（同步门刀）上。其中异步门刀可动刀片的凸轮柄与连杆连接，轿门动作时，可动刀片的凸轮柄在连杆作用下使可动刀片向固定刀片合拢，夹紧层门锁钩的滚轮，打开层门门锁装置，从而带动层门运动；同步门刀在轿门动作时，两扇刀片同时夹紧层门锁钩的滚轮，打开层门门锁装置，从而带动层门运动。门运动过程中，门刀始终夹紧滚轮，关门到位后，异步门刀在连杆作用下张开，松开滚轮使锁钩锁住层门；同步门刀在门刀附件作用下张开，此时轿厢可离开层门。

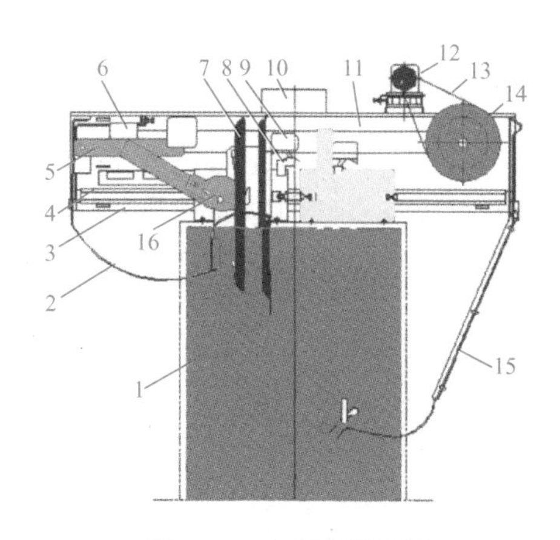

图6-21 交流变频门机

1—轿门 2—电缆 3—横梁 4—导轨 5—连杆 6—带轮盒 7—门刀 8—门开关凸轮 9—门触点开关 10—控制器 11—同步带 12—电动机 13—V带 14—带轮 15—电缆接线组件 16—凸轮

有的交流门机直接采用交流电动机驱动同步带，使门机的结构更简单。图6-22所示为一种交流永磁同步门机。由永磁同步电动机直接驱动同步带，连接在同步带上的连杆机构在导轨上带动轿门做水平运动。其开关门工作原理与图6-21所示交流变频门机相同。

6.3.2 门联动机构

门机直接驱动一个或多个轿门门扇（这些门扇称为主动门），轿门主动门通过轿门的联动机构带动被动门，实现轿门的开和关；与此同时，轿门上的门刀带动带有门锁滚轮的层门

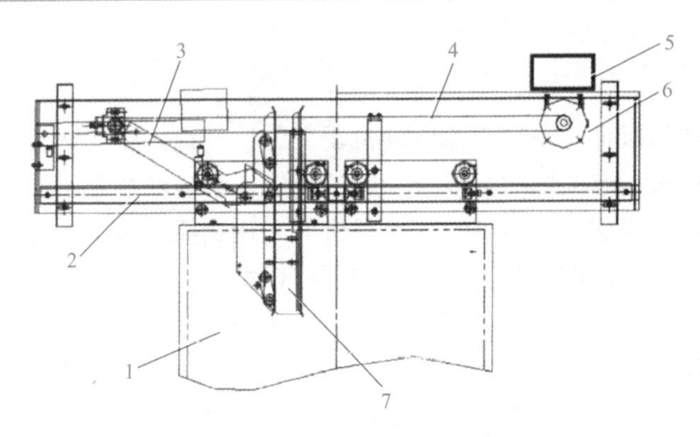

图 6-22　交流永磁同步门机

1—轿门　2—导轨　3—连杆　4—传动带　5—控制器　6—电动机　7—门刀

(也称为主动门)，层门主动门通过层门的联动机构带动被动层门，也同步实现了层门的开和关。其中，门扇与门扇之间由机械摆杆等刚性装置连接的称为直接连接；由钢丝绳或其他非刚性装置连接的称为间接连接。

1. 门扇之间的直接连接

门扇之间的直接机械连接如图 6-23 所示。

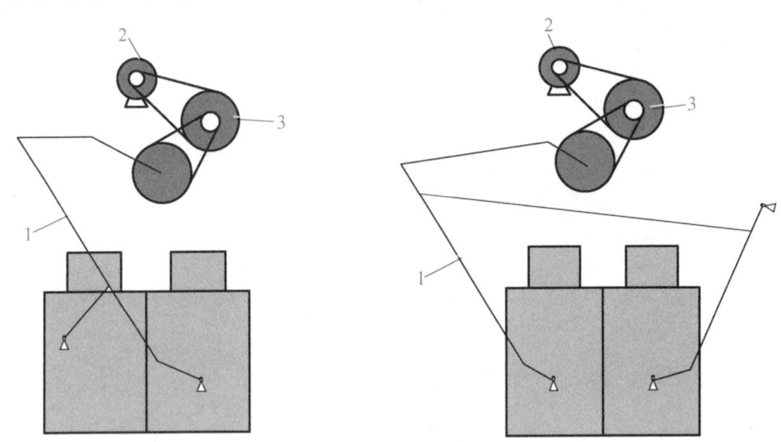

图 6-23　门扇之间的直接机械连接

1—传动连杆　2—电动机　3—传动轮

2. 门扇之间的间接连接

门扇之间的间接机械连接如图 6-24 所示。

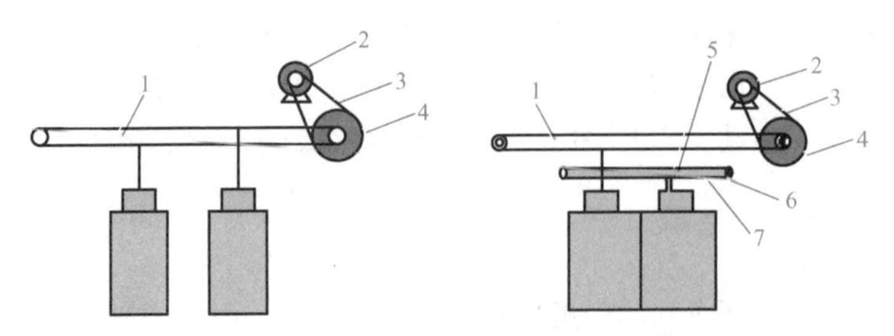

图 6-24　门扇之间的间接机械连接

1—同步带　2—电动机　3—减速带　4—带轮　5—固定点　6—慢门固定件　7—传动钢丝绳

6.3.3　开关门机构的工作原理

自动门通常采用轿门和层门联动的开门方式，电梯平层时，门机驱动打开轿门，轿门打开的同时，驱动位于门机或轿门上的门刀，门刀带动层门门锁滚轮并打开层门，从而实现轿门和层门的联动。

1. 轿门的自动开启与关闭

图6-25所示为门机驱动轿门的开启，门电动机通过减速机构带动传动带运动，带动连接在传动带上的轿门门扇以相同速度分别向反方向运动，门扇开启。当门电动机向反方向转动时，门扇关闭。

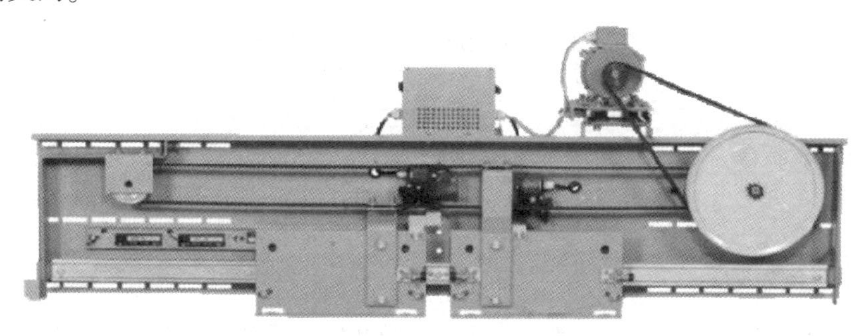

图6-25　门机驱动轿门的开启

2. 在轿门驱动下层门的自动开启与关闭

层门是轿厢的出入口，也是电梯井道的防护门，当轿厢没有停靠层站时，层门起到防止人员坠落井道的保护，所以每一个层门均在井道内侧上部安装有门锁，门锁上带有验证层门锁紧和闭合的电气开关，电梯正常运行时层门门锁锁紧，层门不能打开，只有当轿厢在该层门的开锁区域内停止或停站时，轿门才可能驱动层门自动打开。

以中分门为例，轿门上方轿顶装有门机，当轿厢运行到层站前，轿厢上的门刀插入层门门锁的两个门锁滚轮两边，如图6-26所示。当轿厢开门机构打开轿门时，便带动门刀将层门打开；当轿厢开门机构关闭轿门时，便带动门刀将层门关闭，门刀带动层门关闭后，层门锁落下锁紧，轿门、层门的安全保护开关完全闭合时，轿厢才能起动运行。

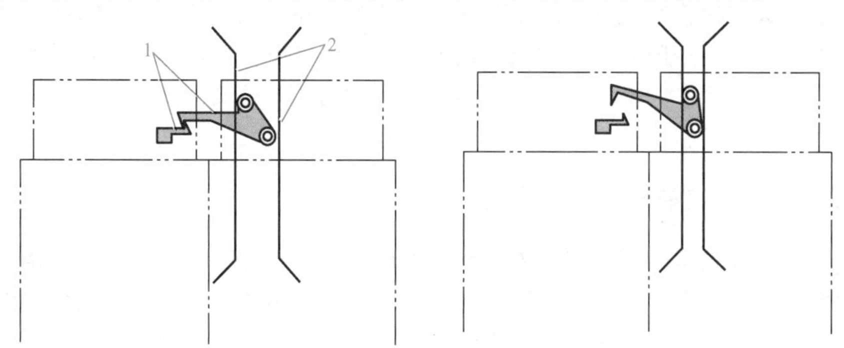

图6-26　轿门门刀驱动层门打开的原理

1—锁钩　2—门刀

轿门门刀与层门门锁是相互配合使用的，门刀通常可分为单门刀和双门刀，单门刀固定在轿门上不动；双门刀则为活动门刀，会随着轿门的开启或关闭在一定范围内移动，如图 6-27 所示。

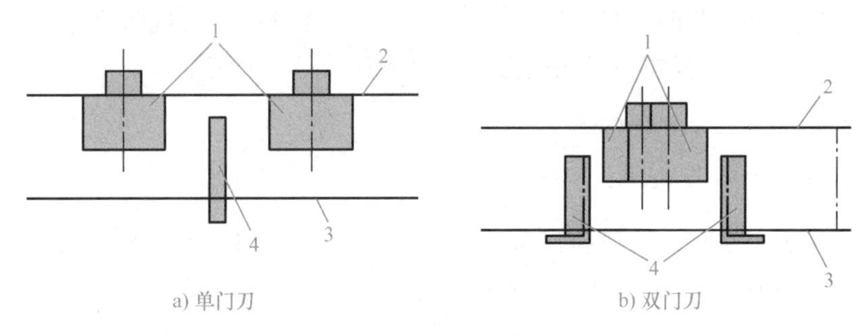

图 6-27　门刀的类型

1—门锁滚轮　2—层门地坎　3—轿厢地坎　4—门刀

6.4 门保护装置

6.4.1 门锁装置

为了保证电梯门的可靠闭合与锁紧，禁止层门和轿门被随意打开，电梯设置了层门门锁装置以及验证门扇闭合的电气安全装置，习惯称为门锁装置。门锁装置包括手动开关门机构的拉杆门锁装置和自动开关门机构的自动门锁装置两种。

1. 手动开关门机构的拉杆门锁装置

手动开关门机构的拉杆门锁装置由装在轿顶或层门框上的门锁装置和装在轿门或层门上的拉杆装置两部分构成。这种拉杆门锁装置的结构示意图如图 6-28 所示。当门关妥时，拉杆装置的拉杆顶端插入门锁装置的锁壳孔里，并顶压到门电联锁开关，接通门电联锁电路，在正常情况下由于拉杆弹簧的作用，拉杆不会自动脱开门锁装置的锁壳孔，层门外（面对层门）或轿门外（面对轿门）的人员也扒不开层门或轿门。由于轿门上的拉杆门锁装置与层门上的拉杆门锁装置彼此独立，所以开门时需先开启轿门再开层门，关门时反之。

采用手动开关门机构的电梯必须是有专职司机控制的电梯，开关门时的劳动强度很大，而且门的宽度越大，开关门时的劳动强度越大。随着电力电子器件和控制技术的进步、机械加工设备和加工工艺水平的提高，由开关门系统引发的故障已大大降低，采用手动开关门机构的主要原因已不复存在，手动开关门机构自然被淘汰。

2. 自动开关门机构的自动门锁装置

自动门锁装置是为自动开关门机构设计制造的门锁，因此又称自动门锁。由于它只装在自动开关门电梯的层门上，所以又称层门锁或厅门锁；又由于它有一个形似钩子的锁钩，所以又有钩子锁之称。自动门锁装于层门扇背面的左或右上角，是确保层门不被厅外人员开启的安全装置。层门关妥后，门电联锁电路接通，电梯方能起动运行。只有当电梯进入开锁区（层门踏板水平面 ±200mm 左右），并平层停靠时，才能通过稳装在轿门上的门刀将层门同

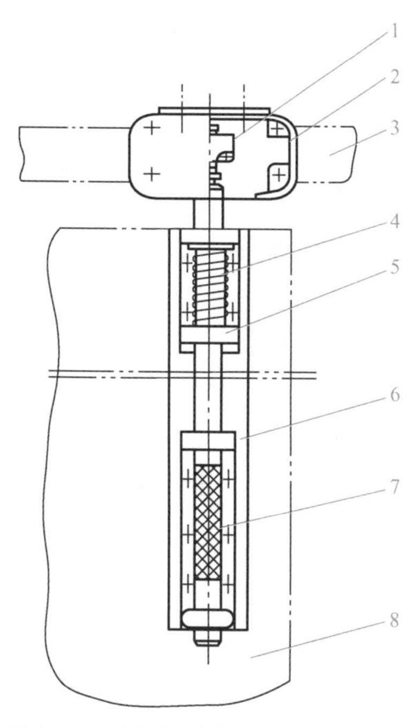

图 6-28 拉杆门锁装置的结构示意图

1—电联锁开关 2—锁壳 3—吊门导轨 4—复位弹簧 5、6—拉杆固定架 7—拉杆 8—门扇

步开启。只有在紧急情况下或维保人员需要进入井道或上轿顶维保电梯时，才能由经过培训的专业人员借助特制机械钥匙从层门外打开层门。

我国自 20 世纪 50 年代中后期开始批量生产自动开关门电梯，至今曾广泛采用的自动门锁至少有三种。但自 20 世纪 90 年代中期 GB 7588 颁布执行后，按新颁布标准的要求，层门锁不能因重力自行将锁打开，即当门锁锁紧的弹簧（或永久磁铁）失效时，其重力不应导致开锁。为满足新颁布标准的要求，此后生产的自动门锁多采用如图 6-29、图 6-30 所示的结构形式。

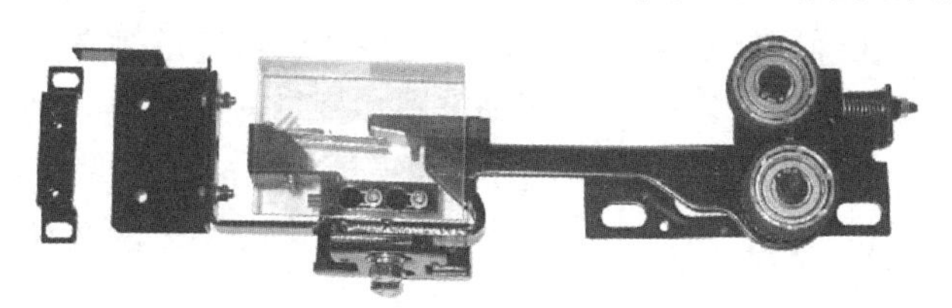

图 6-29 自动门锁（一）

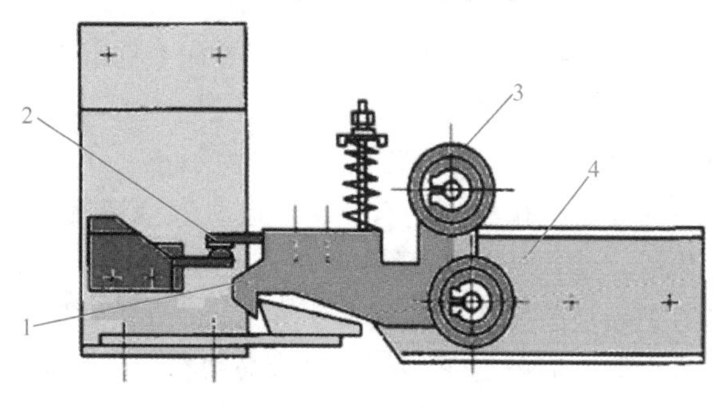

图 6-30 自动门锁（二）

1—锁钩 2—门电联锁触点 3—锁轮 4—锁底板

自动门锁装置是一种机电结合装置。其机械构件应确保将层门锁紧，锁紧构件的啮合深度应不小于7mm。作为其电气构件的电器开关应是安全触点式的，应确保门关妥后电气联锁电路可靠接通。如果电梯的层门是滑动层门，其门扇由数个间接机械连接（如钢丝绳、传送带或链条）组成，而且门锁只锁紧其中一扇门，用这扇单一锁紧的门去防止其他门扇打开，未被直接锁紧的门扇的闭合位置也应装设一个电气安全触点开关，以保证其也处于闭合状态。这个无门锁门扇上的装置被称为副门锁开关，当门扇传动机构出现故障造成门关不到位时，副门锁开关不能接通，电梯也不能起动运行，以确保乘客的安全等。

3. 验证门扇闭合的电气安全装置

层门和轿门都需要验证门扇闭合的电气安全装置，俗称副门锁。

如果层门是由间接机械连接的门扇组成，门锁只锁紧一扇门，则未被锁紧的其他门扇的闭合位应由一个电气开关来验证，该电气开关就是副门锁，如图6-31所示。

图6-31　门电气开关

每个层门应设有符合安全触点的电气安全装置，以验证它的闭合位置，从而满足电梯对剪切、撞击事故的保护。

验证门扇闭合的电气安全装置的作用是，当电梯门关闭到位后，电梯才能正常起动运行；运动中的电梯轿门离开闭合位置时，电梯即停止运行。这一安全装置非常重要。如果缺少这一装置，电梯轿厢在开门状态下运行，就有可能使轿厢中的乘客或层门受到撞击或剪切而发生事故，造成人身伤害。所以，不论何种类别和型号的电梯都必须具备这一装置。当电梯的一个层门和轿门（或多扇层门和轿门中的任何一扇门）开着，在正常操作情况下，电气锁将断开，从而断开电梯控制回路中的门锁回路，使电梯不可能起动。

4. 门锁装置的安全要求

1）每个层门应设置符合要求的门锁装置，这个装置应有防止故意滥用的保护功能。滥用是指不恰当的使用，如无关人员能够轻易使门锁失效等。

2）锁紧。轿厢运动前应将层门有效地锁紧在闭合位置上，但层门锁紧前，可以进行轿厢运行的预备操作，层门锁紧必须由一个符合要求的电气安全装置来证实。

为防止轿厢离开层站后，层门尚未锁紧甚至尚未完全关闭而导致人员坠入井道发生危险，要求轿厢运行前层门必须被有效锁紧在闭合位置上。“有效锁紧”是指满足以下各条关于门锁的形式、强度、结构等方面的要求，而且强调必须在层门闭合位置上锁紧。在门锁紧以前轿厢不应发生运动，但由于轿厢运行的预备操作，如内选、关门等操作不会导致任何危险发生，同时可以提高电梯的运行效率，因此这些操作是被允许的。

① 为了防止层门锁钩在轿厢离开层站后由于一些非预见性原因而导致锁钩意外脱开，要求层门门锁在锁紧状态下锁紧元件必须啮合不小于7mm，如图6-32所示。只有在这种条件下，轿厢才能起动。当用门刀或三角形钥匙开门锁时，锁紧元件之间脱离啮合之前，电气安全装置应已经动作。

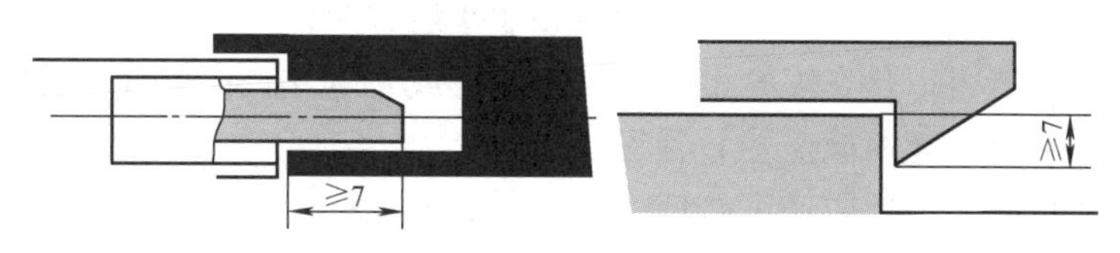

图6-32　锁紧元件示例

② 证实门扇锁闭状态的电气安全装置的元件，应由锁紧元件强制操作而没有任何中间机构，应能防止误动作，必要时可以调节。

③ 对铰链门，锁紧应尽可能接近门的垂直闭合边缘处。即使在门下垂时，也能保持正常。

④ 锁紧元件的啮合应能满足在沿着开门方向作用300N力的情况下，不降低锁紧的效能。300N是一个人正常可以施加的静态力，锁紧元件的强度应足以避免在承受这个力（用手扒门）的情况下锁紧效能降低甚至意外打开。

6.4.2　门入口保护装置

当乘客在层门和轿门的关闭过程中，通过入口时被门扇撞击或将被撞击时，一个保护装置应自动地使门重新开启，这种保护装置就是电梯的门入口保护装置。常见的门入口保护装置有：

1. 安全触板（见图6-33）

安全触板是一种机械式安全防护装置。其装设在轿门外侧，中分开门和旁分开门都可以装设这种装置。安全触板由触板、联动杠杆和微动开关组成。正常情况下，触板在重力的作用下，凸出轿门30～35mm。若门区有乘客或障碍物存在，当轿门在关闭时，触板会受到撞击而向内运动带动联动杠杆压下微动开关，而令微动开关控制的关门继电器失电，开门继电器得电，控制门机停止关门运动转为开门运动，以保证乘客和设备不会受到撞击。

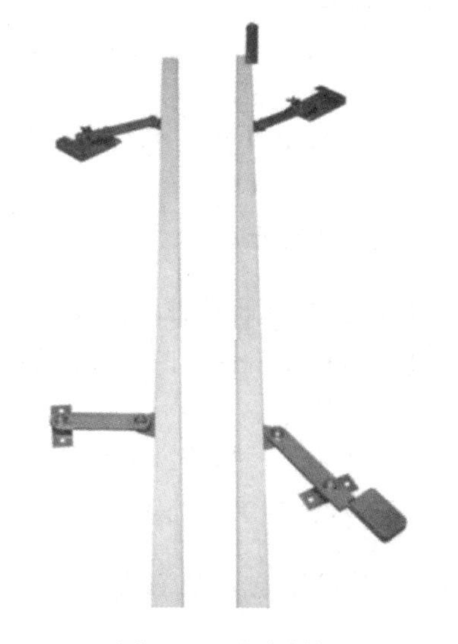

图6-33　安全触板

2. 光电式保护装置（见图6-34）

光电式保护装置（又被称为光幕）运用了红外线扫描探测技术，其控制系统包括控制装置、发射装置、接收装置、信号电缆和电源电缆等几部分。发射装置和接收装置安装于电梯门两侧，主控装置通过传输电缆，分别对发射装置和接收装置进行数字程序控制。在关门过程中，发射管依次

发射红外线光束，接收管依次打开接收光束，在轿厢门区形成由多束红外线密集交叉扫描的保护光幕，不停地进行扫描，形成红外线光幕警戒屏障，当有乘客和物体进入光幕屏障区内时，控制系统迅速转换输出开门信号，使电梯门打开，当乘客和物体离开光幕警戒区域后，电梯门方可正常关闭，从而达到安全保护的目的。

电梯的门入口保护装置也可以分为接触式和非接触式两种。接触式保护装置即为安全触板。非接触式保护装置可以是在安全触板上增加光幕或光电开关；也可以是单独的光电式保护装置或电磁感应装置、超声波监控装置等。

安全触板动作可靠，但反应速度较低，且不够自动化；光幕反应灵敏，但可靠性较低，为了弥补接触式和非接触式门入口保护装置的不足并发挥各自的优点，出现了光幕和安全触板二合一的保护系统（见图6-35），使电梯层门运行更加安全可靠。

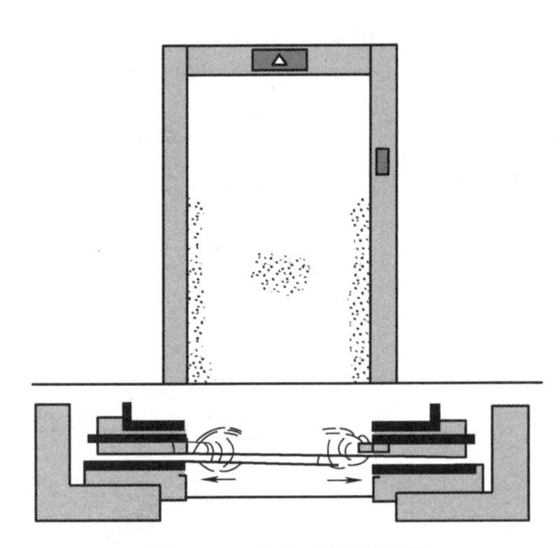

图6-34 光电式保护装置

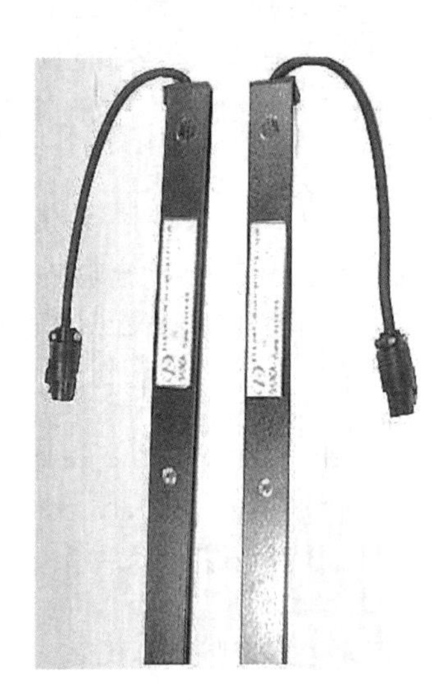

图6-35 光幕

6.4.3 层门的紧急开锁装置

1. 层门的开启方式

层门的打开通常有两种方式：

1）电梯正常使用时，在停靠的层站平层位置，由门机自动打开轿门，同时轿门的门刀带动打开层门。

2）在施工、检修、救援等特定情况下，由专业人员使用三角钥匙打开层门，该打开层门的装置被称为层门的紧急开锁装置。

2. 层门紧急开锁装置

（1）层门紧急开锁装置的安全要求

1）每个层门均应能从外面借助于一个符合GB 7588—2003附录B规定的开锁三角形钥匙将门开启。

2）这样的钥匙应只交给一个负责人员。钥匙应带有书面说明，并详述必须采取的预防

措施，以防止发生开锁后因未能有效地重新锁上而可能引起的事故。

3）在一次紧急开锁以后，门锁装置在层门闭合下，不应保持开锁位置。

（2）三角钥匙　三角钥匙应符合 GB 7588—2003 附录 B 的要求，层门上的三角钥匙孔应与其相匹配。三角钥匙是为援救、安装、检修等提供操作条件。三角钥匙应附带有类似“注意使用此钥匙可能引起的危险，并在层门关闭后应注意确认已锁住”内容的提示牌，对于三角钥匙的管理是有效保证只有“经过批准的人员”才能进行紧急开锁。同时钥匙上应附带有相关说明，可以在三角钥匙使用过程中，提示使用人员应注意的事项。三角钥匙如图 6-36 所示。

（3）三角钥匙的安全使用　在电梯检修或对被困轿厢人员进行救援时，常常需要人为将层门打开（见图 6-37），人为打开层门的操作步骤必须严格按要求实施，否则会导致人员坠入井道死亡。用三角钥匙打开层门是非常危险的，必须由经过培训的持证人员来操作。

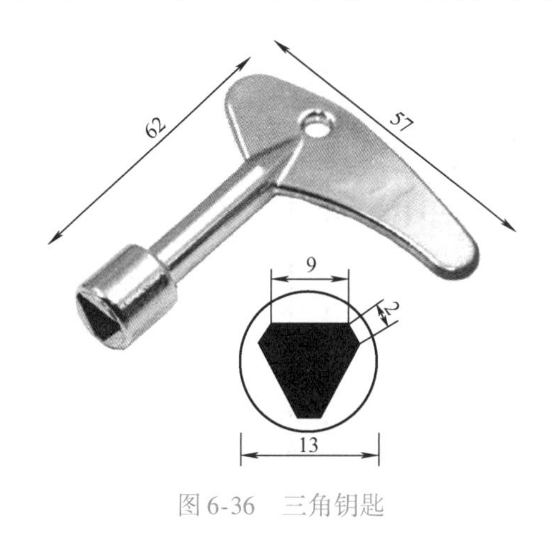

图 6-36　三角钥匙

图 6-37　使用三角钥匙手动打开层门

6.4.4　层门自闭装置

GB 7588—2003 规定：在轿门驱动层门的情况下，当轿厢在开锁区域之外时，如层门无论因为何种原因而开启，则应有一种装置（重块或弹簧）能确保该层门自动关闭。

在轿门驱动层门的情况下，由于层门靠轿门驱动，层门自身没有动力，当轿厢不在层站位置而层门被打开（如通过层门紧急开锁装置）时，如果层门是不能自动关闭的，则可能发生人员意外坠落井道的危险。因此，层门应装有自动闭合装置，当层门开启时，层门有一定的自动关闭力，以保证层门在全行程范围内可以自动关闭，防止检修人员在检修期间离开，忘记关闭层门而导致周围人员无意坠落井道。

层门自闭装置主要依靠重物的重力和弹簧的拉力或压力运行，常见的形式有重锤式、拉簧式、压簧式。层门的自闭力过小，难以确保层门的自动关闭；层门的自闭力过大，门机的功率需要相应增大，关门减速的控制难度也增大。

1. 重锤式层门自闭装置

重锤式层门自闭装置如图 6-38 所示，电梯门为向左旁开式，连接重锤的细钢丝绳绕过固定在左侧慢门上的定滑轮，固定到层门的门头上，依靠定滑轮将重锤垂直方向的重力转换为水平向右的推力，通过门扇之间的联动机构形成了一个层门自闭力。重锤式层门自闭装置同样适用于中分门。采用重锤式层门自闭装置时，需要有防止重锤意外坠入井道的措施。

2. 拉簧式层门自闭装置

拉簧式层门自闭装置如图 6-39 所示，电梯门为向左旁开式，连接弹簧的细钢丝绳绕过固定在左侧慢门上的定滑轮，固定到层门的门头上，依靠定滑轮将弹簧垂直方向的拉力转换为水平向右的推力，通过门扇之间的联动机构，从而形成了一个层门自闭力。拉簧式层门自闭装置同样适用于中分门。采用拉簧式层门自闭装置时，由于弹簧是在拉伸状态下工作的，长期拉伸容易导致拉力减弱，层门自闭力不足。

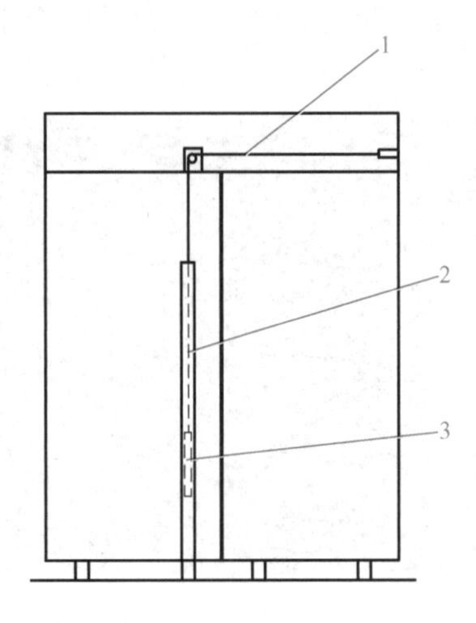

图 6-38　重锤式层门自闭装置
1—钢丝绳　2—导管　3—重锤

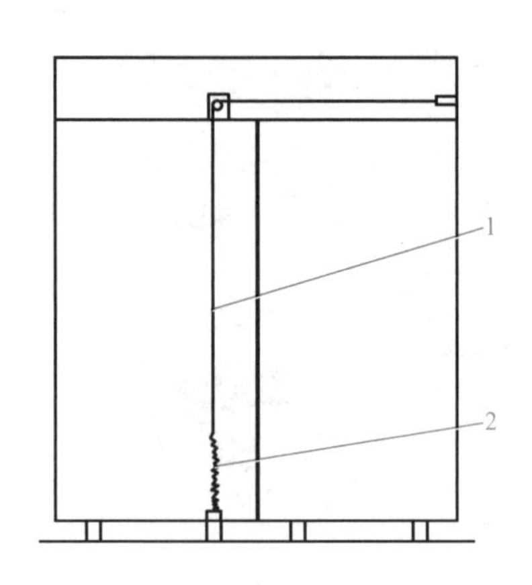

图 6-39　拉簧式层门自闭装置
1—钢丝绳　2—弹簧

3. 压簧式层门自闭装置

压簧式层门自闭装置如图 6-40 所示，电梯门为向左旁开式，连接弹簧的机械也连接到右侧的慢门上，将弹簧垂直方向的压力转换为水平向右的推力，通过门扇之间的摆臂联动机构，作用到整个电梯门上，从而形成了一个层门自闭力。压簧式层门自闭装置也可以用在中分门上。采用压簧式层门自闭装置时，由于弹簧是在压缩状态下工作，弹簧自身不会失效，但由于机械结构体积较大，一般用在井道较大的载货电梯上。

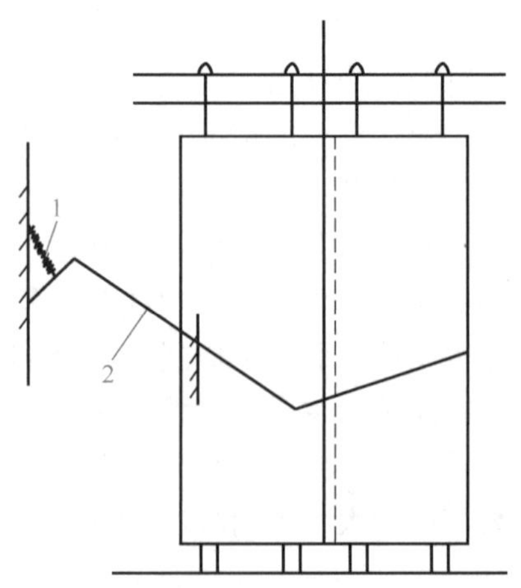

图 6-40　压簧式层门自闭装置
1—弹簧　2—连杆

本章习题

一、判断题

1. 电梯层门锁紧装置即使永久磁铁（或弹簧）失效，重力也不应导致开锁。 （ ）

2. 电梯在正常使用中，若轿厢没有得到运行指令，则经过一段必要的时间后自动操纵门应被关闭。 （ ）

3. 每个层门均应能从外面借助于一个符合规定的开锁三角形钥匙将门开启。 （ ）

4. 使用三角形钥匙开启层门时，需将三角形钥匙插入层门上的钥匙孔，旋转后打开层门，切勿用力过猛，并看清轿厢是否停在此层，以免发生意外。 （ ）

5. 禁止在运行中打开轿厢门。 （ ）

6. 当轿厢处于开门区时，厅轿门才能同时打开，这时开门机动作，驱动轿门、层门开启。 （ ）

二、填空题

1. 垂直滑动门只能用于________电梯。

2. 沿门两侧垂直门导轨滑动开启的门，称之为________。

3. 垂直双扇门为层门或轿门的两扇门由门中间________各自向上、下开关的门。

4. 在轿厢与厅门之间，装有________，当电梯关门时，如触板碰到人或物，阻碍关门时，开关动作，使门重新开启。

5. 常见的层门自闭装置有________、________和________。

三、单项选择题

1. 层门的净高度不得小于( )m。

A. 1　　B. 2　　C. 2.2　　D. 2.5

2. 安全触板是在轿门关闭过程中，当有乘客或障碍物触及时，轿门重新打开的( )门保护装置。

A. 电气　　B. 光控　　C. 机械　　D. 微电脑

四、简答题

1. 电梯门系统的主要作用是什么？

2. 层门与轿门之间有什么相互关系？

3. 电梯门系统由哪几部分组成？

4. 电梯门的开关门机构是由哪些部分组成的？

5. 自动门机的驱动有哪几种传动机构？

6. 层门门锁的功能和作用是什么？常见的层门门锁有哪些？

7. 常见的门入口保护装置有哪些？它们分别起什么作用？

第7章 电梯安全保护装置

学习导论

电梯是频繁载人的垂直运输工具，必须有足够的安全性。根据电梯事故统计，电梯可能存在的事故危险有剪切、挤压、坠落、被困等。虽然电梯会发生某种故障或事故，但电梯在设计、制造、安装时，已充分考虑了以上种种危险因素，从保护人员（乘坐电梯人员、维修电梯人员）及保护电梯本身、所载物资以及安装电梯的建筑物的观点出发，在电梯上设置了多种安全保护装置或功能，以防止发生与使用、维护或紧急操作相关的事故危险，因此电梯的本质是安全的。

问题与思考

看到图7-1所示乘客按下电梯警铃，你会想到电梯出什么问题了？

图7-1　乘客按下电梯警铃

1. 我们乘坐的电梯还安全吗？
2. 电梯真的会急速下坠吗？
3. 被困电梯有多危险？
4. 是什么导致了电梯事故？
5. 电梯的保护措施可靠吗？
6. 电梯都有哪些保护措施呢？

学习目标

1. 掌握电梯超速保护装置限速器和安全钳的动作原理及结构。
2. 掌握端站越位保护装置缓冲器的种类及工作原理。
3. 掌握端站限位开关的工作原理及结构。
4. 了解电梯意外移动装置的原理及结构。
5. 掌握电梯电气安全保护原理。
6. 认识电梯安全防护装置的作用及结构。

7.1 电梯安全保护装置的功能及类型

7.1.1 电梯的不安全状态及易发生的故障和事故

1. 电梯的不安全状态

电梯的不安全状态主要有电梯超速、失控、终端越位、冲顶、蹲底、不安全运行、非正常停止和关门障碍等。这些不安全状态极易导致电梯故障或事故。

电梯超速运行：电梯速度超出额定速度的115%以上。

电梯的运行失控：无法用正常控制方法使电梯停止运行。

终端越位：电梯在顶层端站或底层端站超出正常平层位置。

冲顶：轿厢冲向井道顶部，对重块冲撞在缓冲器上。

蹲底：轿厢运行撞落到井道底坑。

电梯不安全运行：超载运行，厅、轿门未关闭运行，限速器失效状态运行，电动机错、断相运行等均属于不安全运行。

电梯非正常停止：因主电路、控制电路、安全装置的故障等，使电梯在运行中突然停车。

电梯关门障碍：门安全保护装置故障或电梯在关门时，受到人或物的阻碍，使门无法关闭，导致电梯无法正常起动运行。

2. 电梯易发生的故障及事故

以上介绍的不安全运行状态极易导致电梯故障或事故，从故障及事故统计情况来看，电梯的故障和事故大体上有剪切、挤压、坠落、被困、火灾、电击、材料失效及意外卷入等，如图7-2所示。这些事故的具体特征为：

（1）剪切　如人员肢体一部分在轿厢，另一部分在层站，当轿厢失控时造成身体被剪切。

（2）挤压　如人员遇到故障被困电梯时自行脱困，造成肢体卡在轿厢与井道、轿厢与层门之间而被挤压。

（3）坠落　如人员从井道或者电梯厅掉入电梯井道中造成伤亡。

a) 挤压

b) 被困

图 7-2　电梯典型事故

(4) 被困　这是人们最常见的一种故障，由于各种原因导致电梯突然停梯，人员被困在电梯轿厢内。

(5) 火灾　如电梯自身着火或者受外界火灾的影响。

(6) 电击　如电梯的控制系统受雷击或受电网电压波动的影响。

(7) 材料失效　如由于磨损、腐蚀、损伤等因素导致零部件的破坏或失效。

(8) 意外卷入　如电梯运动旋转部件曳引轮、限速器轮等，保护罩未盖或松动，人员或物品有被卷入的危险。

7.1.2　电梯安全保护系统

随着科技的进步，电梯也在发展，为了确保电梯运行中的安全，人们针对电梯可能发生的挤压、撞击、剪切、坠落、电击等潜在危险，设计出了多种机械、电气安全保护装置，以确保电梯正常运行。根据电梯安全标准的要求，不论何种电梯均要符合标准中的安全保护要求。

1. 保护对象

(1) 保护的人员　使用人员，维护和检查人员，电梯井道、机房和滑轮间（如有）外面的人员。

在保护人员方面的目的是保证以上人员免受伤害。“使用人员”不单指乘客，同时还应包括运送货物时伴随的人员等；“维护和检查人员”包括维修、保养以及试验等工作人员。不但要保护那些使用电梯和检查、维护电梯的人员，同时对在电梯设备、井道和机房附近活动的人员（如观光电梯敞开式井道外的行人）也要提供必要的保护。

(2) 保护的物体　轿厢中的装载物、电梯的零部件、安装电梯的建筑。

在保护物体方面的目的是保证上述物体免受损失。应注意的是，不但要保护电梯所运送货物和电梯设备本身的安全，同时也要考虑到建筑物的安全。

2. 电梯安全保护装置的类型

电梯安全保护装置主要分为机械类及电气类，大部分机械类安全保护装置都有配套的电气开关共同完成电梯的安全保护功能。电梯安全保护装置见表 7-1。

表 7-1 电梯安全保护装置

序号	安全保护装置	保护内容
1	层轿门安全保护系统	门防夹安全保护、层门门锁、门联锁、自动关闭层门装置、电子检测装置或关门力限制器等，这些内容在第6章已经介绍，这里不再重复
2	超载安全保护系统	电梯超载运行很危险，一般在轿底或曳引钢丝绳端接处安装有轿厢称重装置。超载时，会向控制系统发出超载信号，阻止电梯运行，同时发出刺耳的蜂鸣声
3	限速器与安全钳联动保护装置	当电梯发生超速、失速、坠落等事故时，若速度达到一定值（如额定速度的115%）后，限速器的电气开关已动作并切断电梯的安全回路后，电梯仍不停止，继续超速下行，这时限速器机械动作，并带动安全钳动作触发安全钳夹住导轨，将轿厢制停，同时再次切断电梯的安全回路
4	上行超速保护装置	上行超速保护可以通过双向限速器、双向安全钳、夹绳器配合完成，其动作原理与下行保护装置基本相同
5	终端越位安全保护系统	为避免电梯冲顶或蹲底，在电梯中设置了终端越位安全保护系统。它设在井道内上、下端站附近，由减速开关、强迫换速开关、限位开关、极限开关和缓冲装置组成。当电梯冲向井底时，轿厢就会碰到限位开关，制停指令使电梯不能继续运行。如果运行仍未停止，则极限开关动作切断主电路，使驱动主机停止运转（如果它还在转的话）。而缓冲装置就是安置在井道两端的液压或弹簧缓冲器，在井道上、下端站附近的缓冲器会吸收故障电梯的动能，减轻人员伤害
6	紧急停止安全保护系统	电梯拥有主动停止的功能，在电梯中设置了多个停止开关。当发生紧急情况时，必须立即就近控制电梯，这时紧急停止安全保护系统就发挥作用了，当按下按钮时，电梯就会立刻停止运行，以供检修或紧急情况
7	非正常停止安全保护系统（被困保护）	当停电、故障等原因造成电梯突然停驶，将乘客困在轿厢内时，非正常停止安全保护系统就该发挥作用了。具有停电平层功能的电梯可以通过使用应急电源，让轿厢停止在最近的楼层，以解救被困人员 电梯设有由应急电源供电的应急照明和紧急报警装置，被困人员可以使用轿厢里的对讲通信装置求救。救援人员会手动将电梯就近平层，再用三角形钥匙打开电梯门，将被困人员从轿厢中救出
8	旋转部件、运动部件防护装置	为了防止意外的机械损坏，旋转部件有被卷入的危险，电梯在旋转部件（如限速器、曳引机、曳引轮、反绳轮）处都安装了防护罩，人员能到达或靠近的运动部件也加了各种防护，如轿顶防护栏、对重防护网等，在危险区域附近都设有警示标志与护栏
9	故障自动检测功能	电梯系统具有全面合理的系统故障自动检测功能，当电梯有故障发生时，电梯自动检测出故障发生的原因、位置和状态，并做出及时的分项登录和分级处理
10	故障自动存储功能	电梯系统具有全面合理的系统故障自动存储功能，当电梯有故障发生时，电梯对检测出的故障做出及时的分项登录和分级处理，并存储起来。电梯维修保养人员可通过电梯系统的微机故障记录表了解电梯发生故障的资料，以便及时排除电梯故障
11	检修操作	电梯检修运行时，维修人员可以在电梯控制柜、轿厢检修按钮、轿顶检修盒控制检修，通过该功能，对电梯进行慢速检修运行，运行速度低于0.63m/s，运行以点动方式控制电梯上、下行，以便进行电梯检修工作

（续）

序号	安全保护装置	保护内容
12	电梯停车低速自救	电梯发生故障可能会导致电梯在非平层区域停车，当故障被排除后或该故障并不是重大的安全类故障时，电梯可自动以0.3m/s以下的速度进行自动救援运行，并在最近或最低层的服务层停车开门，以防止将乘客困在轿厢中。在确认了轿厢位置与系统分析结果一致后，电梯恢复正常运行状态 电梯低速自救运行期间，轿顶蜂鸣器会发生警报声。电梯除在最低层非门区停车，进行故障低速自救运行会向上运行外，一般都会向下低速运行，到最近的服务层平层位置停车开门。当电梯低速自救运行回到最近的服务层平层位置停车开门后，轿顶蜂鸣器停止响动，若故障已排除，则电梯会自动恢复正常运行；若故障未被排除，则电梯保持开门状态，不允许起动运行，等待电梯维修保养人员到来排除故障
13	电气安全保护系统	电梯有断相和错相保护，还有短路保护和过载保护。电梯电源的主控制开关常选用带有失电压、短路等保护作用的空气自动开关。它不仅能用来切断电梯总电源，而且起短路保护、过载保护和失电压保护等多种保护作用 电梯安全回路是电梯中非常主要的电气安全保护回路，它将电梯所有与安全运行相关的开关串联在一起，构成安全保护电路。只要有一个开关动作，安全保护电路就处于断路状态，电梯停止运行，以确保安全。这些安全开关包括限速器断绳开关、张紧轮开关、安全钳开关、缓冲器开关、夹绳器开关及相序保护触点、各个位置的停止开关、盘车保护开关、断绳保护开关、防护栏开关、轿顶机械锁开关等

以上这些装置共同组成了电梯安全保护系统，以防止任何不安全的情况发生。同时，电梯的维护和使用必须随时注意、随时检查安全保护装置的状态是否正常有效，很多事故就是由于未能发现、检查到电梯状态不良，未能及时维护、检修或不正确使用造成的。所以电梯司机、电梯维修人员及电梯乘客都必须了解电梯的工作原理，能及时发现隐患并正确合理地使用电梯。除了上面复杂的安全措施外，质监局还规定：电梯每15日就需要进行一次维护保养，每年都需要进行安全检查，才可投入运营，以确保电梯的安全。

7.2 超速保护装置

电梯失速或超速可以分为上行超速及下行超速，电梯的超速保护装置也有下行超速保护装置和上行超速保护装置。

电梯失速或超速时，通过限速器、安全钳、张紧轮三者配合完成电梯下行速度的控制，超速时通过机械及电气方式使轿厢停止运行。限速器是检测轿厢超速的装置，一般安装在机房内或井道顶部，它和安全钳连用。张紧装置位于井道底坑，用压导板固定在导轨上。限速器在电梯超速并在超速达到临界值时，起检测及操纵作用。而安全钳则是在限速器操纵下强制使轿厢停止运行的执行机构。

在电梯上行超速过程中，可以通过双向限速器、双向安全钳或配合夹绳器等其他保护装置来完成上行超速保护。

无论是限速器、安全钳、张紧轮或夹绳器都配有对应的电气开关，当超速机械动作切断电气开关时，电气开关信号反馈给电梯安全回路，切断电梯曳引机供电电路。

7.2.1 限速器

电梯限速器是电梯安全保护系统中的安全控制部件之一，是电梯最重要的安全保护装置，也称之为断绳保护和超速保护。限速器与安全钳配合使用，是电梯必不可少的安全装置。当电梯在运行中无论因何种原因使轿厢发生超速，运行失控或悬挂装置断裂，甚至发生坠落的危险，而所有其他安全保护装置不起作用时，限速器和安全钳装置发生联动动作，迅速将电梯轿厢制停在导轨上，并保持静止状态，从而避免发生人员伤亡及设备损坏事故。

限速器动作的响应时间应足够短，不允许在安全钳动作之前使轿厢达到危险速度。

1. 限速器的组成

限速器的组成如图7-3所示，其主要由限速器1、钢丝绳4、安全钳楔拉臂2、张紧轮3和重锤6等组成。限速器安装在机房内或井道顶部，通过安全钳楔拉臂2与安装在轿厢上横梁两侧的安全钳拉杆相连，电梯的运行速度通过限速器钢丝绳反映到限速器的转速上，为保证限速器的速度反映准确，在井道底坑设有张紧装置，以保证钢丝绳与限速器绳轮间有足够的摩擦力。有极少数下置式限速器安装时限速器位置与张紧轮位置上下相反。

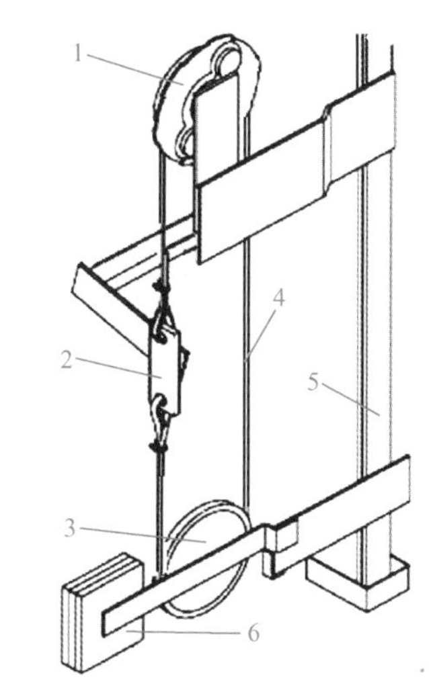

图7-3 限速器的组成

1—限速器 2—安全钳楔拉臂 3—张紧轮 4—钢丝绳 5—导轨 6—重锤

(1) 限速器钢丝绳 限速器钢丝绳的公称直径为6mm或8mm；限速器钢丝绳轮的节圆直径与钢丝绳的公称直径之比应不小于30，即绳轮节圆直径不小于180mm。绳轮的垂直度应不大于0.5mm，钢丝绳与导轨距离差应不超过±5mm。

限速器钢丝绳应用张紧轮张紧，张紧轮（或配重）应有导向装置，在安全钳作用下，即使制动距离大于正常值，限速器钢丝绳及其附件和铅封也应保持完整无损。

限速器钢丝绳无滑动地带动绳轮转动，限速器钢丝绳每一分支中的张力应不小于150N，由张紧装置来实现；限速器动作时的夹绳力应至少为带动安全钳起作用所需力的两倍，并且不小于300N。

(2) 限速器电气超速开关 限速器中要求装设一个电气超速开关，此开关的作用是在轿厢超速后首先被触发，切断曳引机电源并通过电磁制动器对轿厢实施制动；如果断电未控制住速度，就会触发安全钳制动。

对于额定速度大于1m/s的电梯，限速器电气超速开关在轿厢运行速度达到限速器动作速度之前（是限速器动作速度的90%～95%）动作；对于额定速度小于1m/s的电梯，其超速开关最迟在限速器达到动作速度时起作用。

2. 限速器动作过程

(1) 电梯正常运行 在电梯运行时，钢丝绳将电梯的升降运动转化为限速器的旋转运动，限速器随时监测控制着轿厢的速度，轿厢与限速器绳以相同的速度升降，两者之间无相对运动，限速器绳绕两个绳轮运转。

（2）电梯超速运行

1）电气开关动作。同时通过机械动作发出信号（触压轿厢上梁的电信号开关），切断电梯的控制电源，使曳引电动机和制动器电磁线圈失电，制动器制动闸瓦抱住制动轮，电动机立即停止转动。只有在所有安全开关复位后，电梯才能重新起动。

2）机械动作。电梯在运行过程中，因机械或电气的某种原因（如钢丝绳断裂），控制系统失灵而造成轿厢和对重快速下落（一般为额定速度的115%以上）时，限速器通过夹绳装置或拉杆弹簧等传动机构卡住钢丝绳，限速器停止运转，将限速器夹住，使其不能转动，但由于轿厢仍在运动，于是两者之间出现相对运动，限速器绳通过安全钳操纵拉杆拉动安全钳制动元件，安全钳制动元件则紧密地夹持住导轨，利用其间产生的摩擦力将轿厢制停在导轨上，以保证电梯安全。

3. 限速器的分类

按照不同的分类方法，限速器可以分为不同的类型。常见的限速器类型及特点见表7-2。

表7-2　常见的限速器类型及特点

<table>
<tr><th>分类方式</th><th>类型</th><th colspan="2">特　点</th></tr>
<tr><td rowspan="6">检测超速原理</td><td rowspan="4">离心式</td><td>刚性甩锤式</td><td>限速器绳的瞬时动作，无缓冲，不适合高速运行的电梯，配合瞬时式安全钳，适用速度为1m/s以下</td></tr>
<tr><td>弹性甩锤式</td><td>甩锤产生离心力动作，夹持钢丝绳部分加了弹簧缓冲，适用于各种速度</td></tr>
<tr><td>甩球式</td><td>离心力通过甩球产生</td></tr>
<tr><td>甩片式</td><td>离心力通过甩片产生</td></tr>
<tr><td rowspan="2">惯性（摆锤）式</td><td>上摆杆凸轮棘爪式</td><td>配合安全钳为瞬时式，适用速度为1m/s以下</td></tr>
<tr><td>下摆杆凸轮棘爪式</td><td>配合安全钳为瞬时式，适用速度为1m/s以下</td></tr>
<tr><td rowspan="3">钢丝绳与绳槽动作方式</td><td rowspan="2">夹持式</td><td>刚性夹持式</td><td>通过夹持限速器绳的方式动作，夹持无缓冲，适用速度为1m/s以下</td></tr>
<tr><td>弹性夹持式</td><td>通过夹持限速器绳的方式动作，夹持部件加了弹簧，起到缓冲作用，适用各种速度</td></tr>
<tr><td colspan="2">摩擦式</td><td>通过摩擦方式使限速器钢丝绳动作，适用速度为1m/s以下</td></tr>
<tr><td rowspan="2">有无机房</td><td colspan="2">有机房限速器</td><td>限速器安装在机房内，张紧轮安装在底坑</td></tr>
<tr><td colspan="2">无机房限速器</td><td>限速器安装在井道顶部，限速器需要设置复位开关</td></tr>
<tr><td rowspan="2">安装位置</td><td colspan="2">上置式限速器</td><td>限速器安装在顶部，张紧轮安装在底坑</td></tr>
<tr><td colspan="2">下置式限速器</td><td>限速器安装在底坑，张紧轮安装在井道顶部，用得很少</td></tr>
<tr><td rowspan="2">超速保护动作方向</td><td colspan="2">单向限速器</td><td>只对电梯下行超速保护</td></tr>
<tr><td colspan="2">双向限速器</td><td>对电梯向上和向下运行都能进行超速保护，配合使用双向安全钳</td></tr>
<tr><td>新型限速器</td><td colspan="2">电子限速器</td><td>限速器安装在井道顶部，通过编码器测速能进行速度加速器精确测量，可配合完成意外移动保护功能</td></tr>
</table>

（1）离心式限速器　离心型是通过离心力与转动速度之间的关系设计的，当电梯的运行速度达到事先设定的速度时，绳轮上的离心重块就会甩到足以触发限速器的位置，使限速器动作，从而实现速度监控。常用的离心重块有甩锤、甩片和甩球等。

1）刚性甩锤式限速器。如图7-4所示为刚性甩锤式限速器，其又称为刚性夹持式限速器，当限速器静止不动时，甩锤在弹簧作用下保持向中心缩紧的位置，甩锤的棘爪与制动圆盘内的棘齿之间保持一定间歇。电梯向下运行时，轿厢通过限速器绳带动限速器绳轮沿顺时针方向转动，轿厢速度正常时，离心力使甩锤2绕销轴向外摆动并与弹簧力保持平衡，棘爪与棘齿之间的径向空隙缩小。当轿厢超速到达限速器设定的速度时，在离心力的作用下，限速器内的甩锤向外摆动到使甩锤上的棘爪与制动圆盘内的棘齿啮合，进而带动偏心拨叉一起沿顺时针方向摆动。由于拨叉摆动中心同限速器绳轮和制动圆盘的回转中心存在偏距，偏心拨叉回转一定角度后，夹绳钳即将限速器钢丝绳压住且越压越紧，直至限速器绳不能移动。此时轿厢仍在下降，于是已被夹紧的限速器绳将安全钳的操纵拉杆提起，带动轿厢两边的安全钳楔块同步动作，将超速下滑的轿厢夹持在导轨上。

限速器夹绳钳对钢丝绳的压力是不可调的，限速器钢丝绳一旦被夹住，就会越夹越紧，正常情况下，夹绳钳上端的压缩弹簧在夹绳钳夹持钢丝绳时能起到一点缓冲作用，但对钢丝绳的损伤比较大，因此称为刚性甩锤式，仅适用于速度不大于0.63m/s的低速电梯，且必须配用瞬时式安全钳。

2）弹性甩锤式限速器。如图7-5所示为弹性甩锤式限速器，其又称为弹性夹持式限速器。弹性甩锤式限速器的绳头随轿厢运行带动限速器轮转动，甩锤3在离心力作用下绕销轴转动，克服弹簧阻力外摆。当达到预先设定的速度时，限速开关动作切断电源。若速度继续增加达到限速器动作速度时，限位轮被外摆的重块压向静止的转鼓，由于限位轮楔入转鼓制动面之间，转鼓被带动旋转，带动限速器绳制动压块，制动压块压紧限速器绳，钢丝绳被夹持。由于轿厢正在下行，被夹紧的钢丝绳产生一个拉动力提拉安全钳使其动作。与此同时，联动开关动作切断控制电源。这种限速器的动作灵敏度较高，由于弹簧6的作用使提拉力渐渐增加，超速限制开关与限速器动作速度分别可调，夹绳时对钢丝绳损伤很小，适用于多种类型的电梯。

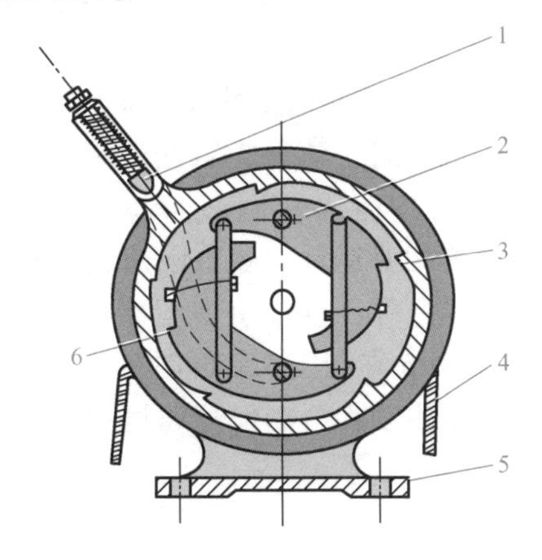

图7-4　刚性甩锤式限速器

1—夹绳钳 2—甩锤　3—棘齿

4—钢丝绳　5—支座　6—棘爪

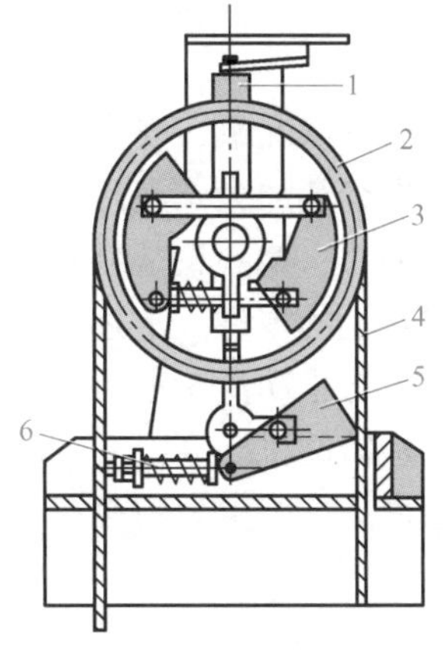

图7-5　弹性甩锤式限速器

1—电气开关　2—限速器轮　3—甩锤

4—钢丝绳　5—夹绳钳　6—弹簧

3）甩球式限速器。一般多为弹性夹持式，如图7-6所示，两个甩球1随着钢丝绳带动限速器轮4转动，通过锥齿轮3将甩球1水平转动，随着速度增加甩球将向上转动，速度越来越快，带动连杆2转动并推动卡爪6动作，卡爪把钢丝绳卡住，从而使安全钳动作，将轿厢卡在导轨式。因为在右侧卡爪后面连接有弹簧，因此为弹性夹持。最后使限速器钢丝绳卡死，同时带动电气安全开关动作。在电梯未达到额定速度的115%时，切断电梯的控制电路。这种限速器适用于高速和快速电梯上，但由于传动机构复杂、故障率高，已经逐渐被淘汰。

4）甩片式限速器。如图7-7所示两个限速器为甩片式限速器，其在轿厢的带动下转动，产生离心力。在离心力的作用下，甩片克服调速弹簧的弹力，向离心方向张开，并带动偏心轮4一起转动。

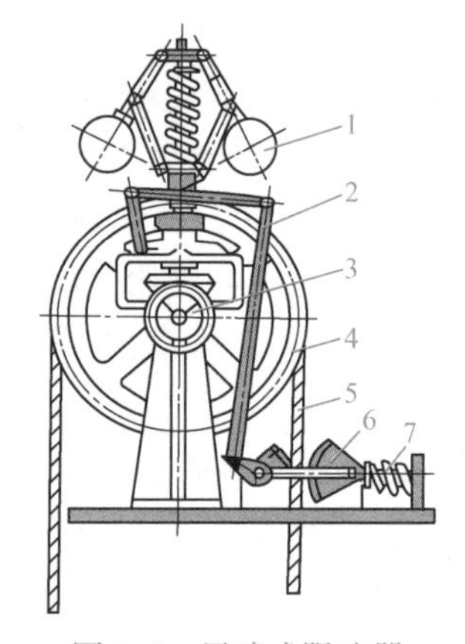

图7-6　甩球式限速器
1—甩球　2—连杆　3—锥齿轮
4—限速器轮　5—钢丝绳　6—卡爪　7—弹簧

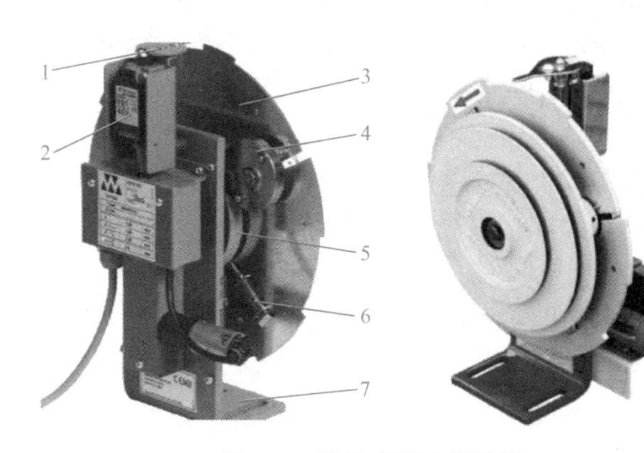

图7-7　甩片式限速器结构
1—开关打板　2—电气开关　3—甩片
4—偏心轮　5—止动盘　6—调速弹簧　7—底座

限速器转速不断升高，离心力加大，甩片3张开的幅度增大，逐步向开关打板1接近，当限速器的转速到达电气动作速度时，甩片3与开关打板1之间的间隙被消除，偏心轮4将会接触开关打板1并推动其转动，在开关打板1转动的同时将电气开关2的触头压下，使安全回路断电。

如果在某种状况下，安全回路的断电没有使曳引机制停，轿厢速度继续增大，限速器产生的离心力也继续加大，甩片3会继续张开，带动偏心轮4向止动盘5靠近。需要指出的是，绳轮、甩片、偏心轮是装配在一起的一个部件，随轿厢的运行在不停地转动，止动盘5是固定在支架上的零件。上述部件与止动盘5时刻存在着相对运动。随着限速器的转速加大，偏心轮4与止动盘5之间的间隙将消失，两个零件会啮合在一起，止动盘5将随绳轮一起转动，但是转动将要克服一定的阻力，阻力来源于止动盘5在与支架装配时，止动盘两侧装有的摩擦片。这个阻力将会带动安全制动装置提拉安全钳动作，制停超速运行状态下的轿厢。

（2）摆锤式限速器

1）上摆杆凸轮棘爪式限速器。如图7-8所示，摆杆3装于限速器较上部位，凸轮4采用八边形凸轮，并且设有8个棘爪5，所以其对于超速现象更为敏感准确。它是利用绳轮上的凸轮4在旋转过程中与摆杆3一端的滚轮接触，摆杆摆动的频率与绳轮的转速有关，绳轮

上的凸轮带动摆锤摆动，其摆锤摆动的频率、振幅随绳轮转速的增大而增大，当摆锤的振动频率超过预定值时，由摆锤所带制动机构使超速开关动作，当绳轮转速达到限速器限定速度时，绳轮制停。摆锤的棘爪进入绳轮的止停爪内，从而使限速器停止运转。

2）下摆杆凸轮棘爪式限速器。图7-9所示为下摆杆凸轮棘爪式限速器，当轿厢下行时，限速器绳带动限速器绳轮旋转，五边形盘状凸轮与绳轮及棘轮为一体旋转，盘状凸轮的轮廓线与装在摆杆6左侧的胶轮接触，凸轮轮廓线的变化使摆杆6猛烈地摆动。由于胶轮轴被调速弹簧4拉住，在额定速度范围内，胶轮始终与盘状凸轮贴合，摆杆右端的棘爪与棘轮上的齿无法接触到，当轿厢超速时，凸轮转速加快，摆杆惯性力加大，使摆杆摆动的角度增大，首先导致胶轮触动电气开关7，切断电梯控制电路，制动器动作使电梯停止；如果此时仍未将电梯有效制动，超速继续加剧，则使摆杆右端的棘爪与棘轮上的齿相啮合，限速器轮被迫停止转动，缠绕在其上的限速器绳随即停止运动；于是随轿厢继续下行，限速器绳与轿厢之间产生相对运动，限速器绳拉动安全钳操纵拉杆系统，安全钳动作，轿厢被制动在导轨上。

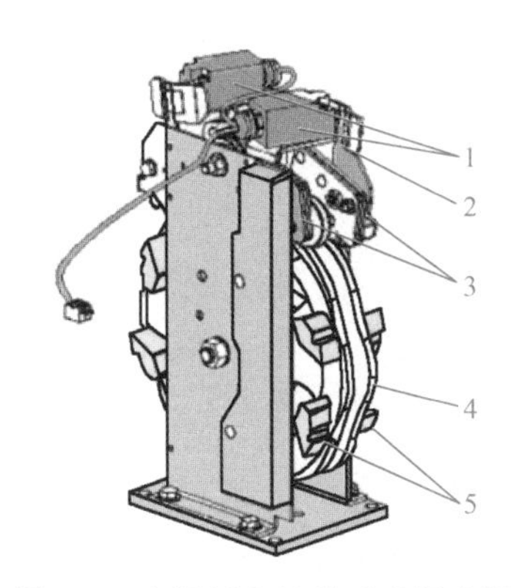

图7-8　上摆杆凸轮棘爪式限速器

1—超速电气开关　2—摆杆转轴

3—摆杆　4—凸轮　5—棘爪

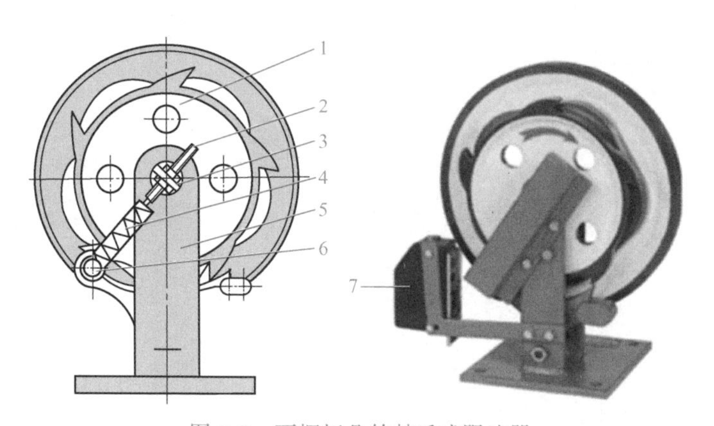

图7-9　下摆杆凸轮棘爪式限速器

1—制动轮　2—拉簧调节螺钉　3—制动轮轴

4—调速弹簧　5—支座　6—摆杆　7—电气开关

调节调速弹簧4的张力，可调节限速器的动作速度。当限速器动作后需要复位时，可使轿厢慢速上行，限速器绳轮（凸轮、棘轮）反向旋转，棘爪与棘齿脱开，安全钳即可复位。

（3）夹持式限速器

1）刚性夹持式限速器。刚性夹持式限速器如图7-4所示，限速器对钢丝绳的夹持力是不可调的，绳索一旦被夹住，就会越夹越紧，正常情况下，夹绳钳与钢丝绳之间应有3mm以上的间隙，夹绳钳上端的压缩弹簧在夹绳钳夹持钢丝绳时能起到一点缓冲作用，因此称为刚性夹持式。刚性夹持式限速器对钢丝绳的损伤比较大，仅适宜于低速电梯，一般限速器上设有超速开关。

2）弹性夹持式限速器。如果电梯超速下行，则带动夹绳钳动作，夹绳钳在自重作用下，将限速器钢丝绳夹住，由于夹绳钳与钳座之间有夹紧弹簧，因此夹绳钳对限速器钢丝绳的夹紧是一个弹性夹持过程（两个夹绳钳具有联动关系），对绳索起到很好的保护作用，适合于快、高速电梯。

（4）摩擦式限速器　摩擦式限速器如图7-10所示，当电梯运行速度达到限速器限定值时，绳轮被限制不动，钢丝绳与绳轮轮槽间的摩擦力将提起安全钳拉杆使安全钳钳块动作，适宜于低速电梯。

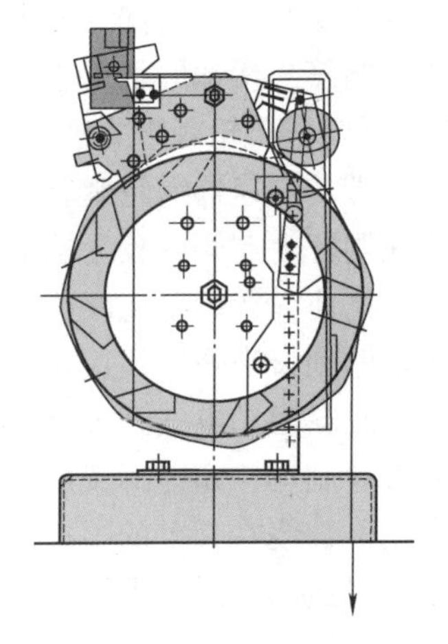

图 7-10　摩擦式限速器

（5）单向限速器和双向限速器　根据限速器动作方向可分为单向限速器与双向限速器。

1）单向限速器。单向限速器如图 7-11 所示，其只对电梯下行超速进行保护，动作原理及结构与前面介绍的限速器相同。在电梯向下运行过程中进行超速保护。

2）双向限速器。双向限速器对电梯上、下运行过程中的超速都能进行保护。双向限速器的动作与单向是一样的，都是靠离心力引发动作的（有一种共振型的很少见）。限速器棘爪一般比单向的多一个倒钩或者反向棘爪，楔块多一个反向的楔块。下行制动与下行制动安全钳配套使用，上、下两个方向都能卡住限速器钢丝绳引发安全钳动作。

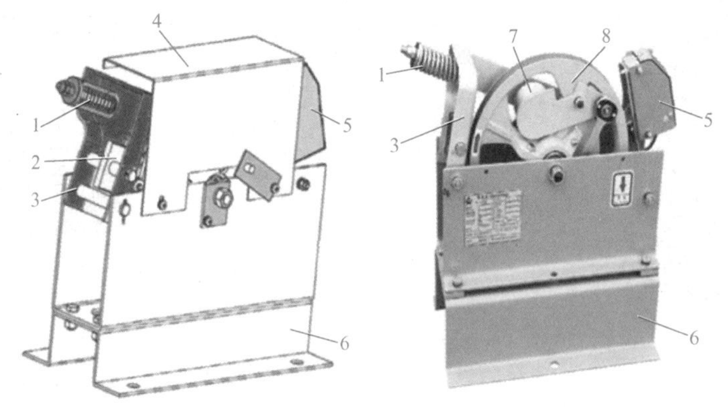

图 7-11　单向限速器

1—弹簧　2—压块　3—压杆　4—外壳　5—电气开关　6—底座　7—甩块　8—绳轮

如图 7-12a 所示为配合夹绳器的双向限速器，下行制动与下行制动安全钳配套使用，上行制动与闸线机械操纵式夹绳器配合使用。电梯正常运行时，棘轮与棘爪相错开；电梯超速运行时，离心锤带动跳闸杆弹开，棘轮与棘爪相啮合，绳臂与夹块将钢丝绳压紧于绳轮上使电梯制停。如图 7-12b 所示为配合双向安全钳的双向限速器，它由左右夹绳臂与夹块 3、4 使电梯制动分别进行电梯上、下运行方向超速保护。它们可分别独立压向限速器绳轮上缠绕的限速器绳，实现对限速器绳的制动，电梯上、下行驶时限速器绳轮转向相反，上行超速和下行超速则分别触动左侧或右侧的夹绳臂与夹块，独立夹绳制动，并驱动双向安全钳动作，即实现双向限速功能。限速器下行制动方式与普通下行限速器相同，限速器上行制动原理与下行制动原理完全相同，由于采用了带偏心轮的摆臂式张紧装置，使上行制动更加安全可靠。

（6）无机房限速器　无机房限速器如图 7-13 所示，其具有开关远程电动操作装置，因为无机房限速器安装在井道的顶部，如果限速器动作需要复位时，人员无法方便进入轿顶复位限速器开关。为便于在控制柜对限速器进行复位，无机房限速器设置了远程复位电磁阀 1，可以远程电动复位限速器的电气开关。电梯超速动作后通过远程释放恢复限速器。

a) 配合夹绳器的双向限速器

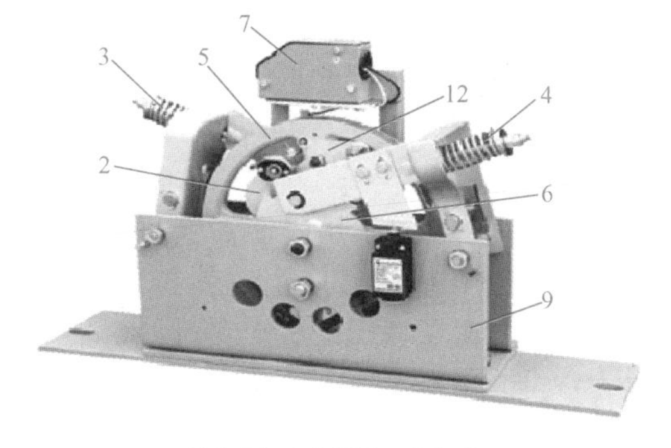

b) 配合双向安全钳的双向限速器

图 7-12 双向限速器

1—绳臂与夹块 2—离心锤 3—左夹绳臂与夹块 4—右夹绳臂与夹块 5—限速器绳轮
6—棘轮 7—电气开关 8—松绳开关 9—底座 10—开关打板 11—拉杆 12—棘爪

因此，限速器发生动作时，必须在控制柜先转入紧急电动运行操作状态，然后通过限速器远程复位按钮进行故障复位。无机房限速器还设置有动作测试按钮，用于进行限速器动作测试，仅在紧急电动运行操作状态下有效。通过动作测试按钮可以将图 7-13 中的远程复位电磁阀 1 由吸合变为释放，再通过远程复位按钮可以将远程复位电磁阀恢复吸合。为避免误操作，在电梯正常或检修状态下，限速器远程操作无效。

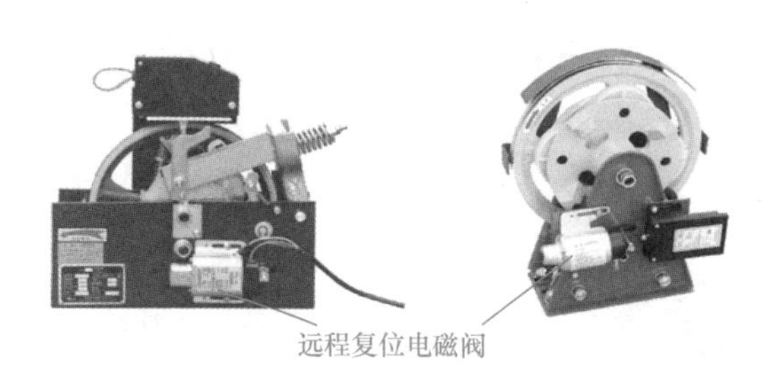

图 7-13 无机房限速器

(7) 下置式限速器 下置式限速器如图 7-14 所示，限速器配重安装在电梯井道底部底坑位置，张紧轮安装在井道底部。限速器与张紧装置融为一体，只要支撑起限速器，钢丝绳便会与限速器绳槽脱离，即可进行限速器动作速度的测试。限速器测试完成后，对限速器的复位也是非常重要的。按上行按钮，使电梯向上运行一段距离，安全钳楔块释放，使安全钳和限速器机械装置复位；松开按钮及安全回路短接线，在控制柜手动按下复位限速器电气开关的按钮，使限速器电气开关复位。

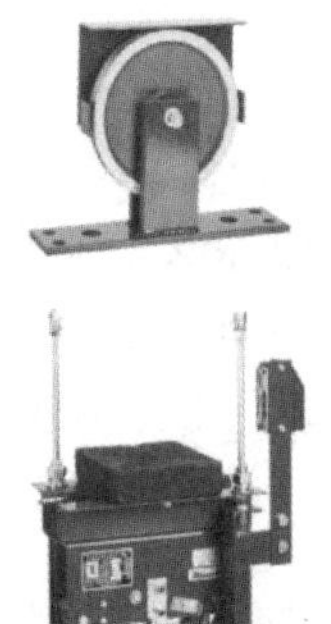

图 7-14 下置式限速器

(8) 电子限速器 电子限速器如图 7-15 所示，有一个编码器持续测量电梯的位置、速度及加速度，速度及位置的测量精度比传统限速器高，限速器动作后可以远程释放恢复，其安装在无机房井道顶部，释放按钮安装在控制柜以方便操作。与传统限速器相比，该电子限速器可防止不受控的轿厢运动（UCM）；其具有防溜装置（ACD），可防止意外移动；通过检测过度加速可实现自由降落监控（FFM）；施工时间模式（CTM）可临时降低触发速度。这种电子限速器采用了非接触式电子测量方法，以确保低噪声和最大精度。

4. 限速器的安装

图 7-15　电子限速器

如图 7-16a 所示为有机房限速器安装位置，限速器安装在机房内，张紧轮安装在底坑，安全钳斜拉臂连接轿厢的安全钳机构，限速器绳绕过限速器绳轮后，穿过机房地板上开设的限速器绳孔，竖直穿过井道总高，一直延伸到装设于电梯底坑中的限速器绳张紧轮并形成回路；限速器绳绳头处连接到位于轿厢顶的连杆系统，并通过安全钳操纵拉杆与安全钳相连。

如图 7-17b 所示为无机房限速器安装位置，限速器安装在井道顶部，限速器支架安装在导轨上，限速器绳绕过限速器绳轮后，竖直穿过井道总高，一直延伸到装设于电梯底坑中的限速器绳张紧轮并形成回路；限速器绳绳头处连接到位于轿厢顶的连杆系统，并通过一系列安全钳操纵拉杆与安全钳相连。其他部件安装位置与有机房限速器相同。

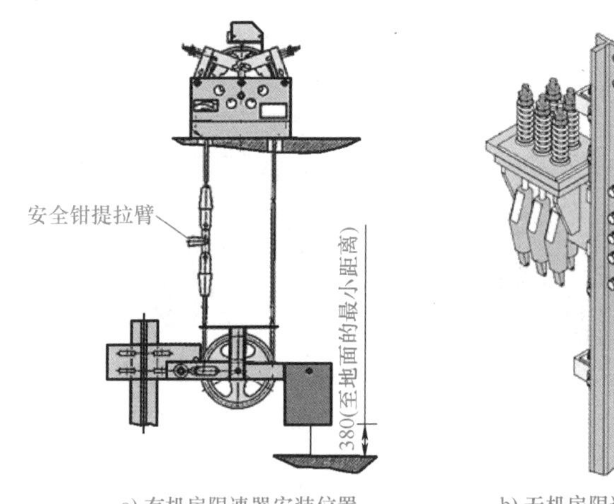

a) 有机房限速器安装位置

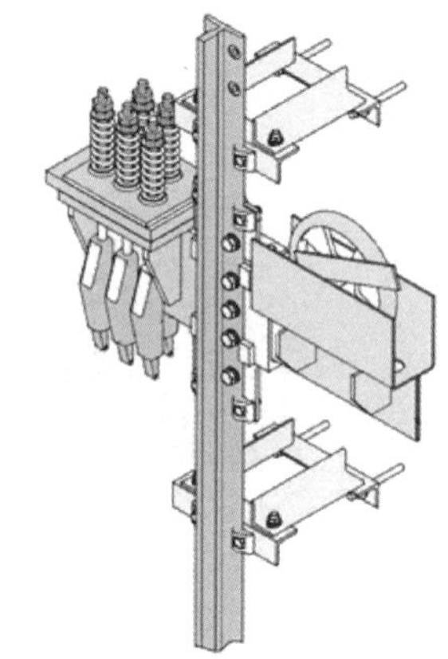

b) 无机房限速器安装位置

图 7-16　限速器安装位置

限速器安装要求铅垂度≤0.5mm，安装位置正确、底座牢固、出厂动作速度、整定铅封完好，限速器接地良好，限速器钢丝绳张紧度合适，限速器运行中不得与轿厢或对重等相碰、运转平稳，限速器钢丝绳距导轨导向面及顶面偏差≤10mm。

7.2.2　安全钳

安全钳是一种使轿厢（或对重）停止运动的机械装置。安全钳主要由连杆机构、钳块拉杆、钳块、钳座及安全钳电气开关等组成。电梯安全钳装置的动作是通过限速器动作使夹绳钳夹住限速器绳，随着轿厢向下运行，限速器绳提拉安全钳连杆机构，安全钳连杆机构动作，带动安全钳制动元件与导轨接触，使导轨两边的安全钳同时夹紧在导轨上，达到轿厢制

停的目的。同时，限速器和安全钳上配置的电气开关起作用，切断控制系统的安全回路，使电动机停止运行。

1. 安全钳的制停距离及制停减速度

制停距离是指从限速器夹绳钳动作起至轿厢被制停在导轨上，轿厢所滑行的距离，这段距离由两部分组成，即限速器钢丝绳被夹持时的滑移距离；拉杆被提起到钳块夹住导轨，钳块夹住导轨不动后，钳座相对于钳块的滑移距离。

制停减速度是电梯被安全钳制停过程中的平均减速度，过大的制停减速度会造成剧烈的冲击，人体及电梯结构均受到损伤，因此必须加以限制，其值应≤0.2～1.0g。

2. 安全钳的种类

（1）瞬时式安全钳　双楔块瞬时式安全钳如图7-17所示，其钳座是简单的整体式结构，因此又称刚性安全钳，由于钳座是刚性的，楔块从夹持导轨到电梯制停，时间极短，因而造成很大的冲击力。该安全钳的动作元件有楔块、滚柱，其工作特点是制停距离短，基本是瞬时制停，动作时轿厢承受很大冲击，导轨表面也会受到损伤。安全钳的楔块一旦被拉起与导轨接触楔块自锁，安全钳的动作就与限速器无关，并在轿厢继续下行时，楔块将越来越紧。当轿厢额定速度小于或等于0.63m/s时或对重额定速度小于或等于1m/s时（对重安全钳作为轿厢上行超速保护装置除外），可采用瞬时式安全钳。

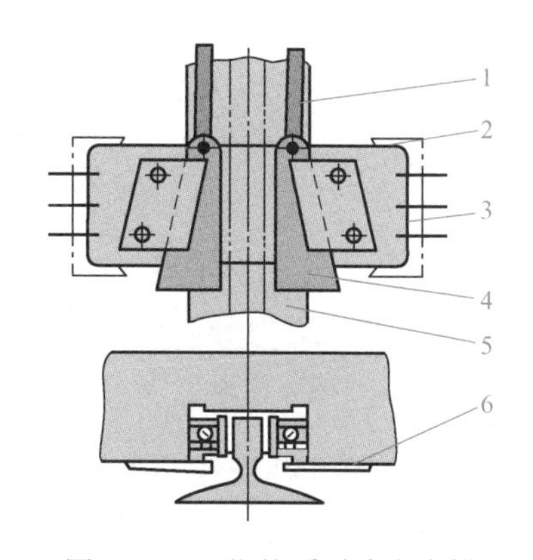

图7-17　双楔块瞬时式安全钳

1—拉杆　2—安全钳钳体　3—轿架下梁　4—楔块　5—导轨　6—盖板

（2）双楔块渐进式安全钳　双楔块渐进式安全钳如图7-18所示，它是使用最广泛的楔块瞬时式安全钳，钳体一般由铸钢制成，安装在轿厢的下梁上。每根导轨由两个楔形钳块（动作元件）夹持。如图7-18所示，楔块从夹持导轨到电梯制停时，由于导向楔块与钳座之间有弹性元件2，钳座受力张开，使楔块与钳座斜面发生位移，从而大大缓冲了制动时的冲击力，这种安全钳适宜于任何速度的电梯。因此，当轿厢额定速度大于0.63m/s或对重额定速度大于1m/s时必须采用渐近式安全钳。

（3）单楔块式渐进式安全钳　单楔块式渐进式安全钳结构及实物图如图7-19所示，它也是单提拉杆渐进式结构，是一种比较轻巧的单面动作渐进式安全钳。动楔块8在右侧，静楔块3在左侧，限速器动作带动动楔块向下运行，限速器动作时通过提拉联动机构将动钳块

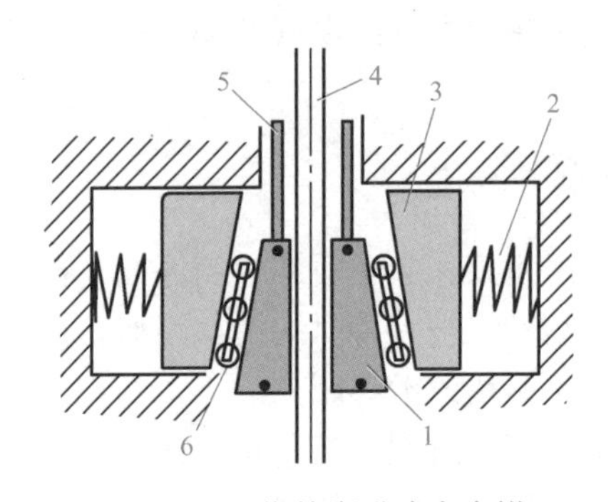

图 7-18　双楔块渐进式安全钳

1—活动楔块　2—弹性元件　3—导向楔块　4—导轨　5—拉杆　6—导向滚柱

8 上提，与导轨接触并沿斜面滑槽 7 上滑。导轨被夹在动钳块与静钳块之间，其最大的夹紧力由碟形弹簧 4 决定，弹簧 2 用于安全钳释放时楔块复位。由于蝶形弹簧 4 在夹持过程中发生移位，因此缓冲了制动时的冲击力，这种安全钳适宜于任何速度的电梯。

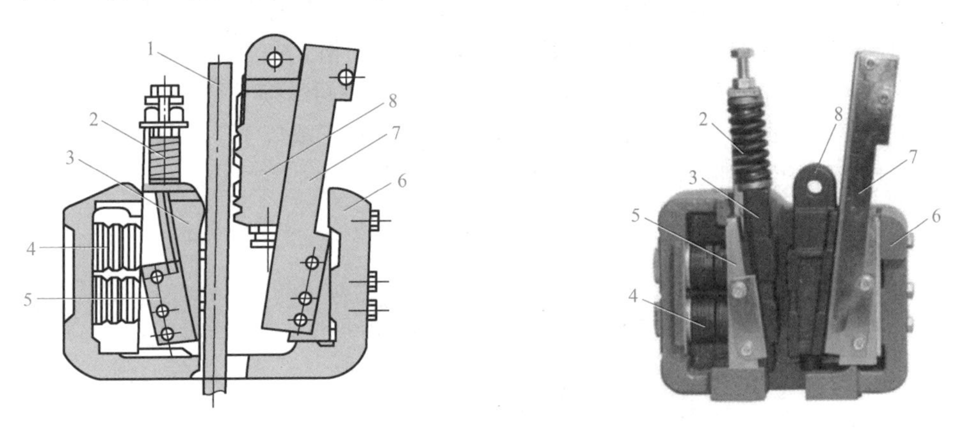

图 7-19　单楔块式渐进式安全钳结构及实物图

1—导轨　2—弹簧　3—静楔块　4—碟形弹簧　5、7—滑槽　6—钳座　8—动楔块

（4）单提拉杆渐进式安全钳　单提拉杆渐进式安全钳如图 7-20 所示，它也是单楔块式渐进式安全钳，其弹性元件采用了弯制成 π 形的板式弹簧（即板簧）实现渐进式的制动。这种安全钳的制动元件依然是采用楔块形式，由于其弹性元件为弹性较好的厚钢板，并在其上钻出一系列相互连通的孔来调整弹力，形似字母 π 而得名，1 为 π 型弹性钢板。电梯正常运行状态，静楔块 4 与动楔块 3 之间的距离大于导轨工作面厚度，即与导轨之间保持间隙状态；当电梯超速时，安全钳拉杆 2 将动楔块 3 向上提起，沿静楔块 4 形成的斜面向上运动并压向导轨侧面，并在与导轨形成的摩擦力的作用下，运行至完全与导轨侧工作面贴合而自行楔紧；在动楔块的作用下，静楔块带动与其连接的 π 形弹性钢板 1 向外侧张开，使夹紧力具有相对的弹性，以避免出现瞬时制动现象，保证电梯的制动减速度始终处于可接受的范围。

（5）弹性导向夹钳式安全钳　弹性导向夹钳式安全钳如图 7-21 所示，安全钳夹持件为两个制动楔块 8，当安全钳提拉机构将制动楔块向上提起时，楔块沿导向楔块形成的斜面向上移动并贴住导轨侧面，随即在导轨摩擦力的作用下，自行楔紧。在制动楔块的作用下，导

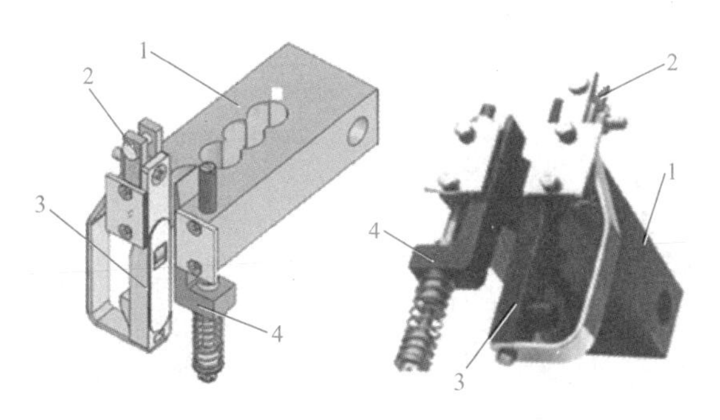

图 7-20　单提拉杆渐进式安全钳

1—π 形弹性钢板　2—拉杆　3—动楔块　4—静楔块

向楔块带动与其连接的导向钳 6，围绕固定于钳体 4 上的圆柱销 5 转动，导致导向钳尾端相对靠拢，压缩碟簧 1，使制动夹钳处的夹紧力具有相对的弹性，以避免出现瞬时制动现象，保证电梯的制动减速度始终处于可接受的范围。此安全钳制动夹钳处对导轨的夹紧力可通过碟簧张力调节螺母 2 调节，电梯正常运行时制动夹钳与导轨侧面的间隙可通过间歇调节螺母 3 调节。

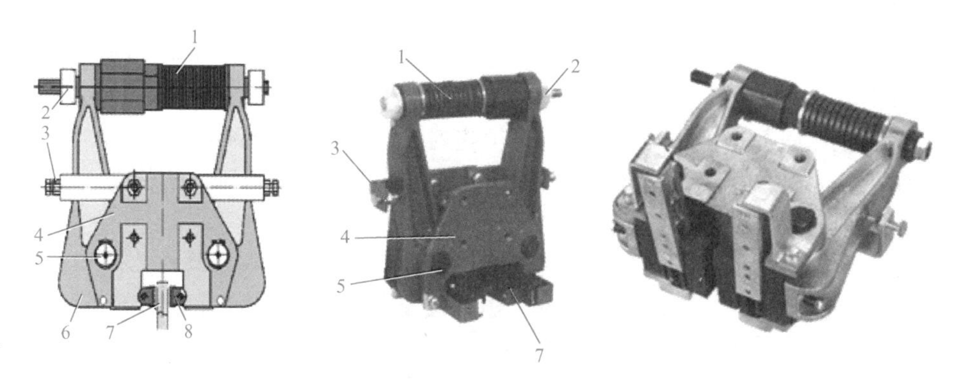

图 7-21　弹性导向夹钳式安全钳

1—碟簧　2—碟簧张力调节螺母　3—间歇调节螺母　4—钳体　5—圆柱销　6—导向钳　7—导轨　8—楔块

（6）双向安全钳　双向安全钳如图 7-22 所示，其安装在轿厢下梁上，当轿厢上行（或下行）速度达到限速器动作速度时，限速器动作，拉动下（上）方向安全钳动作，使轿厢减速制停，其减速度不得大于 g（g 为重力加速度）。该安全钳的下行夹紧机构和上行夹紧机构中的第一导向块和第二导向块两侧安装有一水平设置的 U 形弹簧，第一导向块和第二导向块分别固定于 U 形弹簧开口端的内侧，U 形弹簧的弯曲部位于下行夹紧机构和上行夹紧机构后方。水平设置的 U 形弹簧连接了相对设置的导向块，U 形弹簧通过自由端对导向块施加弹力，导向块与钳座内壁之间的间隙足够安装厚度较大的 U 形弹簧，大幅提高弹簧的弹力，适用于货梯以及载重加大的其他电梯的安全使用需要，同时，通过一根 U 形弹簧同时对两侧的夹紧机构施加夹紧力可以使两侧的夹紧动作更加均衡稳定，提高了使用的稳定性。另外，双向安全钳采用共同的操纵机构，但动作时相对独立进行，互不影响，两个安全钳的制动力可以单独调整设定。

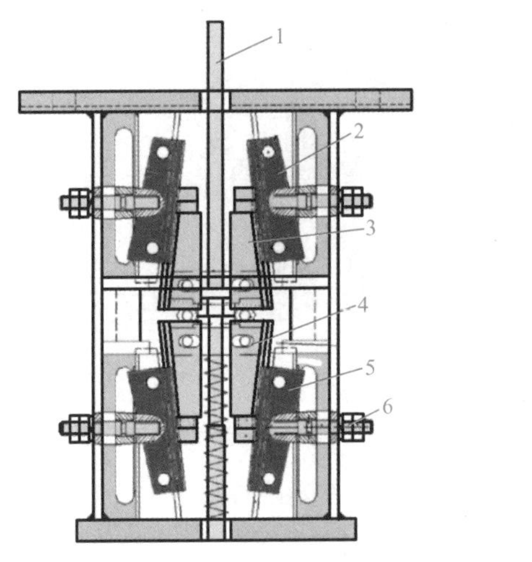

图 7-22　双向安全钳

1—拉杆　2—上钳体　3—上导向块　4—下导向块　5—下钳体　6—调节螺母

3. 安全钳的安装

轿厢下梁两端头各设置一只安全钳，对重一般不设置安全钳，但当在特殊情况下（如井道下方有人能达到的建筑物或空间存在）时，则必须设置对重安全钳。对重安全钳安装在对重上，其工作原理与轿厢安全钳一样，但当对重用于轿厢上行超速保护时，必须采用渐进式安全钳。如图 7-23 所示，轿厢安全钳钳体安装在轿底下梁两侧导轨位置，安全钳拉杆机构安装在轿顶或轿底都可以。

安全钳与导轨两侧间隙及安全楔块高度差要符合要求，两侧楔块动作要同步，安全钳铅封应完好，安全钳动作时，必须保证有一个电气安全装置动作。如图 7-24 所示，安全钳电气开关安装在轿顶安全钳拉杆位置，安全钳的释放应由专职人员进行。

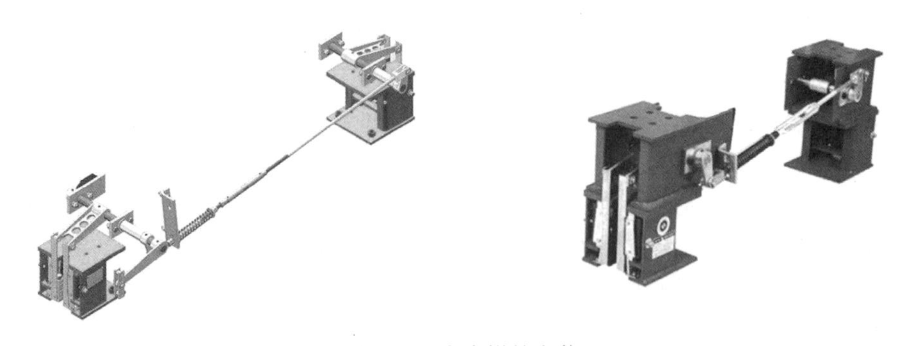

图 7-23　安全钳的安装

7.2.3　张紧轮

张紧轮的钢丝绳绕着限速器并与安全钳连杆拉臂相连，组成限速器-安全钳保护装置，起到限速保护作用，张紧装置下方设置有张紧轮开关，当钢丝绳松动断裂或重锤下移超过范围时，张紧轮开关将切断电梯安全回路，电梯不能运行。

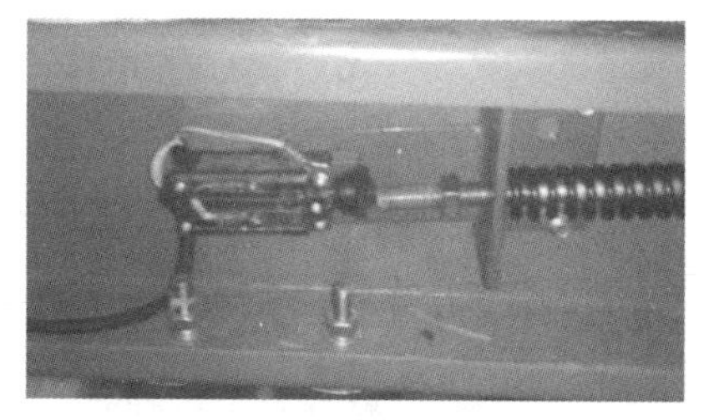

图 7-24 安全钳电气开关安装位置

如图 7-25 所示，张紧装置由张紧轮 6、重锤 7、张紧轮开关 3 组成。一般利用重锤的重力将限速器-安全钳保护装置的钢丝绳拉紧，保证限速器对钢丝绳的拉力（曳引力），张紧轮的钢丝绳与安全钳连杆拉臂相连，安全钳连杆拉臂是装在轿厢上和轿厢一起运动的，轿厢上下运动时，带动张紧轮的钢丝绳一起运动，如果轿厢发生超速，限速器就会动作，断开安全回路，并拉住钢丝绳，拉动与其相连的安全钳连杆拉臂，使安全钳动作，将轿厢卡死在导轨上。

限速器张紧轮有摆臂式限速器张紧装置和垂直式限速器张紧装置两种。

（1）摆臂式限速器张紧装置　摆臂式限速器张紧装置如图 7-25 所示，重锤通过摆臂与张紧轮连接，张紧轮与重锤在同一水平方向。张紧轮钢丝绳 5 如果出现拉长或断裂，则重锤 7 在下移的同时带动张紧轮开关 3 动作，张紧轮开关切断电梯安全回路，电梯停止运行。

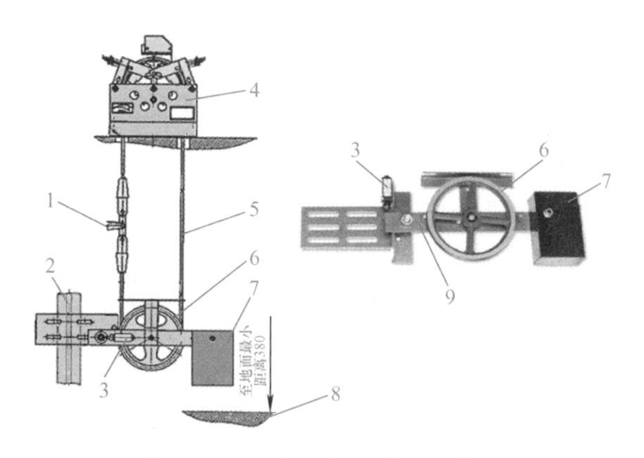

图 7-25 摆臂式限速器张紧装置

1—安全钳操纵杆　2—导轨　3—张紧轮开关　4—限速器
5—张紧轮钢丝绳　6—张紧轮　7—重锤　8—底坑地面　9—重锤摆臂

（2）垂直式限速器张紧装置　垂直式限速器张紧装置如图 7-26 所示，重锤的作用性质与摆臂式相同，重锤位置在张紧轮的垂直下方，起到张紧钢丝绳的作用。垂直式限速器张紧装置可防补偿链跳动、摆动；摆臂式限速器张紧装置可给限速器钢丝绳一个向下的拉力，以加大钢丝绳与限速器轮间的摩擦力。

7.2.4 夹绳器

夹绳器是用于保障电梯安全运行的重要装置，它可用于电梯上行超速保护，也可以配合

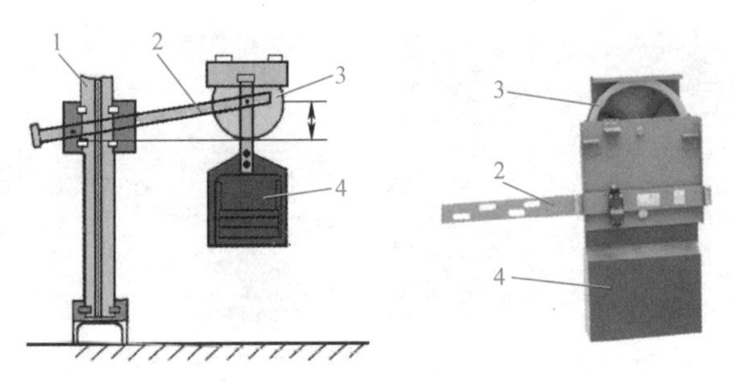

图 7-26 垂直式限速器张紧装置

1—导轨 2—重锤摆臂 3—张紧轮 4—重锤

完成轿厢意外移动保护。对于传统的电梯必须使用限速器来随时监测并控制轿厢的下行超速，但随着电梯的使用，人们发现轿厢上行超速并且冲顶的危险也确实存在，其原因是轿厢空载或极小载荷时，对重侧重量大于轿厢，一旦制动器失效或曳引机轴、键、销等折断，或由于曳引轮绳槽严重磨损导致曳引绳在其中打滑，轿厢上行超速就发生了。采用轿厢双向限速器和双向安全钳时，由于机房井道空间和安装位置等的限制，有些电梯很难实现；另外，如果在对重系统上再装设一套对重专用的限速器和安全钳成本比较高。所以在有机房电梯的改造方面，常采用钢丝绳制停方式，即采用夹绳器来实现上行超速保护，夹绳器直接将制动力作用在曳引钢丝绳上。如果电梯有补偿绳，夹绳器也可以作用在补偿绳上。

根据夹绳器触发装置的不同，夹绳器可以分为机械触发式和电磁触发式两种。

（1）机械触发式夹绳器 机械触发式夹绳器如图 7-27 所示，电梯超速时，由联动拉索 1 拉动，限速器动作机构直接带动联动拉索的钢丝软轴使夹绳器动作。该夹绳器采用螺纹顶杆压缩弹簧，通过自锁钩将两制动板保持一定的间距，确保正常情况下钢丝绳自由通过，通过限速信号触发自锁钩动作，压缩弹簧施压，通过两侧拉杆推动制动夹板夹紧曳引钢丝绳，实现制停轿厢上行超速移动，夹绳器触发后需手动复位。该装置需与双向限速器匹配使用，配带有联动拉索一根。如图 7-27 所示，联动拉索一端安装在限速器上，另一端连接夹绳器。

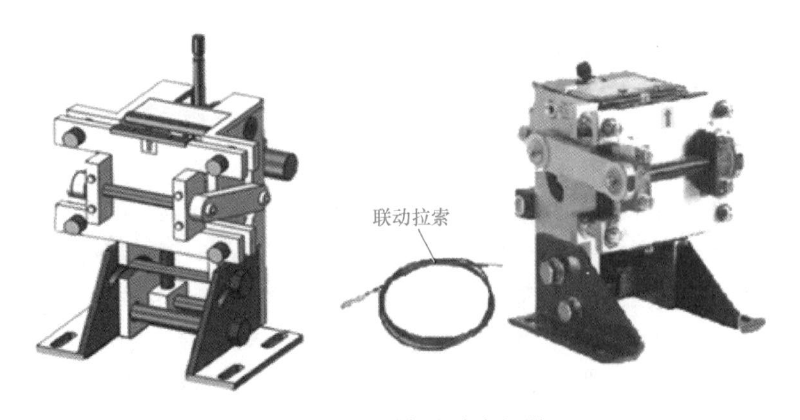

图 7-27 机械触发式夹绳器

机械触发式夹绳器结构如图 7-28 所示，采用钢丝绳制动器方式，一般将其安装在机房内曳引轮和导向轮之间的曳引机机架上，通过两个制动板（定制动板 1 和动制动板 6）直接将制动力作用在曳引钢丝绳上，两个连臂一端连接动制动板，另一端连接穿有两根施力弹簧

的滑动轴10。滑动轴10可在弧形滑槽内滑动，它的滑动通过连臂9带动动制动板移动，达到夹紧或释放曳引钢丝绳的目的，通过夹绳器夹持悬挂着的曳引钢丝绳使轿厢减速。也有将其安装在导向轮下部的，但必须保证安装牢固可靠。

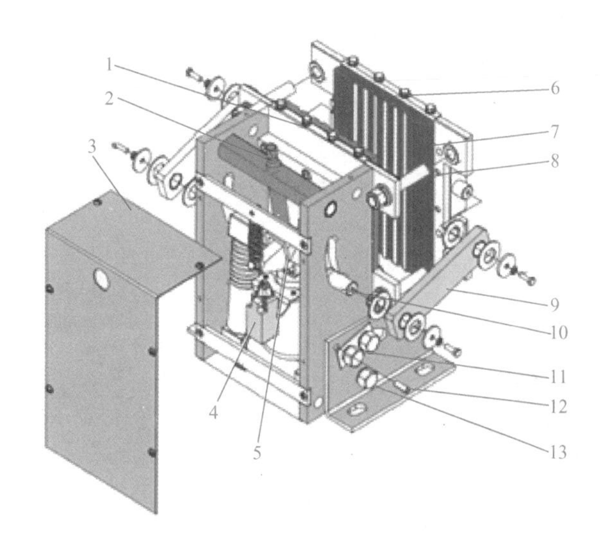

图7-28 机械触发式夹绳器结构

1—定制动板 2—复位螺杆 3—防护罩 4—复位开关 5—锁钩 6—动制动板 7—衬板 8—导向轴 9—连臂 10—滑动轴 11—偏转紧固螺栓 12—防转销 13—转轴螺栓

当电梯正常运行时，定制动板与曳引钢丝绳的间隙为1～2.5mm，动制动板与曳引钢丝绳的间隙较大，可根据电梯额定载重量、曳引钢丝绳直径和制动衬表面状态等参数，通过增、减动制动板内的垫片，进行间隙调整。如图7-29所示为夹绳器与限速器通过联动拉索连接，当电梯上行超速时，与夹绳器配套的双向限速器动作，通过操纵闸线联动拉索3而触发夹绳器动作，夹绳器USK开关2切断曳引机电源，两根压缩弹簧释放，通过滑动轴机构拉动动制动板靠近曳引钢丝绳，依靠动、定制动板夹紧曳引钢丝绳，以摩擦力减速、制停超速的轿厢。

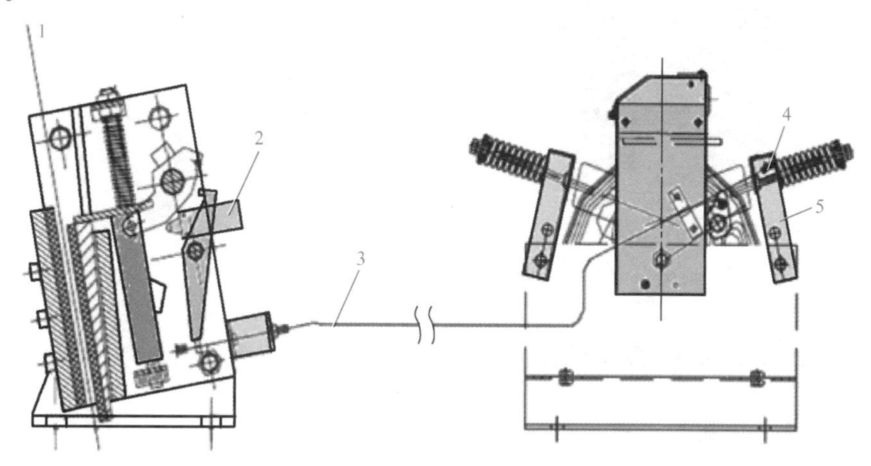

图7-29 夹绳器与限速器连接

1—钢丝绳中心线 2—USK开关 3—联动拉索 4—可调节螺栓 5—上行支架

（2）电磁触发式夹绳器　电磁触发式夹绳器如图7-30所示，电梯超速后限速器发出电信号，夹绳器控制电源1接收信号并控制夹绳器压绳块动作，夹紧曳引钢丝绳实施制动。电磁触发式夹绳器在后盖板上安装触发机构，并增加夹绳器控制电源替代联动拉索，与机械触发式系列的整体尺寸及安装尺寸一致。触发后也是采用手动复位。需与上行超速采用电气信号输出的双向限速器匹配使用。

夹绳器与钢丝绳之间采用螺旋压缩弹簧施加压力，如图7-31所示，电梯曳引钢丝绳1从定制动板2与动制动板3间歇穿过。电梯超速信号由限速器触发夹绳器动作，带动连臂5将动制动板3向定制动板2移动，以夹紧曳引钢丝绳，使超速上行的轿厢得到停止，动制动板的安装角度可以调整。

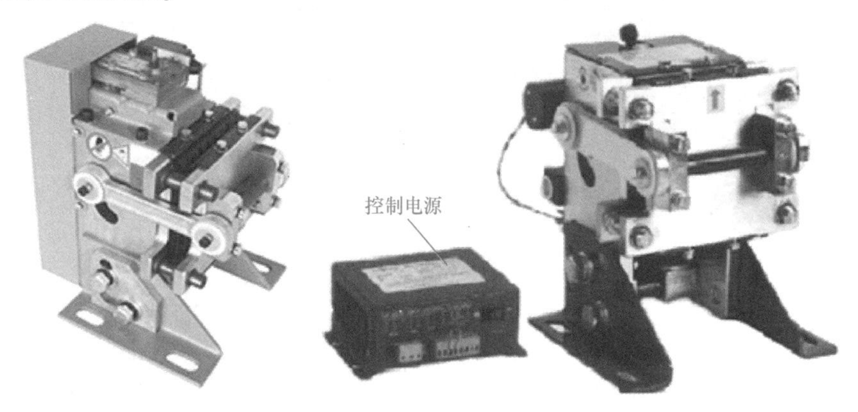

图7-30　电磁触发式夹绳器

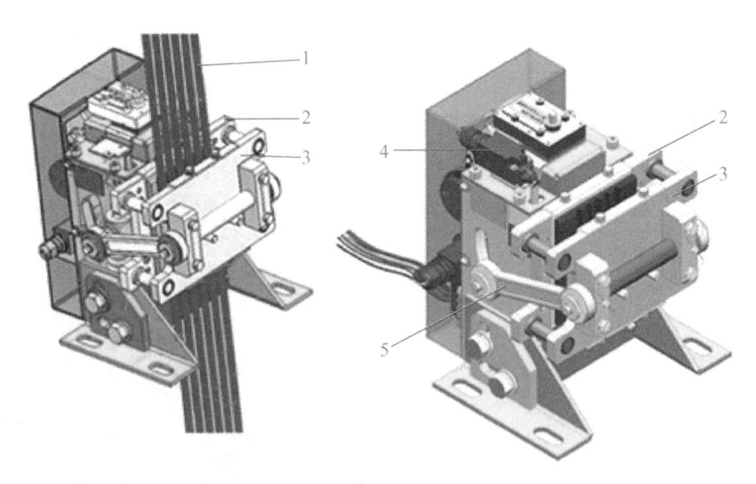

图7-31　电磁触发式夹绳器结构

1—曳引钢丝绳　2—定制动板　3—动制动板　4—电气动作开关　5—连臂

7.2.5　超速保护位置及动作关系

1. 限速器与安全钳的关系

限速器及安全钳在电梯中的安装位置如图7-32所示。限速器要配合张紧轮及钢丝绳一起使用来检测轿厢运行速度，安装在电梯井道内。限速器与安全钳作为电梯超速或失控时的

联动保护装置，安全钳和限速器必须联合动作才能起作用。限速器是速度反应和操纵安全钳的装置，限速器通常安装在机房内或井道顶部，张紧装置位于底坑内。限速器是指令发出者，而安全钳是执行者。限速器与安全钳拉杆机构连接，限速器动作后通过连杆机构带动安全钳动作；安全钳受限速器控制而动作，而安全钳则是以机械动作将电梯强行制停在导轨上的机构。安全钳安装在轿厢底部导轨两侧，以便于在超速后夹持导轨制停电梯，两者的共同作用完成电梯超速保护功能。

限速器动作如图 7-33 所示，当轿厢运行超速时，甩块 1 向外飞并触发电气开关 2 动作，碰闩 3 旋转放开，摆动棘爪 4 使其下落并抓住，将钢丝绳卡死在两个棘爪中间。

如图 7-34 所示，限速器动作后，作用在限速器钢丝绳带动限速器拉杆 1 向上的牵引力把连接拉杆 1 的安全钳楔块 2 向上提拉，使楔块急速提起，楔块与导轨 3 直接的间歇变小直到楔块夹住导轨，使轿厢停止运行。

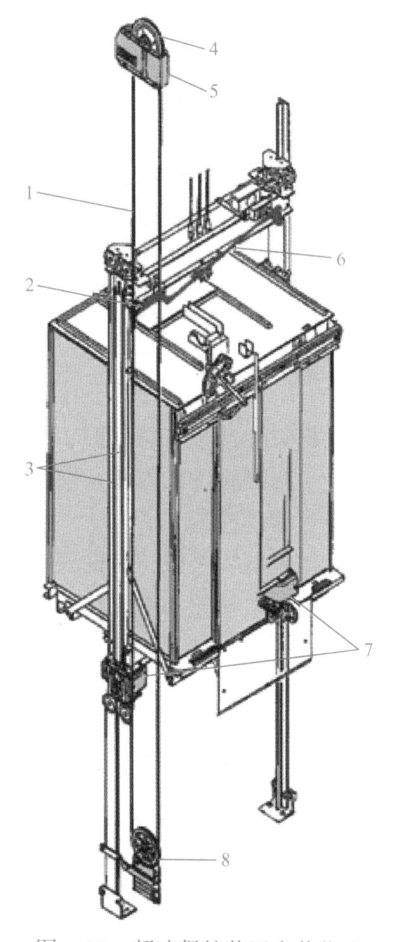

图 7-32　超速保护装置安装位置

1—限速器钢丝绳　2、6—安全钳连杆机构　3—拉杆　4—限速器轮　5—限速器　7—安全钳　8—张紧轮

2. 限速器与张紧轮的关系

限速器是主要的机械测速触发装置，张紧轮是辅助装置，安装位置如图 7-32 所示。张紧轮的功能主要是把限速器钢丝绳拉紧和在钢丝绳断裂后起保护作用。当钢丝绳拉长或断裂时，限速器功能将失效，张紧轮设置了张紧轮电气开关，当检测到钢丝绳超出伸长范围时，开关动作切断电梯运行，从而起到保护作用。

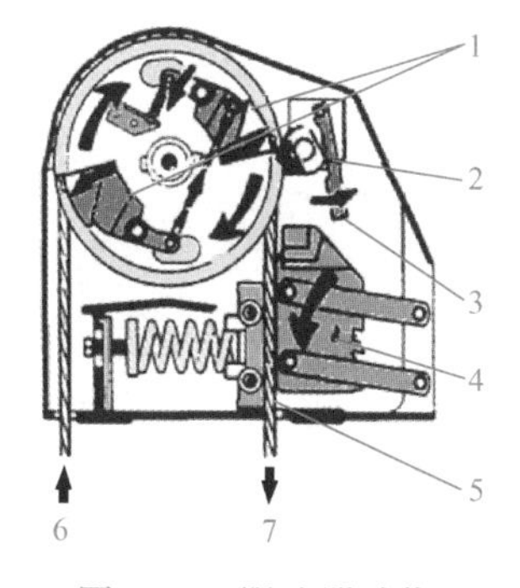

图 7-33　限速器动作

1—甩块　2—电气开关　3—碰闩　4—棘爪　5—钢丝绳　6—来自张紧轮的钢丝绳　7—送至轿厢的钢丝绳

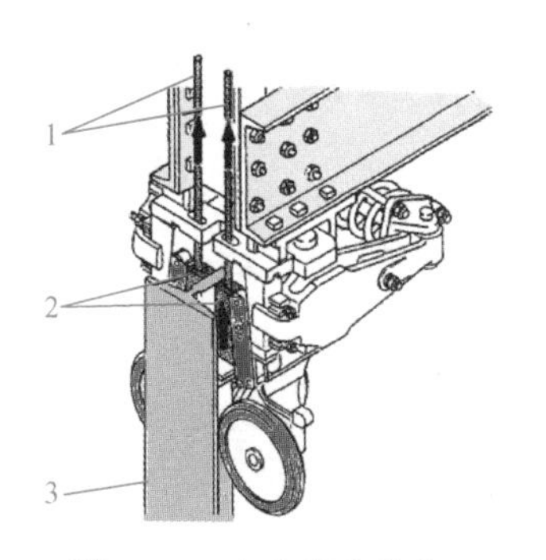

图 7-34　安全钳安装位置

1—拉杆　2—楔块　3—导轨

7.3 冲顶或蹲底保护装置

如果限速器与安全钳也失效了怎么办？电梯会掉到底吗？不过不用慌，还有补救措施，它就是避免电梯冲顶或蹲底的终端越位安全保护系统。为避免电梯超越极限位置发生冲顶或蹲底，在电梯中使用了轿厢缓冲器、对重缓冲器及终端超越保护装置。在井道内上下端站附近安装了由减速开关、强迫换速开关、限位开关、极限开关组成的终端越位装置。

7.3.1 缓冲器

当电梯失控冲顶或蹲底时，缓冲器将吸收和消耗电梯的冲击能量，使电梯安全减速并停止在底坑，起到缓冲的作用。缓冲器是电梯安全系统的最后一个环节，以缓解电梯或电梯里的人免受直接的撞击。

缓冲器是电梯极限位置的安全装置。当电梯超越正常行驶范围到达极限位置时，由缓冲器吸收或消耗电梯的动能，使轿厢或对重安全减速直到停止。

1. 缓冲器的种类

电梯用缓冲器有蓄能型和耗能型两大类。蓄能型缓冲器有弹簧缓冲器和聚氨酯缓冲器，耗能型缓冲器主要指液压缓冲器。蓄能型缓冲器用于低速（≤1m/s）电梯，耗能型缓冲器适用于任何电梯。

（1）弹簧缓冲器　弹簧缓冲器结构如图 7-35 所示，弹簧缓冲器主要通过缓冲弹簧在电梯蹲底时缓冲轿厢的速度，但是由于弹簧压缩后要复位，因此对轿厢有反向冲击力，不能吸收轿厢向下的势能，所以，当受到轿厢或对重的高速撞击时会产生很大的冲击反弹，仅适合于额定速度不大于 1m/s 的电梯，最小行程不得小于 65mm，应能在静载荷为轿厢重量与额定载重量之和（或对重重量）的 2.5～4 倍时达到上述规定的行程。缓冲距离为 200～350mm。由于弹簧缓冲器对电梯的冲击反弹力大，且容易生锈，目前使用较少，已被淘汰。

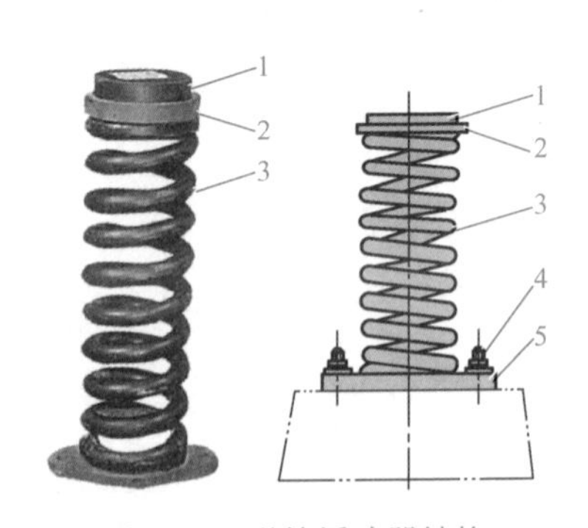

图 7-35　弹簧缓冲器结构

1—缓冲橡皮　2—缓冲头　3—缓冲弹簧　4—地脚螺栓　5—缓冲弹簧座

（2）聚氨酯缓冲器　聚氨酯缓冲器如图 7-36 所示，它是利用聚氨酯材料的微孔气泡结构来吸能缓冲的，在受冲击过程中相当于一个带有多气囊阻尼的弹簧。以 115% 额定速度撞

击时，缓冲器作用期间的平均减速度不应大于2.5g（g为重力加速度），作用时间不大于0.4s，反弹速度不应超过1m/s，并且无永久变形。聚氨酯缓冲器重量轻、安装简单、无须维修、缓冲效果好，耐冲击、抗压性能好，在缓冲过程无噪声、无火花、防爆性好，安全可靠、平稳，所以聚氨酯缓冲器在低速电梯中广泛使用。

图7-36　聚氨酯缓冲器

（3）液压缓冲器　液压缓冲器是目前普遍采用的一种耗能型缓冲器。它利用液体流动的阻尼来缓解轿厢或对重的冲击，具有良好的缓冲性能。在轿厢或对重的停止过程中，其动能转化为油的热能，既消耗了电梯的动能，也使电梯以一定的减速度停下来。在相同的条件下，液压缓冲器的行程可以比弹簧缓冲器少得多，且阻尼力近似为常数。

如图7-37所示，液压缓冲器由液压缸4、橡皮缓冲垫7、缓冲器电气开关2、开关碰块3、弯管5和复位弹簧6组成。液压缓冲器内部结构如图7-38所示，当轿厢或对重撞击缓冲器时，柱塞6向下运动，压缩液压缸内的油，将电梯的动能传递给液压油，使液压油通过环行节流孔喷向柱塞腔，液压油通过环行节流孔时，由于流动面积突然缩小，形成涡流，使液体内的质点相互碰撞、摩擦而产生热量将电梯的冲击动能消耗掉，从而保证电梯安全可靠地减速停车。当液压缓冲器动作时，如图7-37所示装在缓冲器上的缓冲器电气开关2马上动作，以确保在其他安全装置失效时缓冲器电气开关能切断安全回路。

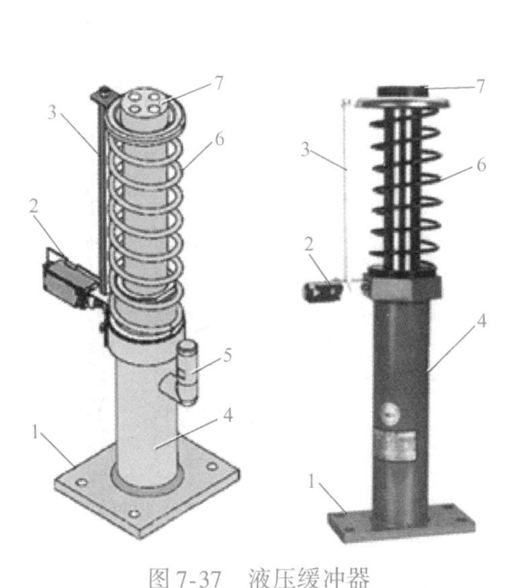

图7-37　液压缓冲器

1—底座　2—缓冲器电气开关　3—开关碰块

4—液压缸　5—弯管　6—复位弹簧　7—橡皮缓冲垫

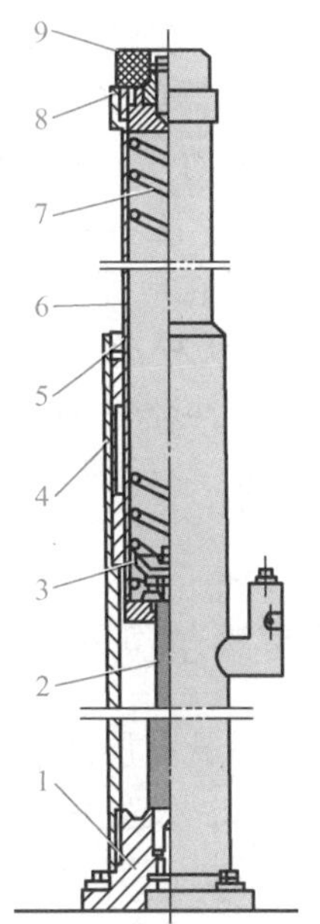

图7-38　液压缓冲器内部结构

1—液压缸塞　2—油孔立柱　3—挡油圈　4—液压缸

5—密封盖　6—柱塞　7—复位弹簧

8—通气孔螺栓　9—橡皮缓冲垫

当轿厢或对重离开缓冲器时，柱塞6在复位弹簧7弹力的作用下，恢复到正常的工作状态，而液压油则重新回流到液压缸4内。

2. 缓冲器的安装

缓冲器在底坑中一般安装两个，其中对重架下安装一个，轿厢架下安装一个。有些电梯在轿厢架下面安装两个缓冲器。

当在轿厢下面安装两个缓冲器时，两个缓冲器顶面高度差≤2mm，撞板与缓冲器中心偏差≤20mm，要确保缓冲器接地良好，液压缓冲器的柱塞要加油脂保护，其铅垂度≤0.5%，缓冲器液压用油应符合要求且在油标范围内，无渗漏。

在安装聚氨酯缓冲器时，其周围应有一定的空间，以免与其他的构建发生碰撞、挤压等事故。应在常温状态下存放缓冲器，在通风、干燥处放置。在发现聚氨酯有干裂、脱落现象时应及时更换。聚氨酯缓冲器的使用规范：定期进行检测；应避免在低温（-40℃以下）或高温（80℃以上）及湿度为85%以上等环境条件下使用；不应在强酸、强碱环境条件下使用。安装更换缓冲器时应该参照使用说明书和图标。

缓冲器安装后的检测方法是，轿厢在空载状态下，以检修速度下降，将缓冲器完全压缩，从轿厢开始离开缓冲器一瞬间起，直到缓冲器恢复到原状所需时间应≤120s，则此缓冲器符合标准要求。

3. 缓冲器常见故障与排除方法

在电梯中一般很少发生因缓冲器动作而造成的故障，多数是因为保养不到位而出现的一些问题，只要在保养过程中不遗漏，一般可以避免故障的发生。

对于液压缓冲器来说，用力使劲向下压，一般会使安全开关动作，如不能正常动作可做适当调整。动作后，缓冲器能自动回位，不能回位可以查看液压缸是否缺油，安全开关接线是否牢固，整体有无松动。

对于聚氨酯缓冲器来说，主要检查是否存在松动、老化现象，有无裂纹，如果有老化现象必须予以更换。

7.3.2 电梯终端越位保护装置

当电梯运行到最高层或最低层时，为防止电梯失灵继续运行，发生轿厢冲顶或撞击缓冲器事故，在井道的最高层及最低层外安装了几个保护开关来保证电梯的安全。

终端越位保护开关安装位置如图7-39所示，井道的上、下、终端各装有三道开关，分别为强迫减速开关3、5，终端限位开关2、6和极限开关1、7。当轿厢运行到上端站或下端站进入减速位置时，轿厢上的撞弓4应先碰到强迫减速开关，如果电梯没有减速，则该开关动

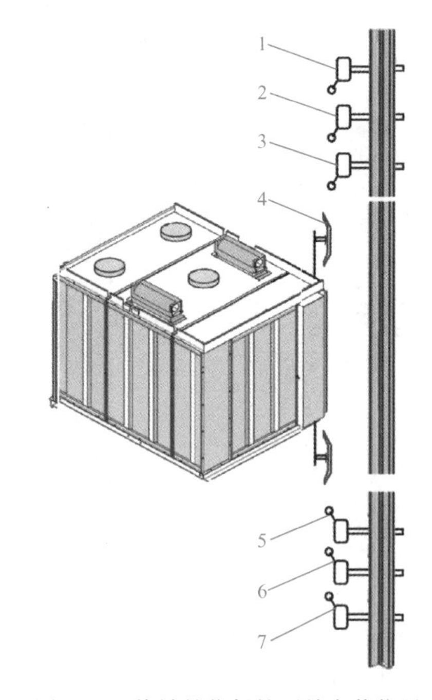

图7-39　终端越位保护开关安装位置

1—上极限开关　2—上限位开关
3—上强迫减速开关　4—撞弓　5—下强迫减速开关
6—下限位开关　7—下极限开关

作将强迫电梯进入减速状态；如果轿厢越位（超过平层位置一定距离后），撞弓撞到终端限位开关的凸轮，开关的常闭触点断开，切断方向信号，使电梯停止，电梯就不能上行（在上端站只可以下行）或不能下行（在下端只可以上行）。如果在上端站再上行（或在下端站再下行），则将打开极限开关的常闭触点，强迫切断主电路和控制电源。撞弓应无扭曲、变形，开关动作灵活。撞弓安装应垂直，偏差不大于长度的1/1000，最大偏差不大于3mm。开关、撞弓安装应牢固，开关碰轮与撞弓应可靠衔接，在任何情况下碰轮边距碰铁边不小于5mm。

1. 强迫换速开关

运行速度在1.5m/s以下的电梯，其上、下端站各有一个换速开关；运行速度在1.5m/s以上的快速电梯或高速电梯，其上、下端站各有两个或两个以上的换速开关。强迫换速开关如图7-39所示3、5，其是防止越程的第一道保护，一般设在端站正常换速开关之后。当电梯运行到最高层或最低层应减速的位置撞动开关时，撞弓接触碰轮，使开关断开，切断快车运行继电器电源，但不能使电梯停止运行，进入减速运行。强迫换速开关的安装位置在轿厢平层感应器超越上、下端站地坎50～80mm处。

2. 限位开关

限位开关如图7-39所示2、6，其是防止越程的第二道保护，当轿厢在端站没有停层而触动限位开关时，轿厢打板使上限位开关或下限位开关动作，立即切断方向控制电路使电梯停止运行。但此时仅仅是防止电梯向危险方向运行，电梯仍能向安全方向运行。例如，上行运行过程中，如果上限位开关动作，电梯不能上行但是可以向下运行。限位开关的安装位置在轿厢地坎超越上、下端站地坎30～50mm处。

3. 极限开关

极限开关如图7-39所示1、7，其是防止越程的第三道保护。端站极限开关保护有两种形式，一种是机械式的，它通过钢丝绳及滚轮拉动开关，断开总电源；另一种是与减速、限位开关结构相同的极限开关，当限位开关动作后若电梯仍不能停止运行时，则触动极限开关切断电路，使驱动主机迅速停止运转。对于交流调压调速电梯和变频调速电梯，极限开关动作后，应能使驱动主机迅速停止运转，对单速或双速电梯应切断主电路或主接触器线圈电路，极限开关动作应能防止电梯在两个方向的运行，而且不经过专业人员调整，电梯不能自动恢复运行。极限开关在轿厢超越平层位置50～200mm内就迅速断开，这样就避免了事故的发生。

极限开关安装的位置应尽量接近端站，但必须确保与限位开关不联动，而且必须在对重（或轿厢）接触缓冲之前动作，并在缓冲器被压缩期间保持极限开关的保护作用。极限开关一般安装在轿厢地坎超越上、下端站地坎150mm处。

限位开关和极限开关必须符合电气安全触点要求，不能使用普通的行程开关和磁开关、干簧管开关等传感装置。

7.3.3 轿顶机械限位装置

在轿厢内或轿顶上进行机器的维护和检查时，如果因维护和检查导致的任何轿厢失控或意外移动可能给维护或检查人员带来危险，则应采用机械装置防止轿厢的任何危险的移动。

无机房电梯的曳引机、制动器、限速器、控制柜都安装在井道顶部，因此电梯维修保养人员需要在轿顶进行作业，为保证在作业过程中电梯不发生移动而设置了轿厢机械锁梯，如图 7-40 所示。轿厢机械锁梯以机械的形式将轿厢锁在曳引机侧的轿厢导轨上，以防止轿厢移动，方便电梯后期的维修使用。轿厢锁梯板安装在曳引机侧的轿厢导轨上，机械锁销 3 旋转锁销杆扣入轿厢锁梯板 4 的方孔，起到机械限位作用使电梯不能移动，电气开关同时动作切断电梯安全回路。当进入井道底部作业时，维修人员手动拨动锁体开关，电梯将无法运行。

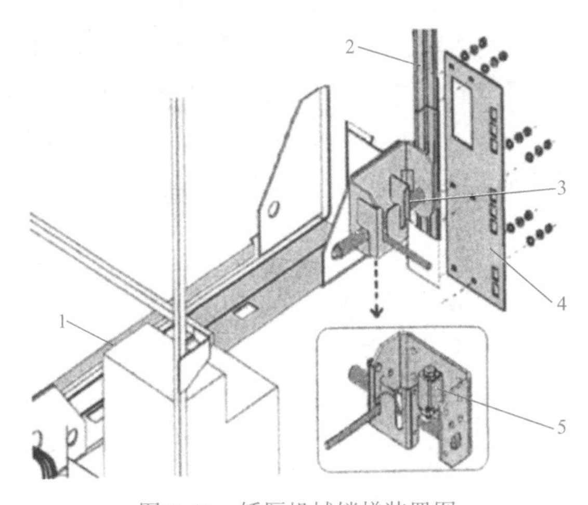

图 7-40 轿厢机械锁梯装置图

1—轿厢上梁 2—导轨 3—机械锁销 4—轿厢锁梯板 5—机械锁销电气开关

7.4 电梯轿厢意外移动保护装置

轿厢意外移动（Unintended Car Movement）是指电梯在平层区域内且处于开门的状态下，轿厢无指令离开层站的移动，不包含装卸载引起的移动，这样的电梯非正常的移动称为电梯的意外移动。

轿厢意外移动保护装置（Unintended Car Movement Protection，UCMP）是在电梯层门未被锁住，且轿门未关闭的情况下，由于轿厢安全运行所依赖的驱动主机或驱动控制系统的任何单一元件失效引起轿厢离开层站的意外移动，电梯应具有防止该移动或使移动停止的装置。该装置应能够检测出轿厢的意外移动，能够使轿厢制停，并保持停止状态。

7.4.1 电梯意外移动的原因

1. 电气方面的原因

电梯的起动、加速、运行、减速、停车、开门以及电梯所有指令、信号都是靠电气控制

装置来实现的，无论是逻辑线路还是计算机或可编程序控制器，一旦系统中的部件或程序出现问题，电梯都有可能出现误动作。

轿门、层门电气联锁装置失效：如果轿门或层门电气联锁装置失效，就有可能发生轿厢意外移动。特别是轿门、层门电气联锁装置同时失效，电梯到站平层开门后，这时只要电梯有内召或外呼信号，电梯就会立即起动前往召呼层，这是轿厢意外移动事故中最严重的一种情况，往往会造成人员剪切、挤压、坠落等严重后果。

2. 制动器方面的原因

制动器的制动轮闸瓦上有油污（制动轮和闸片上有油污），制动器特别是老旧电梯上的老式制动器缺陷是造成事故的主要原因。当制动力矩下降到不足以制停电梯轿厢时就会形成开门溜车的情况。

3. 曳引机方面的原因

曳引式电梯的上下运行是靠曳引轮绳槽与钢丝绳之间的摩擦力来实现的。由曳引条件公式可以看出，曳引机轮和绳的缺陷将直接影响电梯的曳引能力。而曳引机又是电梯运行的驱动装置，曳引机部件的缺陷将直接影响电梯的正常运行。

1）曳引轮缺陷。曳引轮绳槽磨损严重，甚至槽形变形，轮槽上有油污。

2）曳引绳缺陷。曳引钢丝绳选型错误，钢丝绳磨损严重，直径变小，钢丝绳上有油污。

3）悬臂式曳引轮轴断裂。曳引轮轴断裂瞬间，无论电梯处于何种状态，轿厢都会下沉。

4）蜗轮缺陷。曳引机蜗轮断齿和连接蜗轮套筒法兰破裂，传动失效。

4. 人为原因

电梯使用、维保单位的人员违规使用、操作电梯，导致轿厢意外移动情况的发生。

1）轿门、层门电气联锁装置开关被人为短接。电梯安装、维保人员为了调试和排查故障的方便，将轿门、层门电气联锁装置开关人为短接，事后忘记取下短接线，电梯恢复正常运行后发生开门走车的严重后果。

2）电梯超载使用。有的老式载货电梯没有超载装置，有的电梯超载装置失效后没有及时修复，电梯超载运行，轿厢平层开门后形成溜车，或曳引钢丝绳在曳引轮槽中打滑。

3）平衡系数过小。由于电梯安装人员调试不精确或电梯用户在电梯投入使用后私自装潢轿厢，导致平衡系数过小，在载有同样额定载重量且超载装置失效的情况下，轿厢向下运行时很容易产生“下坠”现象，并在电梯平层开门时发生溜车。

4）救援操作不当。电梯关人后，求援人员之间配合不好。在层门、轿门已打开放人时，进入机房的其他人员进行松闸盘车，造成人员剪切、挤压等事故。

7.4.2 轿厢意外移动装置的要求

GB 7588—2003 中规定 UCMP 装置应在下列距离内制停轿厢，如图 7-41 所示，① 与检测到轿厢意外移动的层站的距离不大于 1.20m；② 层门地坎与轿厢护脚板最低部分之间的垂直距离不大于0.20m；③ 设置井道围壁时，轿厢地坎与面对轿厢入口的井道壁最低部件之间的距离不大于0.20m；④ 轿厢地坎与层门门楣之间或层门地坎与轿厢门楣之间的垂直距离不小于1.00m。轿厢载有不超过100%额定载重量的任何载荷，在平层位置从静止开始移动的情况下，均应满足上述值。

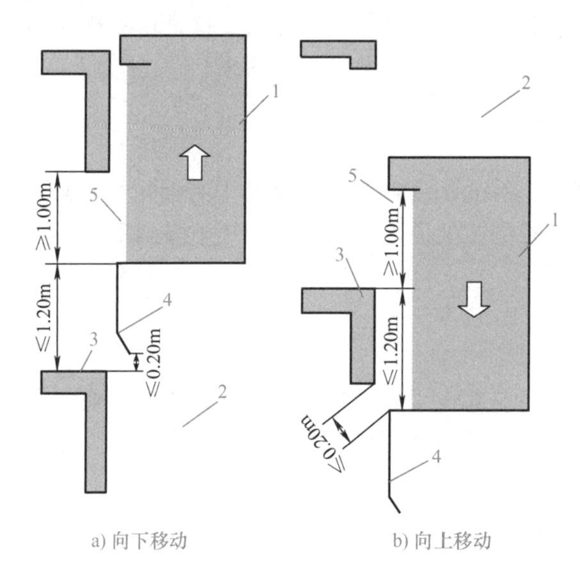

图7-41　轿厢意外移动——向下和向上移动

1—轿厢　2—层站　3—井道　4—轿厢护脚板　5—轿厢入口

在制停过程中，该装置的制停部件不应使轿厢减速度超过：① 空轿厢向上意外移动时为1g（g为重力加速度）；② 向下意外移动时为自由坠落保护装置动作时允许的减速度。最迟在轿厢离开开锁区域时，应由符合GB 7588—2003中14.1.2要求的电气安全装置检测到轿厢的意外移动。

该装置动作时，应使符合GB 7588—2003中14.1.2要求的电气安全装置动作。当该装置被触发或当自监测显示该装置的制停部件失效时，应由称职人员使其释放或使电梯复位。释放该装置应不需要接近轿厢、对重或平衡重。释放后，该装置应处于工作状态。如果该装置需要外部能量来驱动，当能量不足时应使电梯停止并保持在停止状态。此要求不适用于带导向的压缩弹簧。轿厢意外移动保护装置是安全部件，应按要求进行型式试验。

7.4.3　轿厢意外移动监控装置的组成

轿厢意外移动监控装置主要由检测子系统、制停子系统及自监测子系统三部分组成。

1. 检测子系统

检测子系统是指在电梯门没有关闭的前提下，最迟在轿厢离开开锁区域时，应由符合国家标准要求的电气安全装置检测到轿厢的意外移动，并对触发和制停子系统发出制停指令。它通过检测传感器检测轿厢离开层站的位置信号，及由安全回路反馈的层门、轿门关闭验证信号判断电梯意外移动距离是否超过要求，从而发出制停指令。

检测子系统由检测子系统部件（见图7-42）和安全电路组成。安全电路板2可用于

安全装置的检测，位置信号的检测可以通过1、3、4其中一种来实现，如安装在井道内检测位置的光电开关1、用于速度及位置检测的电子限速器3或者用于位置及速度检测的绝对值编码器4。

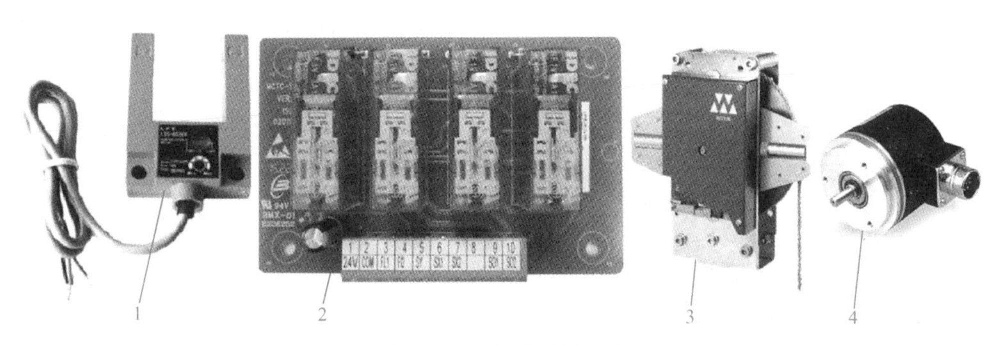

图7-42　检测子系统部件

1—光电开关　2—安全电路板　3—电子限速器　4—绝对值编码器

2. 制停子系统

制停子系统是执行意外移动保护的部件，指作用在轿厢、对重、钢丝绳系统、曳引轮或只有两个支撑的曳引轮轴上的起到意外移动后制停电梯的部件。常见的制停子系统有作用于轿厢或对重的双向安全钳或夹轨器；作用于钢丝绳系统的夹绳器；作用于曳引轮或曳引轮轴的驱动主机制动器、异步电动机制停部件夹轮器。

3. 自监测子系统

自监测子系统是指当使用驱动主机制动器作为制动元件时，监测驱动主机制动器制动或释放的检测装置，以及监测制动力（制动力矩）的系统或装置。它主要完成制动力验证及制动器功能。

检测制动力的系统监测制动器提起（或释放），要求每15天自动监测一次制动力，或定期维护保养时监测制动力，或每24h自动监测一次制动力。

7.4.4　轿厢意外移动监控装置典型系统

1）由平层感应器+安全电路板组成的检测子系统，由制动器组成的制停子系统，见表7-3。

表7-3　平层感应器+安全电路板+制动器构成UCMP系统

检测子系统图例	制停子系统图例

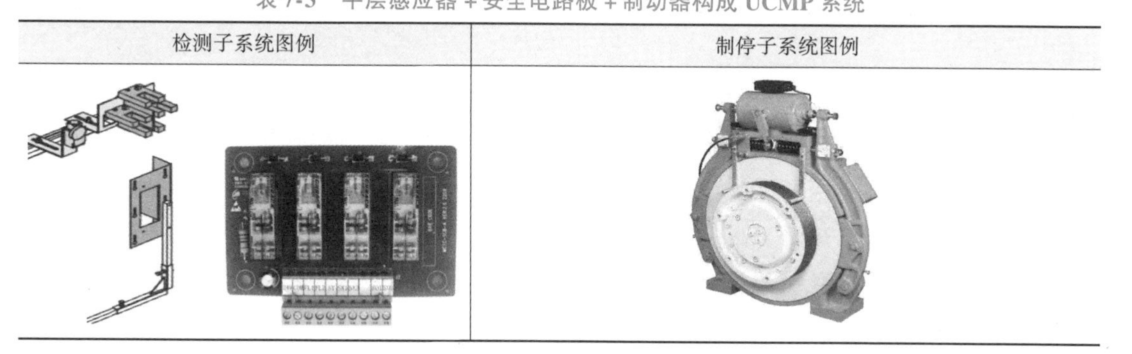

2）由平层感应器＋安全电路板组成的检测子系统，由夹轮器或者在导轨上加夹轨器构成制停子系统，见表7-4。

表7-4　平层感应器＋安全电路板＋夹轨器或夹轮器构成UCMP系统

检测子系统图例	制停子系统图例

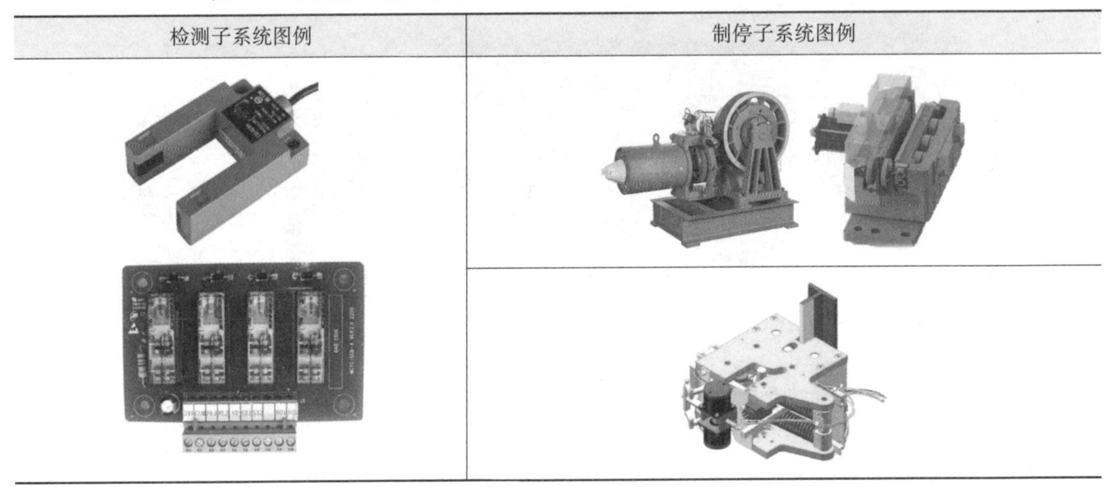

3）由电子限速器构成检测子系统，由双向安全钳或夹绳器构成制停子系统，见表7-5。

表7-5　电子限速器＋双向安全钳或夹绳器构成UCMP系统

检测子系统图例	制停子系统图例

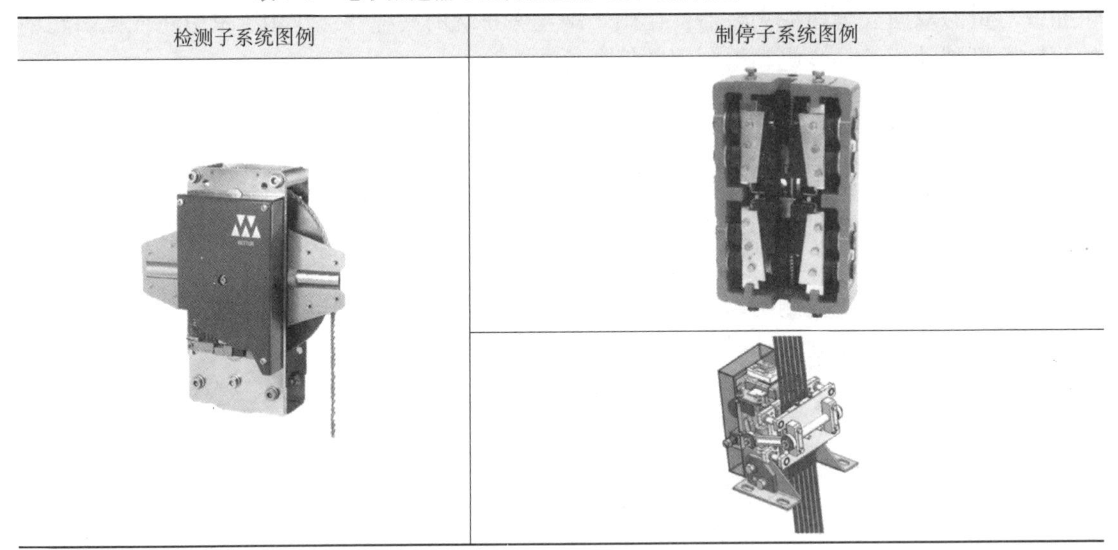

7.5　电梯电气安全保护装置

7.5.1　电梯电气安全装置

1. 主回路

由交流或直流电源直接供电的电动机，必须用两个独立的接触器切断电路，接触器的触

点应串联于电源电路中。电梯运行停止时，若其中一个接触器的触点没有打开，最迟到下一次运行方向改变时，应避免电梯再起动运行。因此，在主回路中电梯的电动机的运行或停止，必须要有两个参与电梯运行控制的接触器的触点的通或断控制，这两个接触器由不同的电气装置或电路控制，假如两个接触器不是独立存在的，而是由同一个电气装置控制的，那么就会出现两个接触器的触点都打不开的危险情况。

2. 电气制动回路

电气制动回路就是通过控制电路根据电压或电流的增大或减小，压降磁场中的电流减小导致磁铁中磁场的磁力不足，而吸不住铁心，导致触点脱开，断开主回路，起到保护电动机，不会因欠电压、失电压而导致电动机烧坏。在 GB 7588—2003 中明确要求：断开制动器电流，最少需要两个独立的电气装置才能完成。不管这些装置是否与用来断开电梯驱动主机电流的电气装置为一体。另外，切断电梯驱动主机电流的接触器可以同时控制切断制动器电流的电气装置。如果其中一个接触器的主触点没有开，不仅要预防电梯再次运行，同时制动器也应处于关闭状态。

3. 安全回路

为保证电梯能安全地运行，在电梯上装有许多安全部件，只有每个安全部件都在正常的情况下，电梯才能运行，否则电梯立即停止运行。所谓安全回路，就是电梯各安全部件均装有一个安全开关，把所有的安全开关串联，构成电梯安全回路，安全回路信号控制一个安全继电器或者输入到安全模块。只有在所有安全开关都接通的情况下，安全继电器吸合或者安全模块收到正常信号后，电梯才能得电运行。在控制屏上能观察安全回路的状态。

GB 7588—2003 中规定了电梯的电气安全装置，见表 7-6，这些安全装置的检查功能的实现需要有相应的电气安全动作机构及开关，这些开关构成了电梯的安全回路。

表 7-6　电气安全装置

GB 7588—2003 章条	所检查的装置
5. 2. 2. 2. 2	检查检修门、井道安全门及检修活板门的关闭位置
5. 7. 3. 4a)	底坑停止装置
6. 4. 5	滑轮间停止装置
7. 7. 3. 1	检查层门的锁紧状况
7. 7. 4. 1	检查层门的闭合位置
7. 7. 6. 2	检查无锁门扇的闭合位置
8. 9. 2	检查轿门的闭合位置
8. 12. 4. 2	检查轿厢安全窗和轿厢安全门的锁紧状况
8. 15b)	轿顶停止装置
9. 5. 3	检查钢丝绳或链条的非正常相对伸长（使用两根钢丝绳或链条时）
9. 6. 1e)	检查补偿绳的张紧
9. 6. 2	检查补偿绳防跳装置
9. 8. 8	检查安全钳的动作
9. 9. 11. 1	检查限速器的超速开关

（续）

GB 7588—2003 章条	所检查的装置
9.9.11.2	检查限速器的复位
9.9.11.3	检查限速器绳的张紧
9.10.5	检查轿厢上行超速保护装置
10.4.3.4	检查缓冲器的复位
10.5.2.3b)	检查轿厢位置传递装置的张紧（极限开关）
10.5.3.1b) 2)	检查曳引驱动电梯的极限开关
11.2.1c)	检查轿门的锁紧状况
12.5.1.1	检查可拆卸盘车手轮的位置
12.8.4c)	检查轿厢位置传递装置的张紧（减速检查装置）
12.8.5	检查减行程缓冲器的减速状况
12.9	检查强制驱动电梯钢丝绳或链条的松弛状况
13.4.2	用电流型断路接触器的主开关控制
14.2.1.2a) 2)	检查平层和再平层
14.2.1.2a) 3)	检查轿厢位置传递装置的张紧（平层和再平层）
14.2.1.3c)	检修运行停止装置
14.2.1.5b)	检查对接操作的行程限位装置
14.2.1.5i)	检查对接操作停止装置
9.11.7	检查开门状态下轿厢的意外移动
9.11.8	检查开门状态下轿厢意外移动保护装置的动作

4. 门联锁回路

轿厢运行前应将层门有效地锁紧在闭合位置上，但是层门锁紧前，可以进行轿厢运行前的预备操作，层门锁紧须由一个符合要求的电气安全装置来验证；如果一个层门或多个层门中的任何一扇打开，在正常操作情况下应不能起动电梯或者保持电梯继续运行，但可以进行轿厢运行前的预备操作；如果一个轿门或多扇轿门的任何一扇打开，在正常情况下应不能起动电梯或保持电梯继续运行，但可以进行轿厢运行前的预备操作。只有全部关闭所有层门及轿门，接通全部触点，使门联锁继电器动作，电梯才具备充分的运行条件。在平层控制和对接操作的情况下，可以允许在平层及允许范围内开着层门、轿门运行，但不能有电气装置、层门、轿门触点并联。

7.5.2 检修及紧急电动运行装置

在电梯电气系统中，检修控制电路是一个重要的部分。电梯在正常运行状态时，检修控制电路不起作用，但是当维修人员进行电梯维保或故障处理时就需要用检修控制电路来控制电梯轿厢慢速运行。电梯中在轿顶、轿厢、控制柜都设有检修运行开关，图 7-43 所示为各种类型电梯轿顶检修盒。

在电梯系统中，检修开关一般都设在电梯机房、轿顶及轿厢操纵箱，但三者有一定的检

图 7-43　各种类型电梯轿顶检修盒

修操作优先权，它们的顺序为轿顶—轿厢—机房，并且各自互锁，在同一时间内只能在一处位置操作电梯再进行维修及救援过程。轿顶检修开关处于检修位置时，其他位置的检修开关无效，只能由轿顶检修开关控制电梯。检修运行的行程应不超过正常的行程范围；检修运行上、下端站限位开关，以保证检修人员在轿顶和底坑检修时的绝对安全。所以必须在所有安全保护装置及其电路均处于可靠有效的状态下，且电梯的轿厢门及各个层站的层门必须全部关闭时方可检修运行。检修运行时还应设有一个停止开关。电梯轿顶检修盒及安装位置如图 7-44 所示，1 为轿顶急停开关，2 为轿顶检修开关，在转换开关打到检修时，轿顶检修开关有效，当检修慢速上行时，按下公共按钮 4 和上行按钮 3；当检修慢速下行时，按下公共按钮 4 和下行按钮 5。

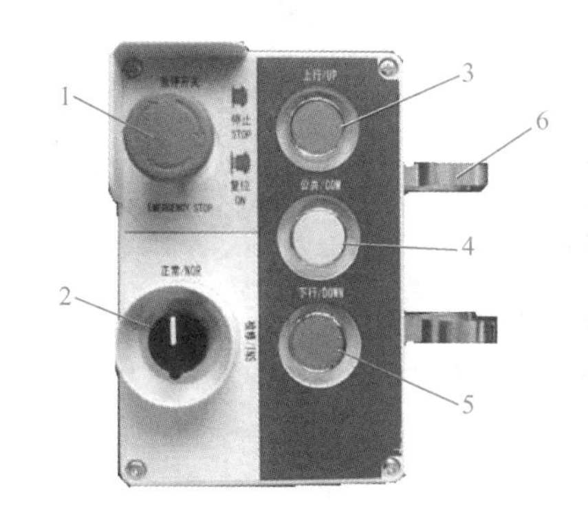

图 7-44　电梯轿顶检修盒及安装位置

1—轿顶急停开关　2—轿顶检修开关　3—上行按钮　4—公共按钮　5—下行按钮　6—行灯支架

1. 轿顶检修运行

只要将电梯切换到轿顶检修运行状态，正常运行、紧急电动操作、对接操作就全部失效。当电梯进入检修状态时，必须切断自动开关门电路和正常快速运行的电路，不再响应正常运行指令，检修状态下的开关门操作和检修运行的操作均只能是点动操作，电梯只能以点动控制慢速上、下运行。电梯检修时的运行速度应小于或等于 0. 63m/s。而且，只有同时按下下行按钮和中间公共按钮时，电梯才能向下慢行。在检修运行状态下，工作人员可以放心作业，不用担心厅外有乘客呼梯造成电梯的运行。因为检修运行是最高级别。只有撤销检修运行，才能使电梯转入其他运行状态。

2. 紧急电动运行

电梯因突然停电或发生故障而停止运行，若轿厢停在层距较大的两层之间或蹲底、冲顶时，乘客将被困在轿厢中。为救援乘客，电梯均应设有紧急操作装置，可使轿厢慢速移动，从而达到救援被困乘客的目的。为实现这种功能电梯设置了紧急电动运行装置，其一般安装在控制柜内，在解救被困乘客时可以使用该装置。

当进行检修运行时，紧急电动运行应处于断路状态。紧急电动运行时应使安全钳上的电气安全装置、限速器上的电气安全装置、轿厢上行超速保护装置上的电气安全装置、极限开关、缓冲器上的电气安全装置失效。这样当电梯发生限速器安全钳联动或者电梯轿厢冲顶或蹲底时，可以通过紧急电动运行操控电梯离开故障位置，如电梯困人，可以快速把人放出来，也可以及时把故障电梯恢复正常。

如图 7-45 所示，紧急电动运行开关设置在控制柜内，进行紧急电动运行时，应排除该部分以外的其他任何人运行电梯。拨动紧急运行切换开关 5 到紧急电动运行状态，就可以通过按钮 3、4 操作电梯慢上、慢下运行。紧急情况下也可以通过急停按钮 2 使电梯停止运行。

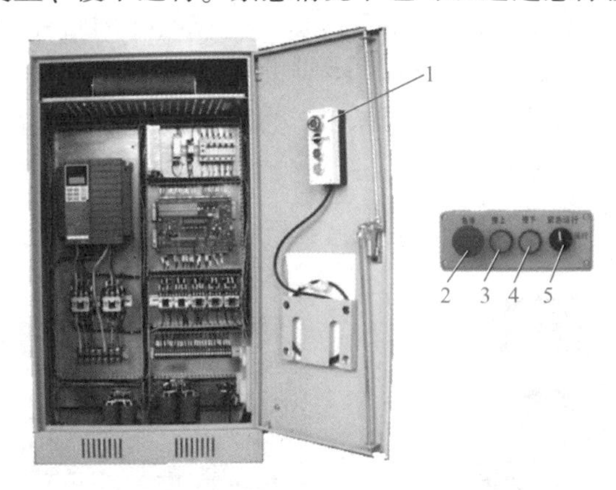

图 7-45 电梯紧急电动检修盒

1—控制柜紧急电动检修盒 2—急停按钮 3—慢上按钮 4—慢下按钮 5—紧急运行切换开关

7.5.3 电梯急停开关

如图 7-46 所示，电梯在控制柜、轿顶、底坑、轿厢都设置有急停开关，用于在维修过程或紧急情况下使电梯不能运行。有机房电梯的急停开关一般都安装在曳引机附近，以方便在电梯出问题时能以最快的速度按下急停开关，使曳引机迅速断电并抱闸，切断所有电路电源。无机房电梯的急停开关一般都在控制柜中，其原理是一样的，一般都离抱闸扳手不远。

轿顶急停开关应安装在距检修或维护人员入口不大于 1m 的易接近位置。该装置也可设在紧邻距入口不大于 1m 的检修运行控制装置上。停止装置的要求：停止装置应由安全触点或安全电路构成。停止装置应为双稳态，误动作不能使电梯恢复运行。停止装置上或其近旁应标出“停止”字样，设置在不会出现误操作危险的地方。

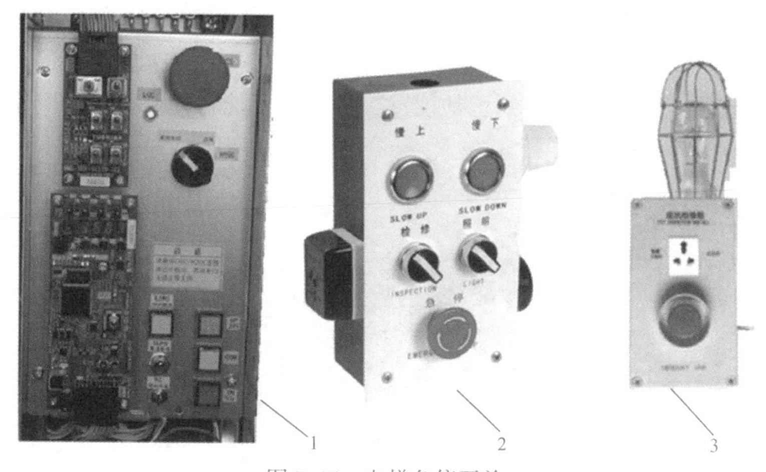

图 7-46　电梯急停开关

1—控制柜急停　2—轿顶检修盒急停　3—底坑检修盒急停

7.5.4　厅门旁路装置

电梯事故多是因为门锁短接而导致的剪切、挤压伤亡事故。例如，电梯因为门锁故障停止运行，电梯维修人员短接门锁回路后上轿顶修理时被电梯快车挤压死亡。

1. 门锁短接的安全隐患

当前电梯 70% 左右的故障都发生在电梯的门上，而电梯门故障大多数都需要电梯维修人员在机房控制柜短接门锁回路后才能进入轿顶进行维修。有很多电梯控制柜门内侧用签字笔标有短接门锁回路所需的端子号，因为不同厂家、不同型号的电梯短接门锁回路所需的端子号不同，以此可以方便电梯维修人员维修电梯。但在机房控制柜短接门锁回路后就埋下了安全隐患，主要包括以下两个方面：

1）在机房控制柜短接门锁回路后，电梯快慢车均能开门运行，而快车开门运行的危险性极大，当电梯运行的速度大于 1.0m/s 时，人的反应速度往往跟不上电梯的速度，由此可能会导致电梯维修人员及乘客的剪切、挤压伤亡事故。

2）当电梯维修人员维修电梯结束后，本来应该拆除机房控制柜的门锁回路短接线，但由于电梯维修人员工作时经常处于高度的紧张状态，在工作结束时的放松所产生的疏忽、大意和非故意的不小心是在所难免的。于是电梯维修人员从轿顶走出井道，将轿顶检修开关复位后，有时会忘了拆除机房控制柜的门锁回路短接线，由此埋下了安全隐患。

2. 厅门旁路装置

厅门旁路装置一般应处于控制柜内。旁路装置应该用开关或插销来启动。旁路状态下，轿厢运行时，轿顶板控制声光报警装置工作，轿厢下部 1m 处的噪声不小于 55dB（A）。门锁旁路时电梯不允许井道自学习，关门到位信号粘连时系统报故障且电梯不允许运行。厅门旁路装置插件如图 7-47 所示，开关或插销要被保护起来以防止误操作，且要能满足电气安全装置要求。当电梯处于旁路工作状态时，电梯的运行只能唯一被检修人员操作在检修速度。旁路装置附近应安放有警告标志，且要详细说明其正确使用方法。当旁路门锁插件插在正常位置（非旁路门锁位置 S2）时，电梯可以正常运行；当该插件插在检修位置（旁路门锁位置厅门旁路 S2 或轿门旁路 S2）时，电梯只能在紧急电动或轿顶检修状态下运行。如果维修人员忘了将旁路门锁插件插回到正常位置，那么只要他将检修开关转到正常位置，安全信号将马上被断开，电梯将无法正常运行。

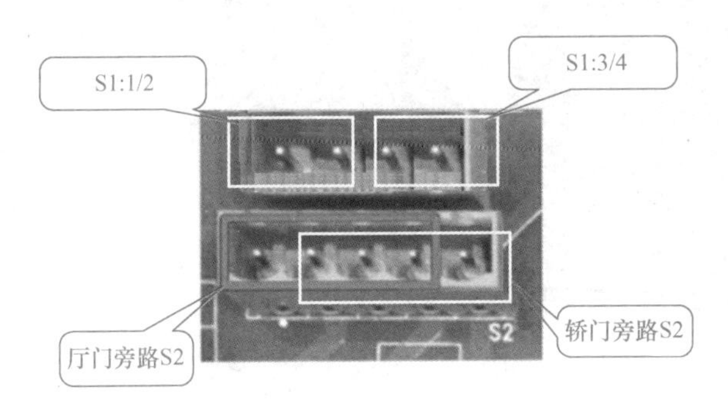

图 7-47　厅门旁路装置插件

7.5.5　紧急报警装置及对讲装置

当电梯使用过程中发生故障停机、停电困人等意外情况或者维修人员在井道中被困时，为使被困人员能向轿厢外求援，及时与外界取得联系并配合维修人员解救，在电梯轿厢内设置了紧急报警装置及五方对讲系统。

如图 7-48 所示，电梯五方对讲系统分别将轿厢分机、机房分机、轿顶分机、底坑分机及值班监控室主机安装在电梯轿厢、电梯机房、电梯轿顶、电梯底坑及物业值班室位置。电梯乘客可轻按右边“电话”键向值班室发出呼叫信号。电梯正常保养时，按“警铃”键即可与机房之间通话，以方便维修时沟通。当接到呼叫电话时，可在主机上显示出发出呼叫电话电梯的位置，以达到及时救援的效果，并具有回拨功能。

如果电梯行程大于 30m，在轿厢和机房之间应设置由紧急电源供电的对讲系统。

7.6　其他安全防护装置

7.6.1　旋转部件防护

为避免人身伤害、钢丝绳或链条因松弛而脱离绳槽或链轮、异物进入绳与绳槽或链与链轮之间，在机房（机器设备间）内的曳引轮、滑轮、限速器，在井道内的曳引轮、反绳轮、滑轮、链轮、限速器及张紧轮、补偿绳张紧轮，在轿厢上的滑轮与钢丝绳形成传动的旋转部件，均应当设置防护装置，如图 7-49 及图 7-50 所示。曳引轮、盘车手轮、飞轮等部件均应涂成黄色以示提醒，防止人或物卷入导致故障或事故。

所采用的防护装置应当能够看到旋转部件并且不妨碍检查与维护工作。如果防护装置是网孔状，如图 7-49 所示主机防护罩 5 就是带网孔状防护罩，为不妨碍盘车开关及盘车装置的安装，应在上部盘车部分留有缺口，其网孔尺寸及安全距离应当符合 GB 23821—2009 的要求。防护装置只能在更换钢丝绳或链条、更换绳轮或链轮、重新加工绳槽的情况下才能被拆除。

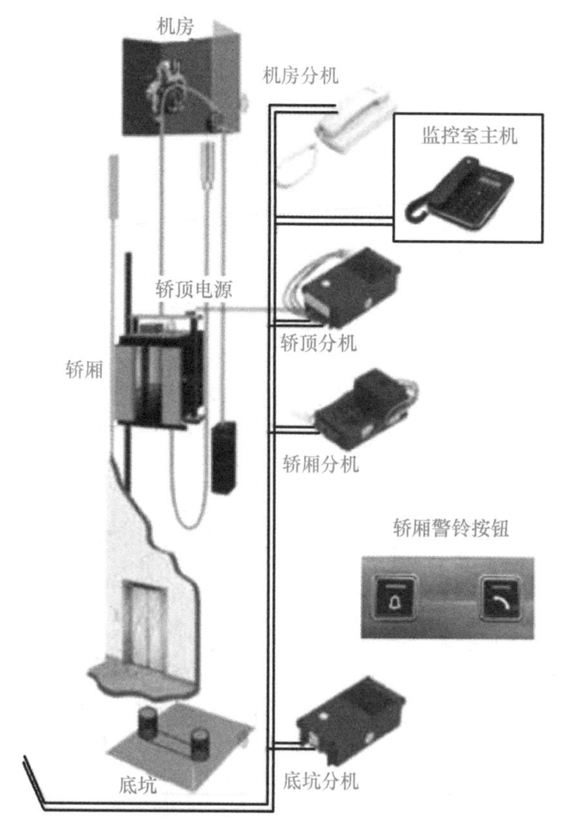

图 7-48　电梯五方通话位置

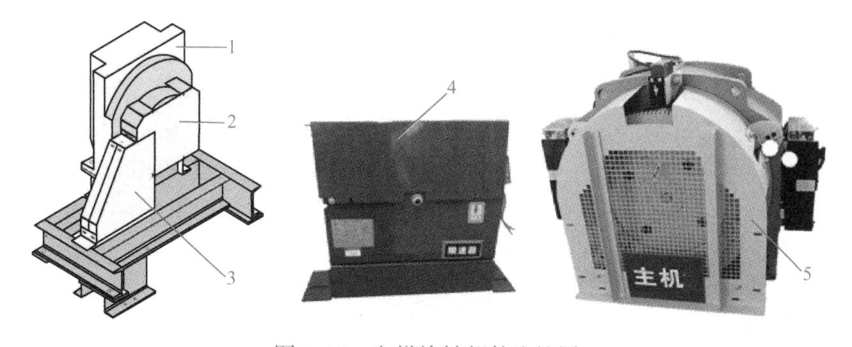

图 7-49　电梯旋转部件防护罩

1—曳引轮防护罩　2—曳引机防护罩　3—导向轮防护罩　4—限速器防护罩　5—主机防护罩

7.6.2　移动部件防护

轿厢和对重是在电梯运行过程中做上下往复运动的移动部件。轿厢及对重运行的空间是井道，因此需要对这些移动部件进行必要的防护。如图 7-51 所示，为了保证维修人员在轿顶的作业安全，在轿厢顶部安装了轿顶防护栏 3，为避免发生坠落的危险，在轿厢下部厅门侧设置了轿厢护脚板。如图 7-52 所示，为了保证维修人员安全，需要在对重底部安装对重防护网。如果对重反绳轮在人员容易接触的区域，则需给对重反绳轮加设防护网。

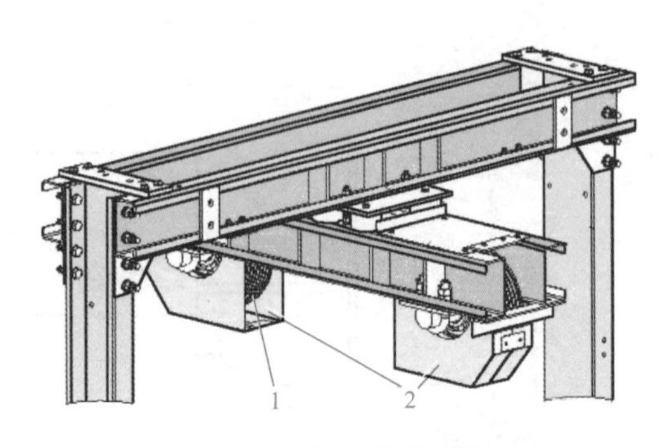

图 7-50　反绳轮防护罩

1—反绳轮　2—反绳轮防护罩

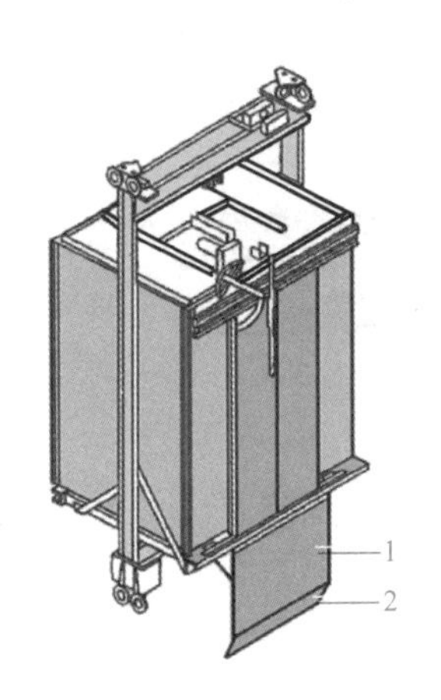

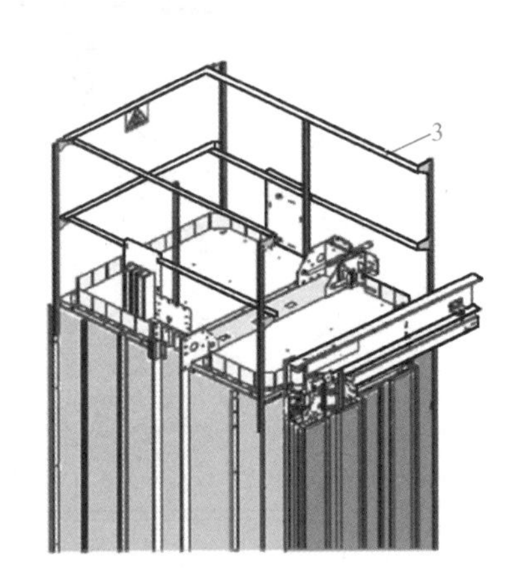

图 7-51　轿厢防护

1—轿厢护脚板垂直部分　2—轿厢护脚板倾斜部分　3—轿顶防护栏

在装有多台电梯的井道中，不同电梯的运动部件之间应设置隔障，这种隔障应至少从轿厢、对重（或平衡重）行程的最低点延伸到最低层站楼面以上 2. 50m 高度。隔障应有足够的宽度以防止人员从一个底坑通往另一个底坑；如果轿厢顶部边缘和相邻电梯的运动部件之间的水平距离小于 0. 5m，隔障应当贯穿整个井道。对重（或平衡重）的运行区域应采用刚性隔障保护。轿厢及关联部件与对重（或平衡重）之间的距离应不小于 50mm。

1. 轿顶防护栏

国家标准要求井道壁离轿顶外侧水平方向自由距离超过 0. 3m 时，轿顶应当装设护栏，并固定可靠。防护栏应当装设在距轿顶边缘最大为 0. 15m 之内，并且其扶手外缘和井道中的任何部件之间的水平距离不小于 0. 10m。护栏的入口应当使人员安全、方便出入。护栏由扶手、0. 10m 高的护脚板中间栏杆及固定在护栏上的警示符号或者相关须知组成；轿顶护栏最高部分在轿厢投影面内且水平距离 0. 40m 范围内和护栏外水平距离 0. 10m 范围内，应至少为 0. 30m；在轿厢投影面内且水平距离超过 0. 40m 的区域任何倾斜方向距离，应至少为 0. 50m。当自由距离不大于 0. 85m 时，扶手高度不小于 0. 70m；当自由距离大于 0. 85m 时，扶手高度不小于 1. 10m。

2. 轿厢护脚板

护脚板是指从层门地坎或轿厢地坎向下延伸的平滑垂直部分。每一轿厢地坎上均须装设护脚板（见图7-51），其宽度应等于相应层站入口的整个净宽度。轿厢护脚板垂直部分1以下有轿厢护脚板倾斜部分2向下延伸，其斜面与水平面的夹角应大于60°，该斜面在水平面上的投影深度不得小于20mm。轿厢护脚板垂直部分1的高度不应小于0.75m。对于采用对接操作的电梯，其轿厢护脚板垂直部分的高度应是在轿厢处于最高装卸位置时，延伸到层门地坎线以下不小于0.10m。

3. 对重（或平衡重）防护网

众所周知，轿厢体积较大，维修人员在底坑中作业时通常会非常小心轿厢的位置，但随着轿厢上行，其与底坑中的工作人员的距离会增加，对重也会相应地向底坑方向运行，维修人员往往会忽略对重的状态而造成危险。因此，要求隔障将对重（或平衡重）的运行区域与维修人员可以到达的区域隔离开，以保护在底坑中的维修人员不受到伤害。

图7-52所示为对重（或平衡重）防护网，在电梯的运行区域应采用刚性隔障防护，该隔障从电梯底坑地面上不大于0.30m处向上延伸到至少2.50m的高度，其宽度应至少等于对重（或平衡重）宽度两边各加0.10m。如果这种隔障是网孔型的，则必须是刚性的。

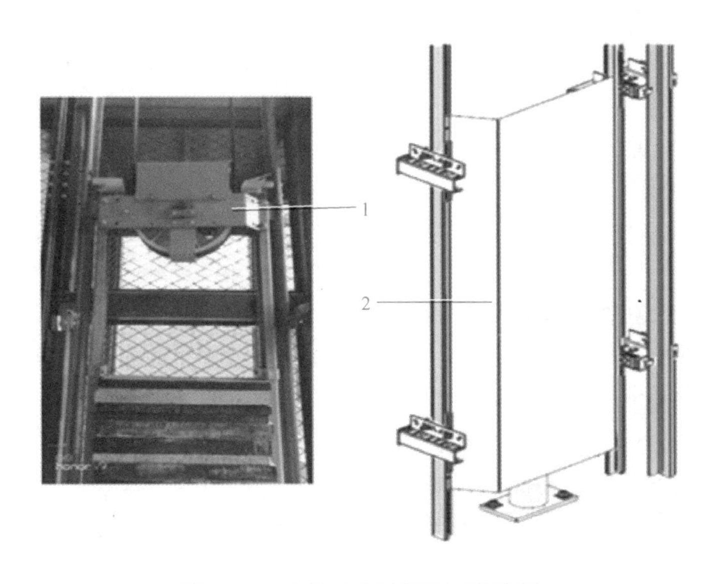

图7-52 对重（或平衡重）防护网

1—对重框 2—对重防护网

特殊情况，为了满足底坑安装的电梯部件的位置要求，允许在该隔障上开尽量小的缺口。如果在设计上使用了带孔的网，而且不是用刚性的网进行制造，网孔的大小是10mm×10mm，网丝直径为2mm。当隔障安装后，强度非常低，很容易被推到对重的运行空间中，这是不满足标准要求的。

本章习题

一、判断题

1. 电梯超载运行，厅门未关闭运行，电动机错、断相运行等均属于不安全运行状态。（　　）

2. 电梯运行过程中突然停梯，下坠到底层开门可能是电梯的低速自救功能。（　　）

3. 瞬时式安全钳适用于电梯额定速度低于0.63m/s的电梯。（　　）

二、填空题

1. 电梯检修运行速度应不大于________m/s，电梯低速自救速度应不大于________m/s。

2. 蓄能型缓冲器只能用于额定速度________的电梯。

3. 弹簧缓冲器适用于额定速度小于或等于________m/s的电梯。

4. 制停子系统是执行意外移动保护的部件，指作用在________、________、________、________或只有两个支撑的曳引轮轴上的起到意外移动后制停电梯的部件。

5. 紧急电动运行时，可以使________、________、________、________、________安全开关失效。

6. 每一轿厢地坎上均须装设护脚板，其宽度应________相应层站入口的整个净宽度。

三、单项选择题

1. 电梯不安全状态不包括的是（　　）。

A. 电梯超速运行　　B. 电梯检修运行

C. 电梯非正常停止　　D. 电梯蹲底

2. 限速器钢丝绳的公称直径应不小于（　　），限速器钢丝绳轮的节圆直径与钢丝绳的公称直径之比应不小于（　　）。

A. 4mm，30　　B. 6mm，30

C. 8mm，40　　D. 10mm，40

3. 关于缓冲器的说法不正确的是（　　）。

A. 装在行程端部　　B. 用来吸收轿厢动能的一种弹性装置

C. 缓冲器只设一个，即在轿厢底部　　D. 有弹簧式和液压式

四、简答题

1. 电梯安全回路的主要作用是什么？

2. 电梯夹绳器是如何起到上行保护作用的？请阐述其动作过程。

3. 厅门旁路装置的作用是什么？

第 8 章 电梯控制系统

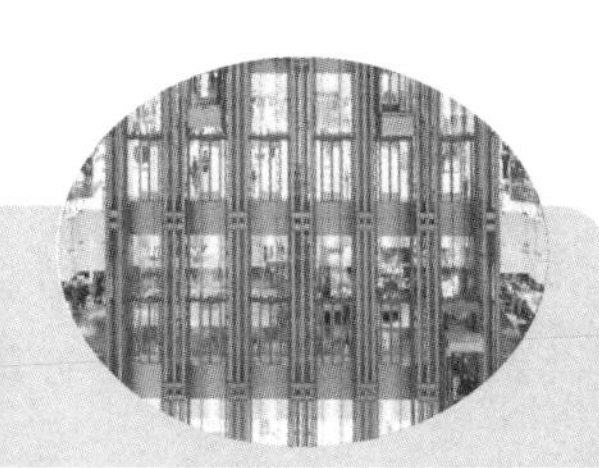

学习导论

电梯控制系统的首要任务是确保电梯运行过程中人员和设备的安全。根据电梯安全可靠运行的条件，控制电梯的运行过程。电梯的控制是一个极其复杂的逻辑判断及执行过程，它需要精确判断电梯当前状态并比较各类运行、控制指令，进行电梯运行逻辑运算以达到精确安全地控制电梯运行，从而实现安全快捷地完成大楼乘客运输的任务。

电梯控制系统主要根据电梯主控制器、层站召唤、楼层显示、控制按钮、信号进行分析判断，控制电梯的起动、稳速运行、减速、准确平层、平滑停车、及时开门、信号显示等功能，并且可以进行故障自诊断、冗余预警、遥控监测等功能，以确保电梯安全节能快捷地运行。

问题与思考

1. 我们乘坐的电梯由谁在控制？
2. 电梯自动运行的幕后英雄是谁？
3. 在维修过程中电梯也会高速运行吗？
4. 图 8-1 所示电梯控制柜内器件的作用是什么？

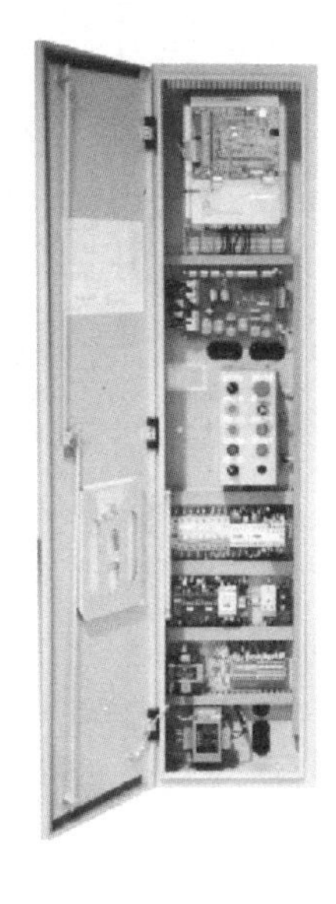

图 8-1　电梯控制柜

学习目标

1. 电梯控制系统的组成。
2. 电梯控制系统的功能。
3. 掌握电梯几种运行状态及其关系。

8.1 电梯电气控制系统

8.1.1 电气控制系统的组成

电梯主要的控制对象有两个，一个是控制电梯上下运行的曳引机，另一个是控制电梯门开关运行的门电动机。电梯的电气控制系统对电梯上下运行与开关门运行逻辑进行控制，同时完成运行状态显示、照明及报警等功能。实现电梯复杂运行的逻辑控制的系统称为电梯的逻辑控制系统。

图 8-2 所示为电梯主要控制部件。由驱动部件曳引机 10 及门机完成电梯运行操作，各种外呼信号由厅外呼梯板 1 输入，轿内指令由轿内操纵箱 3 输入，将轿顶各种开关控制信号及门机控制运行反馈信号送给轿顶板 4，所有指令及开关状态信号都输入到一体机 2，由一体机完成各种逻辑判断后输出显示及控制曳引机及门机的运行。由此可知，一体机是整个系统的核心逻辑控制器件。

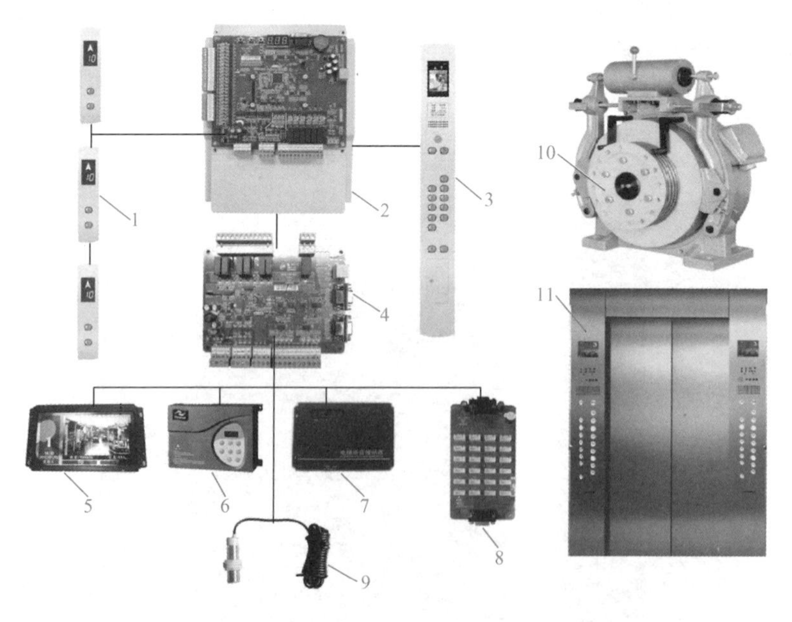

图 8-2 电梯主要控制部件

1—厅外呼梯板 2——体机 3—轿内操纵箱 4—轿顶板 5—轿内液晶显示 6—门机变频器语音 7—报站器 8—轿内指令板 9—井道位置检测开关 10—曳引机 11—门系统

8.1.2　电气控制的基本功能

1. 电梯自动开、关门控制功能

为了实现自动开、关门，电梯对自动开、关机构（或称自动门机系统）的功能有确定的要求。同时，为了减少开、关门的噪声和时间，往往要求门机系统进行速度调节。自动门机构安装于轿顶上，除了能带动轿厢门启闭外，还应能通过机械的方法，使电梯轿厢在各个层楼平面（或层楼平面上、下 20.0mm 的安全门区域内）时，能方便地使各个楼层的层门也能随着电梯轿厢门的启闭而同步启闭。

当轿厢门和某层楼的层门闭合后，应由电气机械设备的机械钩子和电气触头予以反映和确认。开、关门动作应平稳，不得有剧烈的抖动和异常声响，开关门系统在开、关门过程中其运行噪声不得大于65dB（A）。关门时间一般为3～5s，而开门时间一般为2.5～4s。

2. 电梯的呼梯控制功能

电梯的运行目的是把乘客运送至目的层站，它是通过揿按轿内操纵箱上的选层按钮来实现的，通常称这样的选层按钮信号为“轿内呼梯”信号或轿内指令信号，如图8-3中1所示。同样，各个层站的乘客为使电梯能到达所呼叫的层站，必须通过该层站电梯厅门旁的呼梯按钮盒（厅外呼梯板）上的上、下两个按钮而发出该层站呼叫电梯的信号，通常简称“外呼梯”信号，如图8-3中2所示。内、外呼梯信号的作用是使电梯按要求运行。另一方面，由于这两个信号也是位置信号，其在控制系统中的作用是与电梯的位置信号进行比较，从而决定电梯的运行方向是上行还是下行。因此，必须对它们进行登记、记忆和消除。

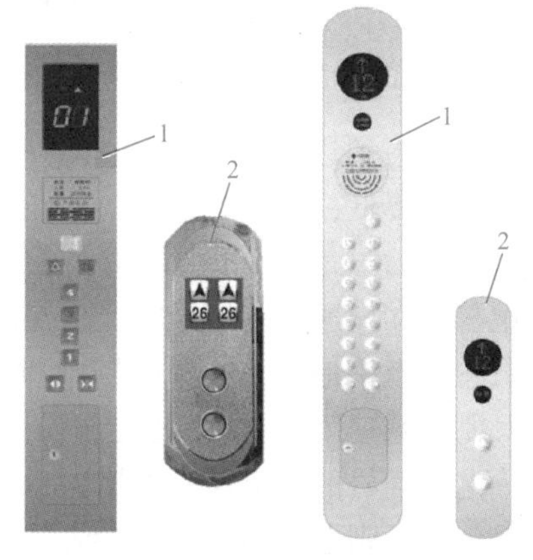

图8-3　电梯呼梯显示

1—轿内操纵箱　2—厅外呼梯板

3. 电梯的运行方向控制功能

任何类别的电梯，其运行的充分与必要条件之一是要有确定的电梯运行方向，因此所有电梯的确定运行方向的控制环节（简称定向环节），在电梯的控制系统中也与电梯的自动开关门控制环节一样，是一个至关重要的控制环节。所谓电梯的方向控制环节，是根据电梯轿厢内乘客欲往层站的位置信号或各层站大厅乘客的召唤信号与电梯所处层楼的位置信号进行比较和判断，凡是存在电梯现行位置以上方向的轿内或大厅召唤信号，则电梯选定上行方向；反之，选定下行方向。

在方向控制环节，一般集选电梯必须满足下列几项要求。

1）轿内选层信号优先于各层站大厅召唤信号而定向，即当空轿厢电梯被某层站大厅乘客召唤到达该层站后，某层的乘客即可进入电梯轿厢内而揿按内选按钮使电梯选定上行方向（或下行方向）。若乘客虽进入轿厢内而尚未揿按内选按钮（即电梯尚未选定方向），出现其他层站的大厅召唤信号时，如果这一召唤信号使电梯的运行方向有别于已进入轿厢内的乘客要求电梯的运行方向，则电梯的运行方向应按已进入轿厢内的乘客要求而定向；而不是根据其他层站大厅乘客的要求而定向，这就是所谓的“轿内优先于厅外”。只有当电梯门延时关闭后，而轿内又无指令定向的情况下，才能按各层站的召唤信号的要求而选定电梯运行方向，但一旦确定出电梯运行方向后，再有其他层站的召唤信号就不能更改已定的运行方向了。

2）要保持最远层站召唤信号所要求的电梯运行方向，而不能轻易地改变，这样以保证最高层站（或最低层站）的乘客乘用电梯；而只有在电梯完成最远层站乘客的要求后，方能改变电梯运行方向。

3）在有司机操纵电梯时，在电梯尚未起动运行的情况下，应让司机有强行改变电梯运行方向的可能性。因此，在以有司机操纵为主的使用情况下，有“强行换向”的功能。

4）在电梯处于检修状况下，电梯的方向应由检修人员直接揿按轿厢内操纵箱上或轿厢顶的检修箱上的方向按钮进行控制，使电梯向上（或向下）运行；而当松开方向按钮应立即使电梯运行方向消失并立即停车。

4. 电梯的制动减速控制功能

在电梯将到达目的层站前方的一定距离位置时，必须让电梯制动减速，并使电梯的运行速度尽可能降低，以至等于零，才能保证电梯的平层准确度。所以在电梯控制系统中，电梯的制动减速信号是一个非常重要的控制信号。

电梯制动减速控制信号的产生与电梯的额定运行速度有关，也与电梯的拖动系统的控制特性有关。概括地说，电梯的制动减速信号也是一个位置信号。对于一个已确定的拖动系统，其制动减速距离的大小也已确定。减速控制要完成的任务是在已确定的位置发出减速信号。而这一信号的发出还要根据内、外召唤指令信号的要求，即如果在该层站没有内、外召唤指令信号，则电梯即使已运行至减速信号的位置，电梯控制系统也不允许发出减速信号。

只有满足下列任一条件才能发出减速信号。

1）已有明确的停车命令，即有轿厢内的指令信号或有与电梯运行方向一致的顺向厅外呼梯信号，并且到达该层站减速位置时转入减速制动，即所谓“顺向截车”控制。

2）电梯应答最远层站的与电梯运行方向相反的厅外召唤信号时，当电梯到达该层站减速位置时转入制动减速，即“最远反向截车”控制。

3）电梯满载或专用直驶时，虽然有厅外呼梯信号也不以应答，电梯通过该层站时不会减速，而直达内选信号所决定的层站减速位置时才转入制动减速，即“专用直驶”控制。

4）电梯控制系统出现故障，未能在目的层站减速而一直向底层端站或顶层端站行驶到达端站强迫换速开关位置时，电梯才转入制动减速，即“端站强迫减速”控制。

5）曳引电动机有过热保护装置，当电梯长时间运行或因制动减速控制失灵而以低速驶向邻近层站或端站时，过热保护装置动作使电梯制动减速，即“电动机过热保护”控制。

5. 平层停车控制功能

电气控制系统完成了电梯拖动系统的制动减速过程以后，就进入了自动平层停车的阶段，适时而准确地发出平层停车信号，从而使电梯准确地停在目的层站平面上。常见的上、下平层信号由磁感应器及双稳态开关或者光电开关产生。

上、下平层停车磁感应器一般安装在轿顶上，当电梯以尽可能低的速度接近目的层站平面，磁感应器进入对应于该层站准确停车位置的隔磁板时，向上和向下平层停车磁感应器先后发出允许停车信号。在两个磁感应器先后依次均被隔磁板插入时，说明电梯轿厢地坎与层楼厅门地坎已齐平，两个磁感应器就发出停车信号。

为使平层停车信号准确而及时，必须保证在准确平层停车时，两个磁感应器均正好被隔磁板插入。若因某种意外而使一个磁感应器在隔磁板外（例如电梯上行，向上停车磁感应器在隔磁板外），而另一个磁感应器仍被隔磁板插入时，控制系统应能自动反向低速运行，直至在隔磁板外的磁感应器重新又进入隔磁板为止，即完成再平层控制。

6. 电梯检修运行控制功能

为排除故障或做定期维修保养，电梯应具有的检修运行功能是必不可少的。对于一般信号控制、集选控制的电梯，其检修状态的运行操纵可以在轿厢内操纵，也可以在轿顶或控制柜操纵。在轿顶操纵时，轿内及控制柜的检修操纵不起作用，以确保轿顶操纵人员的人身安全和设备安全。

电梯的检修运行仍应在各项安全保护（电气保护和机械保护）起作用的情况下进行。当检修状态继电器吸合时，必须切断自动开关门电路和正常快速运行的电路，检修状态下的开关门操作和检修运行的操作均只能是点动操作。检修运行操作也必须在所有安全保护装置及其电路均处于可靠有效的状态下进行。这里值得注意的是检修运行时，电梯的轿厢门及各个层站的层门必须全部关闭。检修运行的行程应不超过正常的行程范围；检修运行时还应设有一个停止开关。

7. 电梯消防控制功能

对于一幢高层建筑大楼，按照国家消防规范的规定，大楼内至少有一台或若干台可以供大楼火警时消防人员专用的电梯。当大楼发生火警时，底层大厅的值班人员或电梯管理人员通过值班室的消防控制开关或将装于底层电梯层门旁侧的消防控制开关盒上的玻璃窗打碎，如图 8-4 所示，立即拨动消防开关，则不论电梯处于何种运动状态，均会立即自动返回基站开门放客。

图 8-4 电梯厅消防开关

根据最新的消防规范规定，一幢大楼内虽仅有一台或多台电梯可提供给消防人员用作消防紧急运行，但只要消防电梯的消防开关投入工作后，除了消防梯自动返回基站外，其他未提供给消防人员使用的电梯也应立即自动返回底层开门放客，停住不动。

进入消防运行的电梯简称消防梯，不管消防梯当时处于何种运行状态均应立即返回基站，不应答轿内指令信号和厅外的召唤信号。正在上行的电梯紧急停车，但当电梯速度≥2m/s 时，应先强行减速，后停车。在上述情况下，电梯停车不开门，直至底层（或基站）后再开门。正在下行的电梯直达至底层（或基站）大厅，而不应答任何内外召唤信号。

当电梯回底层（或基站）时，应可使消防人员通过钥匙开关，使电梯开始处于消防人员专用的紧急运行状态。此时电梯即可由消防人员操纵使用。消防人员在接通消防紧急运行钥匙开关后，即可进入轿厢，按下要抵达楼层的指令按钮，待该指令按钮内的灯发亮后，说明指令已被登记。电梯自动处于专用状态，只应答厅内指令信号，而仍不应答厅外召唤信号。同时轿内指令信号的运行，只能逐次地进行，运行一次后将全部消除轿内指令信号。第二次运行又要再一次按下消防人员要去楼层的选层按钮。在消防运行情况下，电梯是通过按操纵箱上的开关门按钮开关门的，也就是电梯开关门是通过轿厢操纵箱上的开关门按钮点动运行的，并且关门速度约是正常时的1/2。如果在门全部闭合前松开关门按钮，电梯立即开门，不再关门，因此电梯门的安全触板、光电保护等不起作用。当电梯到达某一楼层停车后，电梯也不自动开门，而需连续按下开门按钮电梯方能开门，松开开门按钮电梯不再开门。消防紧急运行应在至关重要的各类保护仍起作用且有效的情况下进行。当火警解除后，消防人员专用的电梯及大楼内的其他各台电梯均应能很快地转入正常运行。

8.1.3 电梯群控功能

在一幢大楼内电梯的配置数量（见图8-5）是根据大楼内人员的流量及其在某一短时间内疏散乘客的要求和缩短乘客等候电梯的时间等方面因素所决定的，即所谓交通分析。这样在电梯的电气控制系统中就必须考虑到如何提高电梯群的运行效率，若多台电梯均各自独立运行，则不能提高电梯群的运行效率。

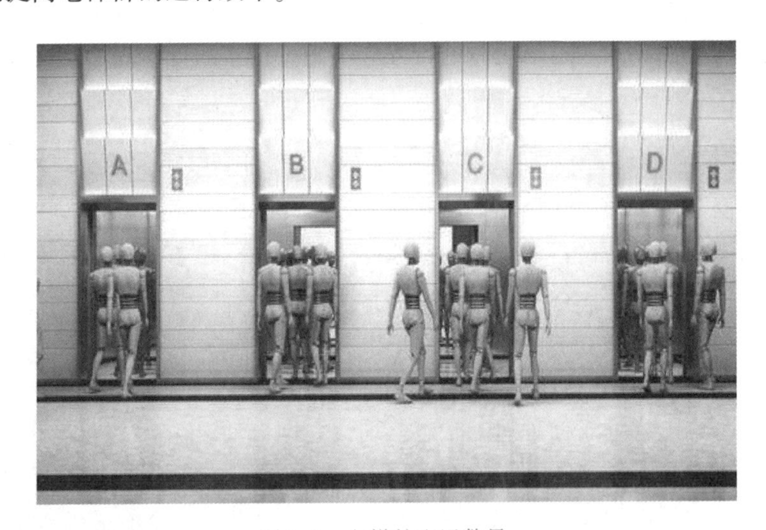

图8-5 电梯的配置数量

从电气控制角度看，这种合理调配按其调配功能强弱可以分为并联控制和梯群管理控制两大类，简称并联和群控两大类。并联控制就是两台电梯共同享受一个外召唤信号，并按预先设定的调配原则自动地调配某台电梯去应答厅外召唤信号。所谓群控就是几台电梯除了共享一个厅外召唤信号外，还能根据厅外召唤信号数的多少和电梯每次负载情况，自动合理地调配各台电梯处于最佳的服务状态。

无论是电梯的并联控制还是梯群管理控制，其最终目的是把对应于某一楼层召唤信号的电梯应运行的方向信号分配给最有利的一台电梯，也就是说自动调配的目的是把电梯的运行方向合理地分配给梯群中的某一台电梯。群控系统组成如图8-6所示，每台电梯都需要配置

群控调度模块，进行电梯应答分配。

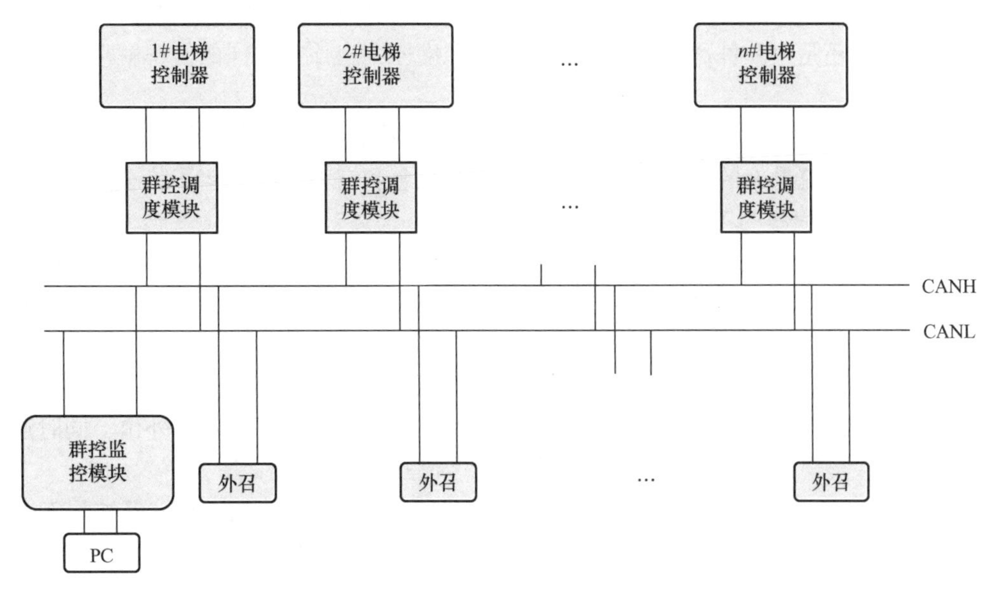

图 8-6 群控系统组成

1. 两台电梯并联控制的调度原则

1）正常情况下，一台电梯在基站待命，另一台电梯停留在最后停靠的楼层，此梯常称自由梯或称忙梯。若某层有召唤信号，则忙梯立即定向运行去接该层的客人。

2）若两台电梯因轿内指令而到达基站后关门待命时，则应执行先到先行的原则。例如A 电梯先到基站，而 B 电梯后到，则 A 电梯立即起动运行至事先指定的中间楼层待命，并成为自由梯，而 B 电梯则成为基站梯。

3）当 A 电梯正在向上运行时，如果其上方出现任何方向的召唤信号，或是其下方出现向下的召唤信号，则均由 A 电梯的一周行程中去完成，而 B 电梯留在基站不予应答运行。但如果在 A 电梯的下方出现向上召唤信号，则在基站的 B 电梯应答该信号而发车上行接客，此时 B 电梯也成为自由梯。

4）当 A 电梯正在向下运行时，如果其上方出现任何向上或向下的召唤信号，则在基站的 B 电梯应答该信号而发车上行接客。但如果在 A 电梯的下方出现任何方向的召唤信号，则 B 电梯不应答，而由 A 电梯去完成。

5）当 A 电梯正在运行，其他各楼层的厅外召唤信号又很多，但在基站的 B 电梯又不具备发车条件，而在 30 ~ 60s 后，召唤信号仍存在，尚未消除时，则通过延误时间继电器而令B 电梯发车运行。同理，如果本应 A 电梯应答厅外召唤信号而运行的，但由于如电梯门锁等故障而不能运行时，则也经 30 ~ 60s 的延误时间后而令 B 电梯（基站梯）发车运行。

2. 多台电梯的群控状态及调度

根据客流量大小、楼层高度及其停站数等因素计算判断，为了缩短乘客的候梯时间，电梯群控系统按当今的技术水平可以有四个程序、六个程序和无程序（即随机程序）的工作状态。过去通过硬件逻辑的方式进行控制，因此可以说是无程序的，如迅达电梯公司的Miconic10系统、奥的斯电梯公司的Elevonic411、三菱电机公司的OS2100系统等。不论是用硬件逻辑的方法，还是用软件逻辑的方法，群控的调度原则应该是类同的。现就六个程序的工作状态简述如下。

（1）六个程序的工作状态　包括上行客流量顶峰状态、客流量平衡状态、上行客流量大的状态、下行客流量大的状态、下行客流量顶峰状态和空闲时间的客流状态。

（2）六个工作程序的工作状况

1）上行客流量顶峰工作状态的客流交通特征是，从下端基站向上去的乘客特别拥挤，通过电梯将大量乘客运送至大楼内各层，这时楼层之间的相互交通很少，并且向下外出的乘客也很少。

2）客流量平衡工作状态的客流交通特征是，客流强度为中等或较繁忙程度，一定数量的乘客从下端基站到大楼内各层，另一部分乘客从大楼中各层到下端基站外出，同时还有相当数量的乘客在楼层之间上下往返，所以上、下客流几乎相等。

3）上行客流量大的工作状态的客流交通特征是，客流强度是中等或较繁忙程度，其中大部分是向上客流。

4）下行客流量大的工作状态的客流交通特征正好与上行客流量大的工作程序相反，只是将前述的向上换成向下，也属于客流非顶峰范畴内。

5）下行客流量顶峰工作状态的客流交通特征是，客流强度很大，由各楼层向下端基站的乘客很多，而楼层间相互往来及向上的乘客很少。

6）空闲时间客流工作状态的客流交通特征是，客流量极少，而且是间歇性的（如假日、深夜、黎明）。轿厢在下端基站按到达先后被选为“先行”。

3. 群控系统中紧急状态的处理和注意事项

在群控系统中，某台电梯出现故障或群控调度系统有故障时，整个系统的应变能力大大强于非群控系统，故障电梯自动转入独立运行状态，不影响系统工作。但若电梯管理人员不及时进行故障处理，也会影响电梯系统的整体调度能力。

在有故障情况下，一方面通过对讲机（或电话机）与电梯轿厢内的乘客取得联系，宽慰乘客不要惊慌，不要自行扒门，以等待电梯急修人员前来抢修和解救；另一方面，电梯管理和值班人员应立即通知电梯急修人员和本单位内的电梯日常维护保养人员，通过其他电梯来解救被困在故障电梯轿厢内的乘客。

对于微机控制的电梯群控系统，值班人员一方面通知电梯急修人员或本单位内的电梯日常维护保养人员前去解教；另一方面通过人机对话系统和本身的故障自动记录系统，查询故障原因，以利于电梯急修人员到来后能正确、迅速地排除故障。

由于是两台以上电梯组成的群控系统，因此在处理紧急事故时要密切注意临近电梯的运行情况，以免再一次产生新的不必要的危险和故障。

8.1.4　目的选层控制

目的选层控制（Destination Selection Control，DSC）是一种全新的电梯群控系统，传统的电梯群控系统靠外呼和内选实现电梯的运输，运力不能够很好地发挥，尤其在高峰时刻会

出现严重的拥堵。而DSC控制通过侯梯厅选层，计算机精确计算以图解的形式告知乘客哪一台电梯能最快将其送达指定楼层，减少电梯中间停站，大大提高运力。实践表明，DSC控制系统将运力提高了20%～30%。目的选层控制系统能够实现门禁功能，为大厦的管理提供诸多方便，能够实现刷卡和密码双重管理，VIP、残疾人等多种服务。

使用目的选层控制系统，乘客便可以在进入厅站之前选择各自的目的楼层，系统会直接引导乘客前往所分配的电梯。如图8-7所示，系统会将人数适当的乘客及某个特定楼层停靠区域分配给同一台电梯，因此乘客可井然有序地登梯，同时最大程度缩短了到达目的地的乘梯时间。

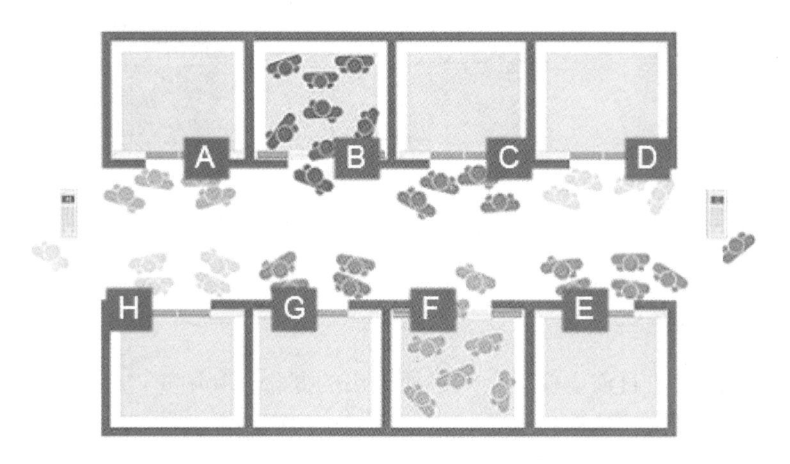

图8-7　目的选层控制调度原则

目的选层控制系统每个电梯的厅外呼梯盒无上下运行选择按钮，一个电梯厅只有一个数字输入式呼梯盒或刷卡式呼梯盒，如图8-8所示。乘客进入电梯后直接通过该呼梯盒输入需要到达的目的楼层。

a) 数字输入式呼梯盒　　b) 刷卡式呼梯盒

图8-8　目的选层厅外选层装置

每台电梯厅门侧电梯服务楼层指示器显示本台电梯将要服务的楼层，如图8-9b所示。呼梯盒直接输入乘客需要到达的楼层数字或者通过刷卡识别到达楼层位置，系统将分配乘客乘坐电梯并给予提示。乘客根据呼梯盒面板提示前往系统分配电梯，进入电梯后不需要再按下楼层按钮，只需要注意观看轿内运行方向及服务楼层指示器（见图 8-9c），其上方提示电梯现在位置及运行方向，下方提示该电梯所要前往的楼层。

a) 厅外呼梯盒　　b) 服务楼层指示器(厅站)　　c) 轿内运行方向及服务楼层指示器

图 8-9　目的选层系统

8.1.5　电梯物联网系统

电梯物联网是为解决目前电梯安全问题而提出的概念，利用先进的物联网技术，将电梯与电梯相连并接入互联网，从而使电梯、质监部门、房产企业、整梯企业、维保企业、配件企业、物业公司和业主之间可以进行有效的信息和数据的交换，从而实现对电梯的智能化监管，以提升电梯使用的安全性，保障乘客的生命安全。

数据采集部分、数据传输部分、中心处理部分以及应用软件共同构成了完整的电梯物联网系统，如图 8-10 所示。安装在远端各个电梯上电梯监控终端的数据采集系统主要负责采集电梯的相关运行数据，通过微处理器进行非常态数据分析，经由 3G、GPRS、以太网络或 RS485 等方式进行数据传输，由服务器进行综合处理，实现电梯故障报警、困人救援、日常

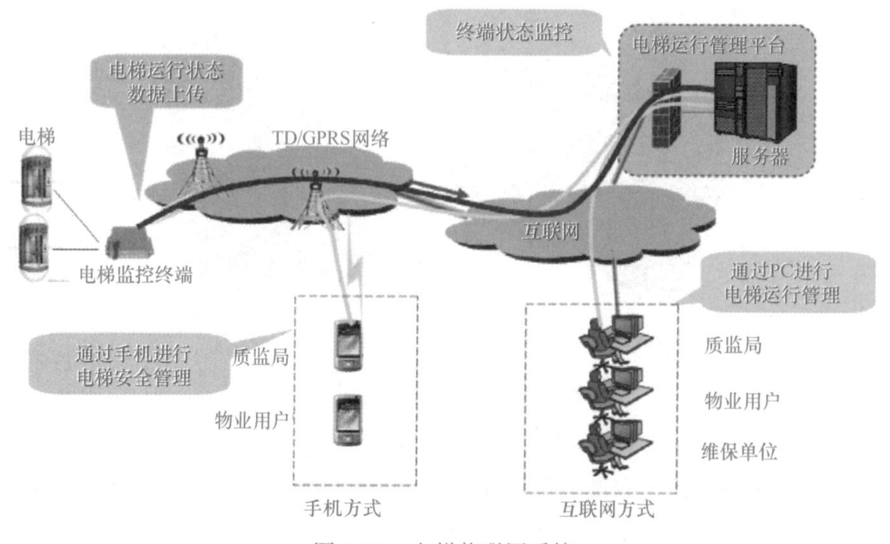

图 8-10　电梯物联网系统

管理、质量评估、隐患防范、多媒体传输等功能。

电梯整个生命周期的各个节点都在电梯物联网平台中进行，电梯的采购、出厂、建档、安装、验收、维保、故障报警以及年检等信息都在电梯物联网平台中得以实现。政府质监部门、房产企业、整梯企业、维保企业、销售企业、配件企业、物业公司、业主等可根据自身的用户权限访问不同的信息；各种应用都在电梯物联网平台中展开，电梯物联网真正做到了有权限的信息和知识共享。

8.2 电梯运行逻辑

8.2.1 电梯运行条件

任何类型的电梯或是其任何控制形式，要使电梯在输送乘客或货物，向上或向下运行时，电梯能安全可靠地运行，其必须满足以下条件。

1）必须把电梯的轿厢门和各个层站的电梯层门全部关闭好。这是电梯安全运行的关键，是保证乘客或司机等人员避免坠落和剪切危险的最重要的基本条件。电梯控制系统需要通过轿门和厅门门联锁信号来判断各层门及轿门的关闭状态。

2）必须要有确定了的电梯运行方向（上行或下行）。这是电梯运行的最基本任务，即通过内外呼梯登记后确定乘客送上（或送下）至需要停靠的层站。

3）电梯系统的所有机械及电气安全保护系统有效而可靠。这是确保电梯设备和乘客人身安全的基本保证。电梯控制系统需要通过安全回路信号判断电梯机械与电气安全保护系统是否有效，必须确定安全回路正常情况下才能发出起动运行的指令。

8.2.2 电梯运行过程

电梯除经常使用的正常运行状态外，还存在其他不同的运行状态。有方便维修人员检修和维护电梯的检修运行状态，用于安全回路局部发生故障时移动轿厢的紧急电动运行状态，以及用于发生火灾事故时的消防运行状态等。

对于正常运行控制，也是普通乘客使用电梯时对电梯的操作，这种操作通常是借助触摸按钮、磁卡控制等输入乘客要求到达层站的信号，要求信号系统功能有效，指示正确，将乘客高效、快捷、安全地运送到乘客的目的楼层。

电梯的正常运行过程是如何的呢？当电梯关闭层门停靠在基站时，乘客从基站在厅外按下外呼按钮，电梯开门，乘客进入轿厢按下目的楼层的按钮，电梯运行指令进行登记目的楼层的指示灯被点亮，电梯自动关门，电梯起动，电梯经过起动、加速、稳速到额定速度运行过程，当要到达目标层前某一位置时，井道传感器发出转换信号，自动减速轿厢进入平层区，井道平层传感器发出平层信号后，电梯停车并自动开门，乘客到达目的楼层。若平层准确度低，则电梯进行校正运行，将以最低的速度慢行到准确平层位后停车再开门。如果乘客继续同向运行，乘客只需按下轿厢内目的楼层的按钮，若外部有人按下召唤按钮，符合此时电梯运行方向，则被截停，按下选层按钮，完成运行登记，当同向的指令都被完成后，电梯自动换向运行。

1. 电梯正常运行的过程

（1）运行登记　运行登记信号包括轿内登记及厅外召唤信号登记。

1）轿内登记。乘客进入轿厢，根据各自欲前往的楼层，逐一按下相应楼层的选层按钮，完成了电梯运行指令的预先登记，电梯便自动决定运行方向。

2）厅外召唤信号登记的原则是“同向响应、反向保留”。先同向运行：只要申请乘梯方向符合此时电梯运行方向，电梯就能被顺向截停。后反向运行：当同向登记指令都已被执行以后，乘客只要按下起动按钮，电梯便自动换向运行，执行另一方向的登记指令。

在运行过程中，可逐一根据各楼层厅外召唤信号，对符合运行方向的召唤信号逐一应答，自动停靠，自动开门。在完成全部同向的登记后，若有反向厅外召唤信号，则电梯自动换向运行，应答反向厅外召唤信号。如果没有召唤信号，电梯便自动关门停机，或自动驶回基站关门待命。如果某一楼层又有召唤信号，电梯便自动起动前往应召。

（2）起动运行　按起动按钮，电梯自动关门，当门完全关闭后，门锁微动开关闭合，使门联锁信号接通，电梯开始起动、加速，直至稳速运行。

（3）自动运行　当乘客进入轿厢时，只需按下欲前往的层站按钮。电梯在到达规定的停站延迟时间后，便自动关门起动、加速，直至稳速运行。

（4）减速运行　当电梯到达欲停靠的目的楼层前方某一位置时，由井道传感器向电梯控制系统发出转换信号，电梯便自动减速准备停靠。

（5）自动平层　当轿厢进入到平层区（即停靠楼层上方或下方的一段有限距离）时，井道平层传感器动作，发出平层信号控制轿厢准确平层，并自动开门。如果平层准确度低于标准要求，则电梯进行校正运行，电梯以最低的速度慢行到准确平层位。平层是指停车时，轿厢的地坎与厅门地坎应相平齐，系统规定平层时两平面相差不得超过5mm。

（6）继续运行　如果电梯继续同向运行，乘客只需按下起动按钮，电梯便按预先登记的楼层，按序逐一自动停靠，自动开门。

2. 电梯特殊情况运行

（1）障碍开门　如果电梯在某一楼层关门时，有人或物碰触了门安全触板，或被非接触式的光电式、电子式装置检测到关门障碍时，电梯便停止关门并立即转为开门。

（2）本层开门　如果欲乘电梯的乘客正逢电梯关门时，可按下厅外上、下召唤按钮中与电梯欲运行方向相同的按钮，电梯便立即开门，即本层开门。

（3）电梯超载　如果由于载物过多而超载，则电梯超载检测装置发出超载信号，在声光提示的同时，阻止电梯起动并开门，直到满足限载要求，电梯方能恢复正常运行。

3. 电梯检修运行

电梯可以进行检修操作的位置有控制柜、轿顶检修盒、轿厢操纵箱，这些都是供维修人员进行维修保养作业使用的。

轿顶应装设一个检修运行装置，如轿内、机房也设有检修运行装置，应确保轿顶优先，这就是人们常说的“轿顶优先”。对于机器设备安装在井道内的无机房电梯，在满足相应条件下可以在轿厢内、底坑内或平台上设置一个副检修控制装置。否则，一般情况下，不提倡

在一台电梯上设置两个或两个以上检修控制设备，如果设置两个检修控制装置，则应该保证两者之间符合国家标准规定的一定条件。

4. 紧急电动运行

电梯主机机房里应安装有紧急电动运行开关，进行紧急电动运行时，应排除该部分控制以外的其他任何电力运行。当进行检修运行时，紧急电动运行应处于断路状态。当电梯发生限速器、安全钳联动或者电梯轿厢冲顶、蹲底时，可以通过紧急电动运行操控电梯离开故障位置，如轿厢内关人，可以快速把人放出来，也可以及时把故障电梯恢复正常。因此，紧急电动运行开关可以使限速器、安全钳、电梯上行超速保护设备、缓冲器、极限开关失效。

5. 消防运行

首先，要分清普通电梯的“消防功能”与可在火灾中使用的“消防员电梯”的区别。普通电梯因电梯用材、设计结构的局限性，在发生火灾时，有可能因为发生断电、高温、潮湿等情况停梯困人，不能起到火灾时疏散人员和消防支持的作用。一般电梯的消防功能是指“紧急情况返基站功能”，也就是一旦发生火灾时将马上操作位于基站的消防开关。该功能一经开启，电梯将直接回到系统设定楼层开门待命，而不会响应外呼或者内选信号了。一般的电梯在发生火灾时无法运行，但是消防员电梯是指在火灾情况能正常使用的一种特殊电梯，也可以作为客梯或工作电梯使用，但应符合消防员电梯的要求。

6. 电梯运行状态相互间的逻辑关系

（1）正常运行与其他运行状态的逻辑关系　只要电梯切换为检修运行、紧急电动运行、消防运行，其中任意一种，正常运行功能将失效，电梯不能接收外呼和内选信号，只能执行相应操作。

（2）检修运行与紧急电动运行　一旦进入检修运行，应取消一切对电梯的操作（包括正常运行、紧急电动运行），只能执行检修操作。检修运行电气安全装置仍然有效，而紧急电动运行应使部分电气安全装置失效，如限速器、安全钳、极限开关、上行超速保护装置、缓冲器上的电气安全装置。检修运行一旦实施，则紧急电动运行应失效。在触发了检修运行开关后再触发紧急电动运行开关，则紧急电动运行无效，检修运行仍然有效。在触发了紧急电动运行开关后再触发检修运行开关，则紧急电动运行失效，检修运行开始有效。

（3）紧急电动运行与消防运行　触发紧急电动运行开关后，除由该开关控制的运行以外，应防止轿厢的一切运行。所以，紧急电动运行优先于消防运行。

本章习题

一、判断题

1. 在电梯处于检修状况下，电梯的方向控制应由检修人员控制，需要电梯上行时，检修人员直接揿按轿厢顶的检修箱上的上行方向按钮即可。　（　　）

2. 电梯处于检修状态下，轿厢内按钮能控制电梯上下运行。　（　　）

3. 乘坐目的选层控制的电梯，进入指定电梯无须按下需要到达楼层的按钮。　（　　）

二、填空题

1. 电梯正常运行时的方向判断是________信号与________信号相比较来确定的。

2. 轿顶应装设一个检修运行装置，如轿内、机房也设有检修运行装置，应确保________优先。

三、单项选择题

1. 下面哪个操作的优先级最高(　　)。

A. 轿顶检修运行　B. 正常运行　C. 消防运行　D. 紧急电动运行

2. 关于电梯正常运行的安全运行条件，下列说法错误的是(　　)。

A. 电梯的轿厢门和各个层站的电梯层门必须全部关闭好

B. 电梯安全回路要有效且可靠

C. 电梯需要有多个呼梯信号

D. 必须要有确定了的电梯运行方向（上行或下行）

四、简答题

1. 电梯运行方向的选择有哪些原则?

2. 电梯目的选层系统与传统的群控有什么不同?

第 9 章 自动扶梯和自动人行道

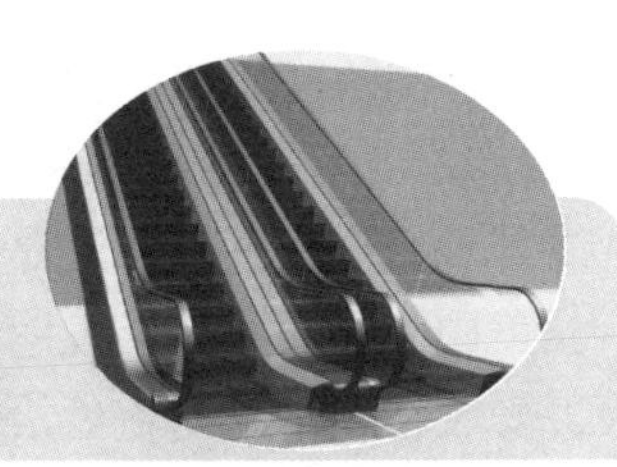

学习导论

在人流量密集的公共场所，如商场、车站、机场、码头、大厦及地铁车站等，都需要在较短时间内输送大量人流，同样需要一种提升装置能帮助人们快速在垂直空间移动，这种设置应具有以下功能：① 输送能力大，能在短时间内连续输送大量人员，使乘客不会有等待的感觉；② 能向上或向下单方向运行，自然的规划人流行进的方向；③ 结构紧凑，占用空间小，外貌美观，有装饰建筑物的作用。自动扶梯和自动人行道很好地满足了上述要求。

那么自动扶梯和自动人行道是如何实现上述要求的呢？它们和直梯有什么不一样的地方？它们使用安全吗？

问题与思考

1. 扶梯梯级是如何循环往复的？
2. 扶梯会超载吗？
3. 扶梯会咬人吗？
4. 扶梯会垮塌吗？
5. 扶梯有应急保护吗？

学习目标

1. 了解自动扶梯的工作特点。
2. 掌握自动扶梯及自动人行道的结构及工作原理。
3. 掌握自动扶梯的安全保护装置。
4. 掌握自动扶梯的环境安全设置。
5. 了解自动人行道的分类和结构。

9.1 自动扶梯

9.1.1 自动扶梯的概述

1. 自动扶梯的发展

1859 年，美国人内森 · 爱米斯（Nathan Ames）发明了一种“旋转式楼梯”并获得专利。它以电动机为动力驱动带有台阶的闭环输送带，让乘客从三角状装置的一边进入，到达顶部后从另一边下来，更像一种游艺机，其被认为是现在自动扶梯的最早构思。

1892 年，美国人乔治·韦勒（George Weller）设计出带有活动扶手的扶梯，活动扶手可以与梯级同步运行，这是一个里程碑式的发明，它实现了“电动楼梯”的实际使用。同年，美国人杰西·雷诺发明了倾斜输送机并取得专利。在专利中，传送带表面被制成凹槽形状，安装在上下端的梳齿恰好与凹槽相啮合，使乘客可以安全进入和离开输送机。这是安全理念在自动扶梯的一个重要体现。

直到今天，梯级链驱动的水平移动梯级、与梯级同步运行的扶手带、与梯级啮合的梳齿板仍是扶梯的主要运行特点。

1899 年，经过不断地改进和推广，奥的斯电梯公司制造了第一条有水平梯级、活动扶手和梳齿板的自动扶梯，并在 1900 年举行的巴黎博览会上以“自动扶梯”为名展出并大获成功。从此，自动扶梯开始蓬勃发展。

目前，国际上较为著名的自动扶梯厂商有美国奥的斯、瑞士迅达、德国蒂森克虏伯、法国 CNIM、芬兰通力、日本日立、日本三菱等。

20 世纪 80 年代，我国也不断引进国外先进技术，成立了多家合资电梯制造公司并开始生产自动扶梯，如中国迅达、上海三菱、日立（中国）、中国奥的斯等。并在 20 世纪 90 年代，出现了众多大量民族品牌的自动扶梯厂商，如远大博林特、宁波宏大、上海永大、广州广日、江苏康立。

2. 自动扶梯的定义

GB 16899—2011 规定，自动扶梯是带有循环运行梯级，用于向上或向下倾斜运输乘客的固定电力驱动设备。（注：自动扶梯是机器，即使在非运行状态下，也不能当作固定楼梯使用。）它用在建筑物的不同楼层之间，大量安装于商业大楼和各种公共场所，如宾馆、车站、码头、机场、地铁等人流密集、客流较大的场合。它的特点就是能连续运送乘客，比电梯具有更大的运输能力，同时由于和建筑物紧密结合，也有一定的装饰作用。通常，自动扶梯的倾斜角不应大于 30°，当提升高度不大于 6m 且名义速度不大于 0.50m/s 时，倾斜角允许增大至 35°。一般自动扶梯的倾斜角有 27.3°、30°、35°三种。自动扶梯的倾斜角度越大，安装时占用的空间就越小，相反，自动扶梯的倾斜角度越小，安装时占用的空间就越大，但乘梯的安全感会更好。自动扶梯如图 9-1 所示。

3. 自动扶梯的分类

自动扶梯一般按照用途、提升高度、驱动方式、有效宽度、机房位置和护栏类型等进行分类。

（1）按用途分　按用途可分为一般型自动扶梯、公共交通型自动扶梯和室外用自动扶梯。

1）一般型自动扶梯也称为标准型自动扶梯，用于公共场所，如商场、书店等。

2）公共交通型扶梯是指自动扶梯本身是公共交通系统，包括出口和入口处的组成部分，满足高强度的使用要求。如火车站等，这类扶梯会针对乘客的安全性和自动扶梯强度进行对应开发，使乘客安全快速到达目的楼层。

3）室外用自动扶梯主要用于人行天桥等，会针对室外的降雨、阳光直射等影响采取对

图9-1　自动扶梯

策，各个部件的防锈、主机及安全装置等防护等级更高。

（2）按提升高度分　按提升高度可分为小高度自动扶梯（提升高度为3～6m）、中高度自动扶梯（提升高度为6～20m）和大高度自动扶梯（提升高度大于20m）。

（3）按驱动方式分　按驱动方式可分为链条式（端部驱动）和齿轮齿条式（中间驱动）。

（4）按梯级有效宽度分　按梯级有效宽度可分为600mm、800mm和1000mm，如图9-2所示。

（5）按机房位置分　按机房位置可分为机房内置式（机房设置在扶梯桁架上端水平段内）、机房外置式（驱动装置设置在自动扶梯桁架之外的建筑空间内）和中间驱动式（驱动装置设置在自动扶梯桁架倾斜段内）三种。

（6）按护栏类型分　按护栏类型可分为玻璃护栏和金属护栏两类。

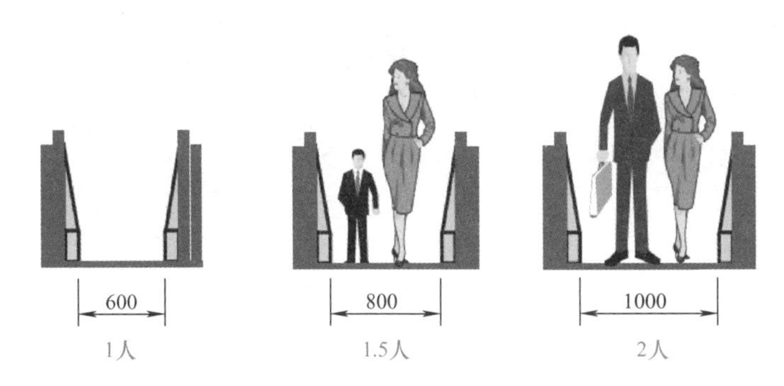

图9-2　自动扶梯梯级有效宽度设置

4. 自动扶梯的参数

（1）提升高度　提升高度是自动扶梯两楼层板之间的垂直距离，一般分为小、中、大三种高度。

（2）最大输送能力　最大输送能力是在运行条件下可达到的最大人员流量。

（3）名义速度　名义速度是由制造商设计确定的，自动扶梯的梯级在空载（如无人）情况下的运行速度。（注：额定速度是指自动扶梯在额定载荷时的运行速度）。

（4）名义宽度　名义宽度等同于自动扶梯的梯级宽度。

（5）倾斜角　倾斜角是指梯级运行方向与水平面构成的最大角度。

9.1.2　自动扶梯的结构

1. 自动扶梯的整体结构

自动扶梯的机械系统是一个非常紧凑且复杂的整体，架设在两个相邻楼层面之间，依靠梯路和两旁的扶手组成的传输机械来输送人员。常见的自动扶梯整体结构如图9-3所示，其一般由桁架、梯级、扶手带和扶手装置、楼层盖板和梳齿板、驱动装置、梯级链、梯级导轨以及各种安全保护装置和润滑系统等组成。

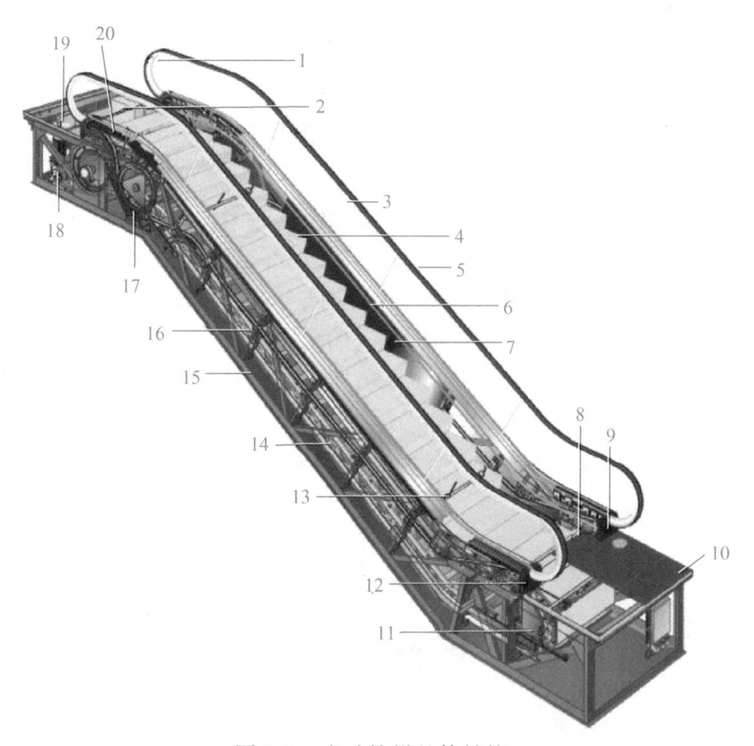

图9-3　自动扶梯整体结构

1—扶手中心　2—控制柜　3—玻璃栏板　4—梯级　5—扶手带　6—围裙板照明灯　7—围裙板　8—梳齿板　9—急停按钮　10—盖板　11—张紧装置　12—扶手带入口　13—梯级运行保护　14—梯级导轨　15—桁架　16—梯级链　17—扶手带驱动　18—主驱动装置　19—速度检测装置　20—内盖板

2. 自动扶梯的传动原理

自动扶梯由两组传动系统组成：一组是梯级链传动系统，由梯级链驱动轮带动梯级链运转，梯级链拖动一串梯级形成梯级运行的闭环；一组是扶手带传动系统，由扶手带驱动轮通过摩擦方式驱动扶手带形成扶手带运行的闭环，如图9-4所示。

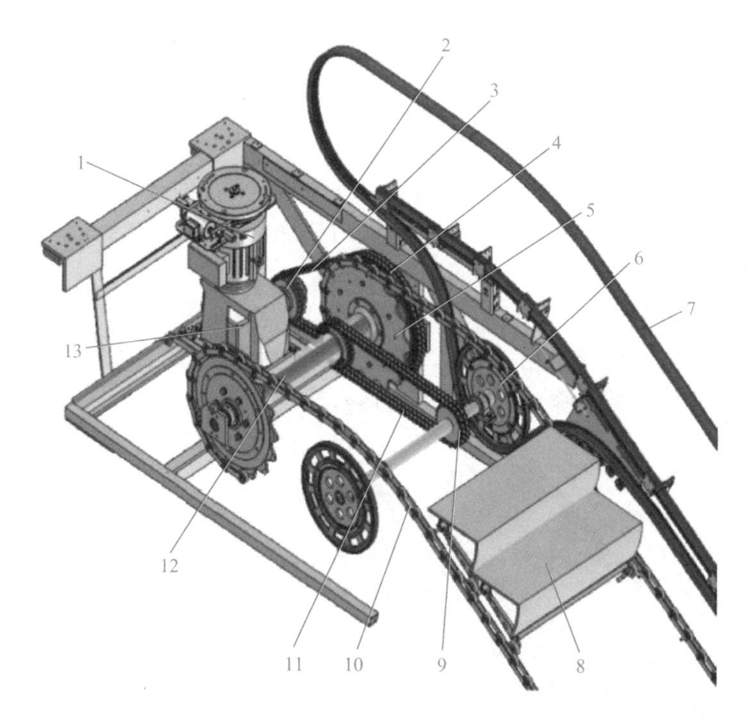

图 9-4　自动扶梯传动原理

1—电动机　2—驱动链轮　3—驱动链　4—双排链轮　5—梯级链轮　6—扶手带摩擦驱动轮
7—扶手带　8—梯级　9—扶手带驱动链轮　10—梯级链　11—扶手传动链　12—主传动轴　13—减速器

具体如下：

1）主机运行，带动“驱动主轴”运转。主机与驱动主轴之间的传动有两种：一种是通过传动链传动，称为“非摩擦传动”（双排链或两根以上单链）；另一种是通过 V 带传动，称为“摩擦传动”（V 带不得少于三根，不得用平带）。

2）在驱动主轴上装有左右两个梯级驱动链轮和一个扶手带驱动链轮，梯级和扶手都由同一个驱动主轴拖动，使两个传送带的线速度保持一致。左右两个梯级驱动链轮分别带动左右两条梯级链（也称驱动链或牵引链），左右两条梯级链的长度一致，一个个梯级就安装在梯级链上。

3）驱动主轴上的扶手带驱动链轮带动扶手带摩擦轮，通过摩擦轮与扶手带的摩擦，使扶手带以与梯级同步的速度运行。

梯级沿着梯级导轨运行，扶手带沿着扶手导轨运行，各自形成自己的闭环。具体路线为：①电动机—减速器—驱动链轮—驱动链—双排链轮—主传动轴—梯级链轮—梯级链—梯级运转。②电动机—减速器—驱动链轮—驱动链—双排链轮—主传动轴—小链轮—扶手传动链—扶手链轮—扶手传动轴—扶手带摩擦驱动轮—扶手带运转。

3. 自动扶梯的主要部件

（1）桁架　GB 16899—2011 中规定，除使用者可踏上的梯级、踏板或胶带及可接触的扶手带部分外，自动扶梯和自动人行道的所有机械运动部分均应完全封闭在无孔的围板或墙内（用于通风的孔是允许的）。因此，自动扶梯的桁架支撑着自动扶梯自重、外装及乘客载荷，提供驱动机组、栏杆、导轨等固定的位置，并保持其相互的位置关系。

自动扶梯的桁架由角钢、型钢（或方钢）与矩形钢管焊接而成，具备足够大的刚度和强度。桁架整体结构如图9-5所示。它的整体或局部性的好坏对扶梯的运行速度有很大的影响。自动扶梯支撑结构设计所依据的载荷是：自动扶梯或自动人行道的自重加上$5000N/m^2$的载荷。对于普通型自动扶梯和自动人行道，根据$5000N/m^2$的载荷计算或实测的最大挠度不应大于支撑距离的1/750。对于公共交通型自动扶梯和自动人行道，根据$5000N/m^2$的载荷计算或实测的最大挠度不应大于支撑距离的1/1000。

自动扶梯的桁架一般由上水平段、下水平段和直线段组成，有整体结构和分体结构两种。当自动扶梯的提升高度超过6m时，一般在上、下两水平段之间设置中间支撑构件来增加桁架的刚度和强度，以提高振动性能和整机运行质量。

图9-5　桁架整体结构

(2) 驱动装置　自动扶梯的驱动装置是自动扶梯的核心部分，它的主要功能和作用是驱动扶梯和自动人行道运行，同时限制超速和阻止逆转运行。驱动装置主要由电动机、制动器、减速器、梯级链驱动轴、扶手带驱动轴、梯级链驱动轮和扶手带驱动轮等组成，如图9-6所示。

电动机主要采用连续工作制的三相交流感应式异步电动机，它具有噪声低、起动转矩大等特点。由于机修工作位置空间和安全要求，目前自动扶梯的减速器有行星齿轮减速器（见图9-6）和蜗杆变速减速器等。这些类型减速器具有结构紧凑、减速比较大、运行平稳、噪声及体积小等特点。制动器是自动扶梯的重要安全部件之一，依靠摩擦实现自动扶梯制动减速直至停车，并保持其静止，安装在驱动主机的高速轴上。主驱动轴是链条式自动扶梯端部驱动装置的重要部件，主轴上装有驱动链轮、梯级链轮、扶手带链轮和附加制动器等。为提高输出转矩，主驱动轴必须为实心轴。扶梯开始运行时，主机通过主驱动链条带动主驱动轴上的驱动链轮、梯级链轮、梯级链，使安装在梯级链条上的梯级运行，轴上的扶手带驱动链也以相同的驱动方式驱动扶手带驱动轮，使扶手带同步运行。

一台驱动主机不应驱动一台以上的自动扶梯或自动人行道。根据自动扶梯的使用情况，驱动装置可以布置在端部，也可以布置在中间，中间驱动可以实现多级驱动，增加扶梯的提升高度。

(3) 梯级导轨系统　梯级导轨使梯级按一定的规律运动，以防止梯级跑偏，并承受梯级主轮和辅轮传递来的梯路载荷，它具有光滑、平整、耐磨的工作表面，且具有一定的尺寸精度。

图 9-6 自动扶梯的驱动装置

1—行星齿轮减速器 2—电动机 3—梯级链驱动轴
4—梯级链驱动轮 5—扶手带驱动轮 6—制动器 7—扶手带驱动轴

梯级导轨系统分为上、下转向部导轨和中间部直线导轨系统。梯级导轨示意图如图 9-7 所示，图 9-8 为梯级导轨布置实物图。返导轨位于导轨系统上分支的主轮导轨上面，其作用是防止梯级链断裂时梯路下滑。上下主轮导轨和辅轮导轨都是承力部分，通过螺钉装配在自动扶梯桁架的导轨支架上。

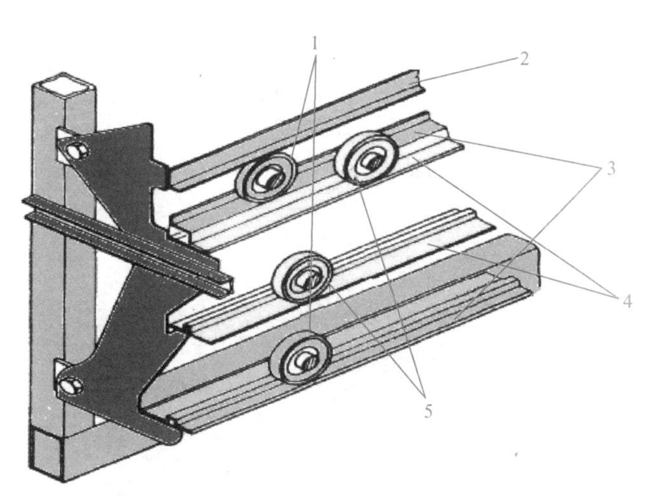

图 9-7 梯级导轨示意图

1—主轮（链轮） 2—主轮返导轨 3—主轮导轨 4—辅轮导轨 5—梯级轮（辅轮）

（4）梯级链 梯级链主要由梯级链主轮、内/外链片、销轴等组成。在梯级两侧各装设一条，两侧梯级链通过梯级轴连接起来，一起牵引梯级运行，如图 9-9 所示。图 9-10 为梯级链实物图。梯级的主链轮作为链条销子连接在链条上，随链条一起运动。

图 9-8　梯级导轨布置实物图

梯级链在下转向部导轨系统的转向壁处通过张紧装置张紧，以吸收其他链条因运行磨耗等原因产生的链条伸长。

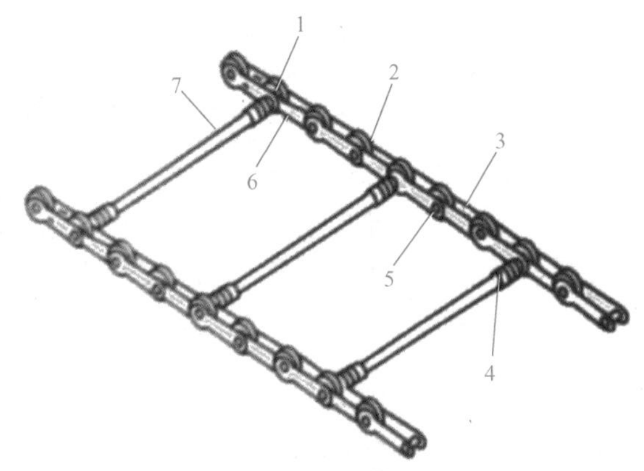

图 9-9　梯级链

1—梯级链主轮　2—梯级链辅轮　3—外链片　4—梯级安装连接件　5—销轴　6—内链片　7—梯级轴

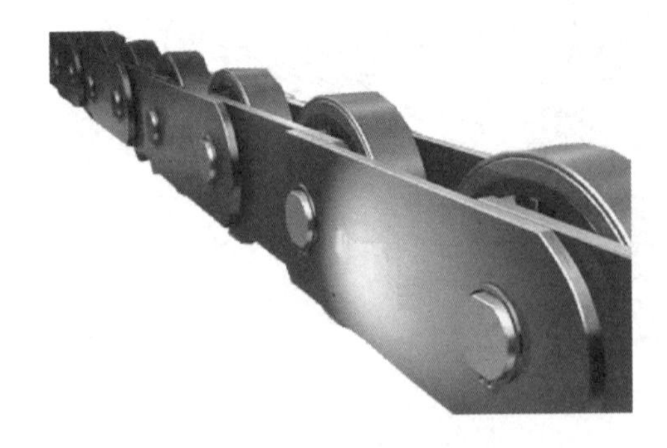

图 9-10　梯级链实物图

(5) 梯级　梯级是自动扶梯的载人部件，多个梯级用特定的方法组合在一起，沿着导轨按照一定的轨迹运行，形成梯路，梯路是一个连续的整体，在自动扶梯上周而复始地运行，完成对人员的输送。

梯级是一种特殊结构的四轮小车，有两只主轮，两只辅轮，如图 9-11 所示。

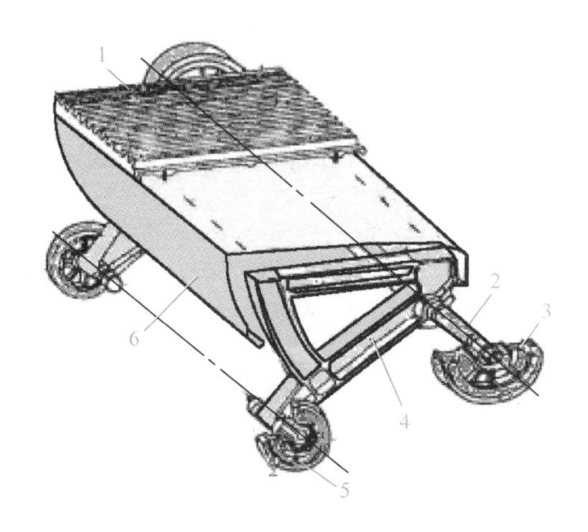

图 9-11 组合式梯级示意图

1—梯级踏板 2—轴 3—梯级链轮（主轮） 4—支架 5—梯级轮（辅轮） 6—踢板

梯级主轮与梯级链条铰接在一起，辅轮固定在梯级上，全部的梯级通过按一定规律布置的导轨运行，在自动扶梯上分支的梯级保持水平，而在下分支的梯级可以倒挂，整体式梯级与梯级链连接图如图 9-12 所示。

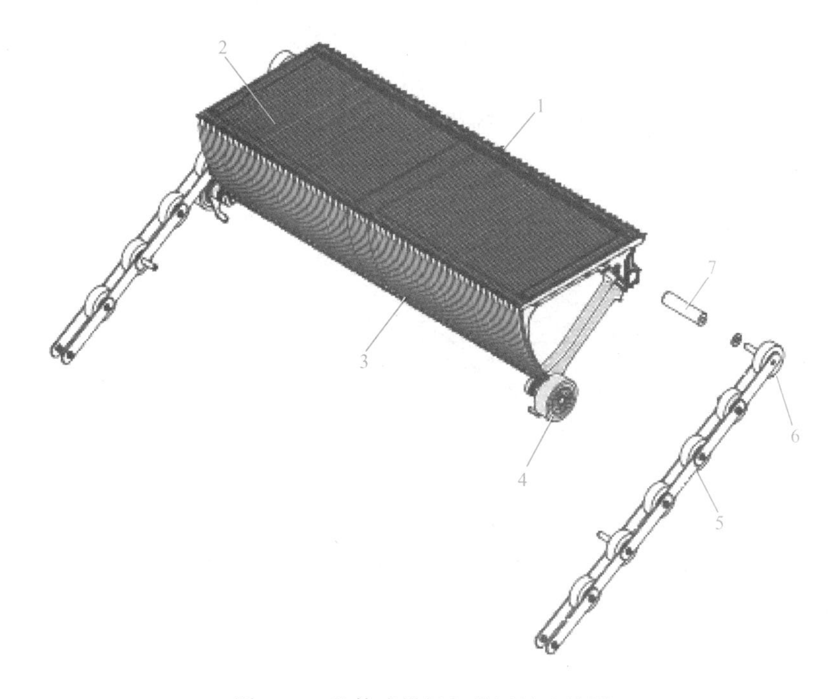

图 9-12 整体式梯级与梯级链连接图

1—整体式梯级 2—梯级踏板 3—梯级踢板 4—梯级辅轮
5—梯级链片 6—梯级主轮（梯级链轮） 7—销轴

梯级固定在梯级轴上且不须拆除梯级轴及栏杆即可从扶梯下部机舱中轻松拆除，有很好的互换性，方便维修保养，且扶梯即使不装设梯级也可进行保养运转。

（6）梳齿、梳齿板、前沿板　梳齿前沿板设置在自动扶梯的出入口处，是确保乘客安全上下扶梯的机械构件。它由梳齿、梳齿板和前沿板三部分组成，如图9-13所示。梳齿板的一边作为梳齿的固定面，另一边支撑在前沿板上。梳齿板的结构可调，以保证梳齿的啮合深度大于等于6mm。梳齿板是电梯的安全保护装置，其后面有微动开关，如有异物夹入可以使电梯停止运行。一般采用铝合金型材制作，也可用较厚碳钢板制作。

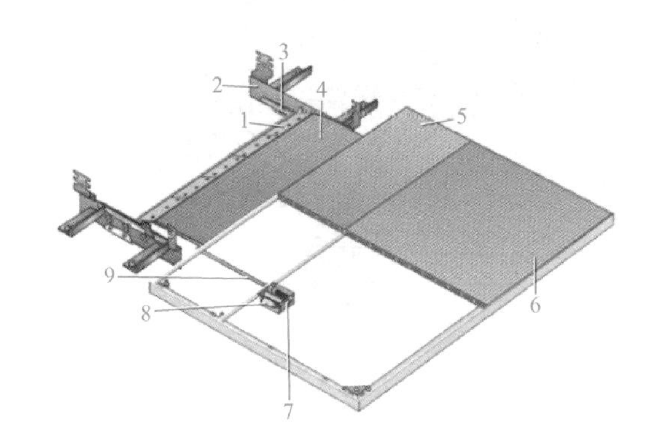

图9-13　梳齿、梳齿板和前沿板

1—梳齿　2—梳齿板支架　3—梯级导向　4—可移动梳齿板　5—固定梳齿板（前沿板）
6—盖板　7—压缩弹簧　8—安全开关　9—推杆

梳齿的齿与梯级的齿槽相啮合，齿的宽度不小于2.5mm，端部修成圆角，圆角半径不应大于2mm，其形状能够保证和梯级之间造成挤压的风险尽可能低，从而使啮合区域即使乘客的鞋或物品在梯级上相对静止，也会平滑地过渡到前沿板上。梳齿可采用铝合金压铸制作，也可采用工程塑料制作。图9-14为梳齿实物图。

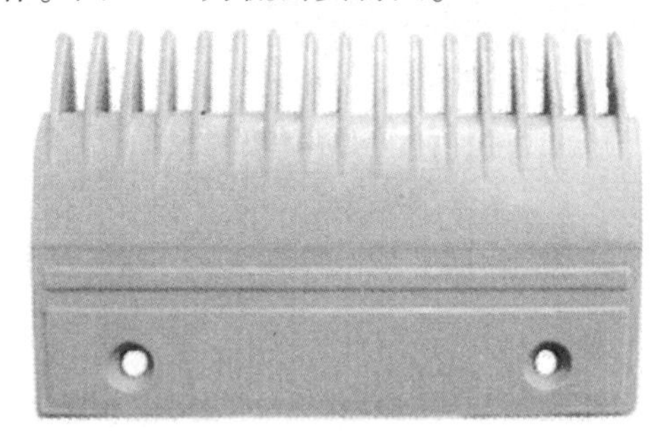

图9-14　梳齿实物图

（7）扶手装置　扶手装置在自动扶梯和自动人行道两侧，对乘客起安全防护作用，也便于乘客站立扶握，如图9-15所示。扶手的地位如同电梯中的安全钳，是重要的安全部件，主要由扶手护栏、扶手带、扶手驱动系统等组成。

扶手护栏如同扶梯的“外貌”，在整台自动扶梯上最能起到建筑物内装饰作用，如图9-16所示。

扶手带驱动示意图如图9-17所示，扶手带的驱动力由主驱动轴提供，主驱动轴带动扶手驱动轴转动，两侧扶手带被扶手带压轮组紧压在扶手摩擦轮上，扶手带靠扶手摩擦轮和扶手带之间的摩擦力运行。由于梯级链条和扶手驱动装置均由主驱动轴驱动，故扶手带的移动速度与同方向的梯级速度可以达到相当高的同步性。

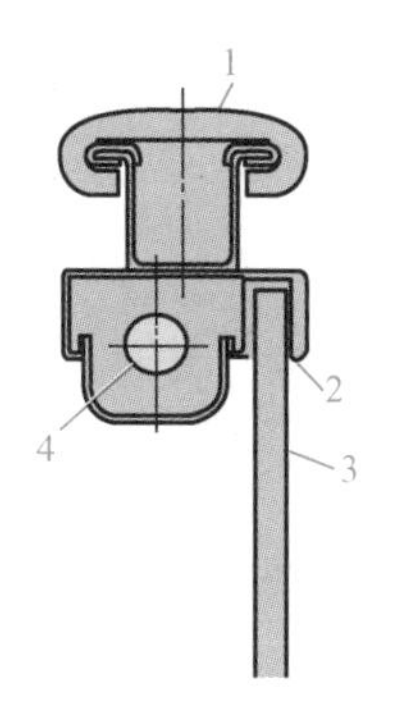

图 9-15 扶手装置结构示意图

1—扶手胶带 2—玻璃夹 3—玻璃 4—照明

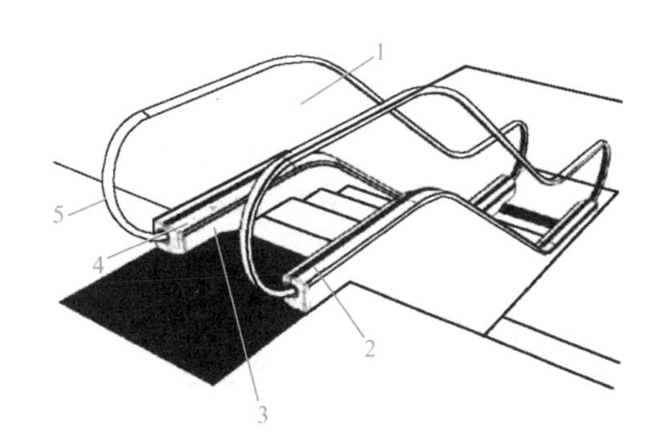

图 9-16 扶手护栏示意图

1—护壁板 2—外盖板 3—围裙板 4—内盖板 5—扶手转向端

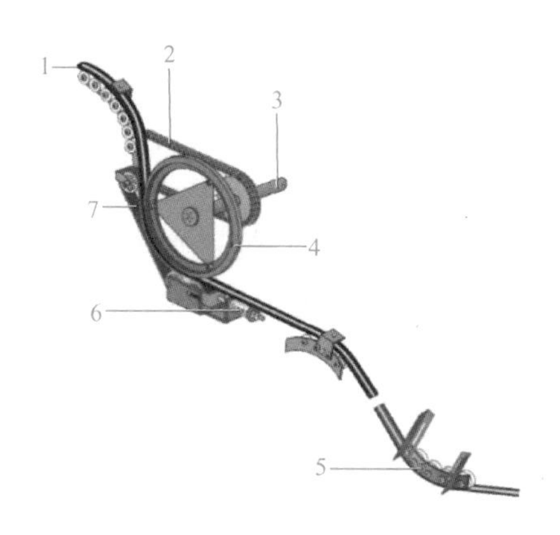

图 9-17 扶手带驱动示意图

1—扶手带 2—扶手带驱动链 3—扶手带驱动主轴 4—扶手带驱动轮 5—长度调节装置 6—压缩弹簧 7—扶手带压带（有些为一组扶手带压轮）

扶手带由固定在栏杆上的扶手导轨来控制其运动路径，扶手带的导向和张紧应使其在正常工作时不会脱离扶手导轨。图 9-18 所示为扶手带张紧装置，其位于自动扶梯的转向端，只要打开底坑盖板就可进行调节。该装置包括一调节螺杆、拉紧链条和一组张紧导轮，只要调整调节螺母的位置，便可以对扶手带的张紧力进行调节。

（8）回转和张紧装置 回转装置位于自动扶梯的下端，为梯级回路提供转向区域，梯级在这里实现反转倒挂运行。梯级回转装置如图 9-19 所示。

梯级链在运行过程中，由于磨损会导致梯级链伸长，产生噪声或窜动现象，影响扶梯的正常运行，因此必须设立张紧装置对梯级链进行张紧，其通过位于下底坑回转站两侧的弹簧张力机构来完成。

图 9-20 所示为弹簧式梯级链张紧装置。主轴安装在可沿键槽滑动的支座上，其上固定连接一调节螺栓，通过调节螺母可以调节压缩弹簧的压紧程度。

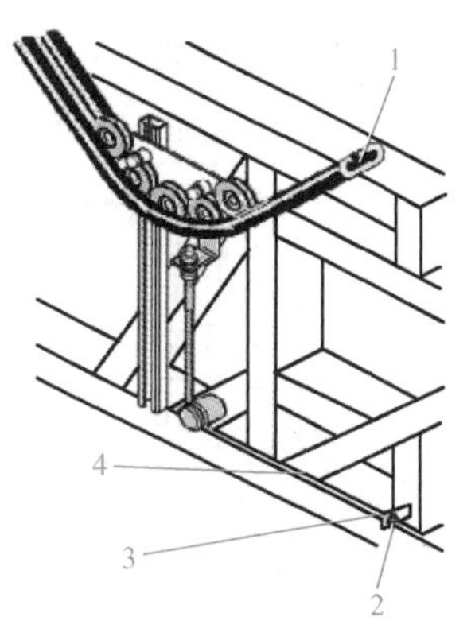

图 9-18 扶手带张紧装置

1—扶手带 2—锁紧螺母 3—调节螺母 4—调节螺杆

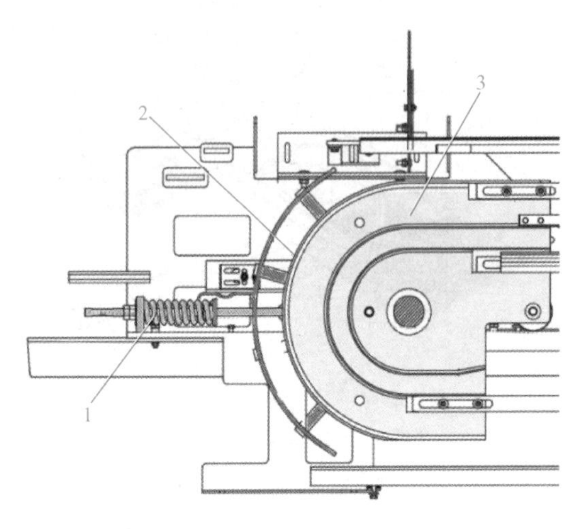

图 9-19 梯级回转装置

1—链张紧弹簧 2—回转链轮 3—回转导轨

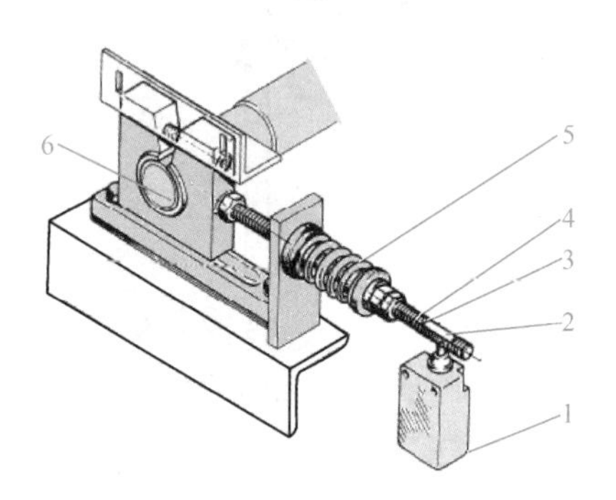

图 9-20 弹簧式梯级链张紧装置

1—安全开关 2—螺杆 3—锁紧螺母
4—调节螺母 5—张紧弹簧 6—张紧轴

（9）自动润滑装置（见图 9-21） 自动扶梯基本采用链传动，有主机传动链、扶手带传动链、梯级牵引链等，它们都需要合理的润滑来保证正常工作。自动润滑系统会根据事先设定的供油周期和用量，定期定量地向润滑点供油，润滑油经分配器后沿着输油管，由油刷加注到润滑点，以提高运行性能并延长使用寿命。

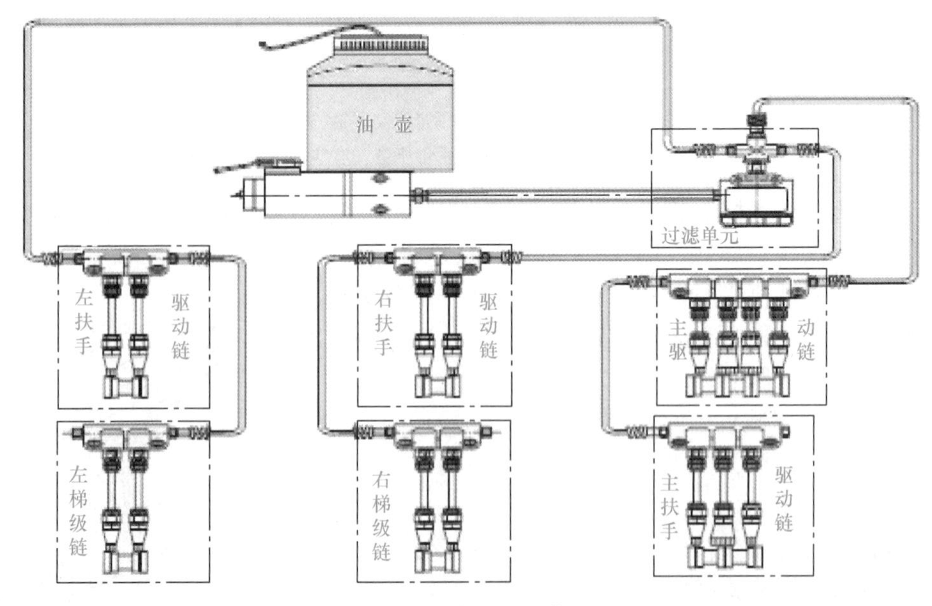

图 9-21 自动润滑装置

（10）手动盘车装置（见图 9-22） 自动扶梯维修过程中，往往需要短距离地移动梯级或踏板，虽然可以使用检修开关点动，但当电源未接通或不能送电时，就必须采用手动盘车的方式进行。手动盘车装置安装在驱动电动机轴上，是无辐条（孔）的盘车手轮，使用时需要用一个持续力打开工作制动器电磁铁松闸手柄，同时转动手轮进行盘车。盘车手轮涂成黄色以示警告。对于可拆卸的手动盘车装置，必须装设一个电气安全开关。当手动盘车装置装上驱动主机时，该开关必须切断控制电路，保证此时驱动主机不能得电运转，以避免伤及维护人员。

图 9-22　手动盘车装置

9.1.3　自动扶梯的安全保护装置

1. 自动扶梯安全保护装置概述

自动扶梯作为一种运载乘客的公共交通工具，为了避免乘客乘梯时发生危险和减少故障对自动扶梯本身的损坏，自动扶梯上设有相应的安全保护装置。这些安全保护装置有些是必需的，有些则是根据自动扶梯的使用情况进行选择的。

其中，自动扶梯必备的安全保护装置有：制动器、超速保护装置、梯级链伸长或断链保护装置、梳齿板保护装置、扶手带入口保护装置、梯级塌陷保护装置、电动机保护开关、急停开关。这些安全保护装置在自动扶梯的运行过程中，无论是对乘客的安全还是对自动扶梯本身的保护都起着不可忽视的作用。

此外，还有附加制动器、驱动链断链保护装置、裙板保护装置、扶手带断带保护装置、梯级空缺探测器、扶手带与梯级同步保护装置（扶手带速度监控装置）、梯级与梳齿板的照明、梯级上的黄色边框、梯级抬起开关、梯级锁、楼层盖板开关、自动扶梯外围保护装置等辅助的安全保护装置。

常见的自动扶梯安全保护装置如图 9-23 所示。

2. 主要的自动扶梯安全保护装置

（1）制动器　制动器是自动扶梯的一个非常重要的安全设备，其作用是紧急情况时使自动扶梯制停，并应能使满载的自动扶梯可靠保持制停状态，以保证乘客的生命安全。制动器的原理是利用摩擦在电动机轴上制动。自动扶梯的制动器必须采用电磁式制动器，即得电时松开，失电时靠机械力制停，以防在断电时失去控制。

自动扶梯的制动器按功能可分为工作制动器和附加制动器两种。

1）工作制动器。工作制动器一般装在电动机的高速轴上，能使自动扶梯以一个恒定的减速度停止，并保持制停状态。工作制动器是自动扶梯上必不可少的设备，从外形上分为三种形式：块式制动器、带式制动器和盘式制动器。

图 9-24 所示为块式工作制动器，也常称为抱闸。闸臂上装有制动瓦衬，制动臂在弹簧张力的作用下，压紧在电动机的制动轮上，使电动机制停。通电时，电磁铁的衔铁将制动臂

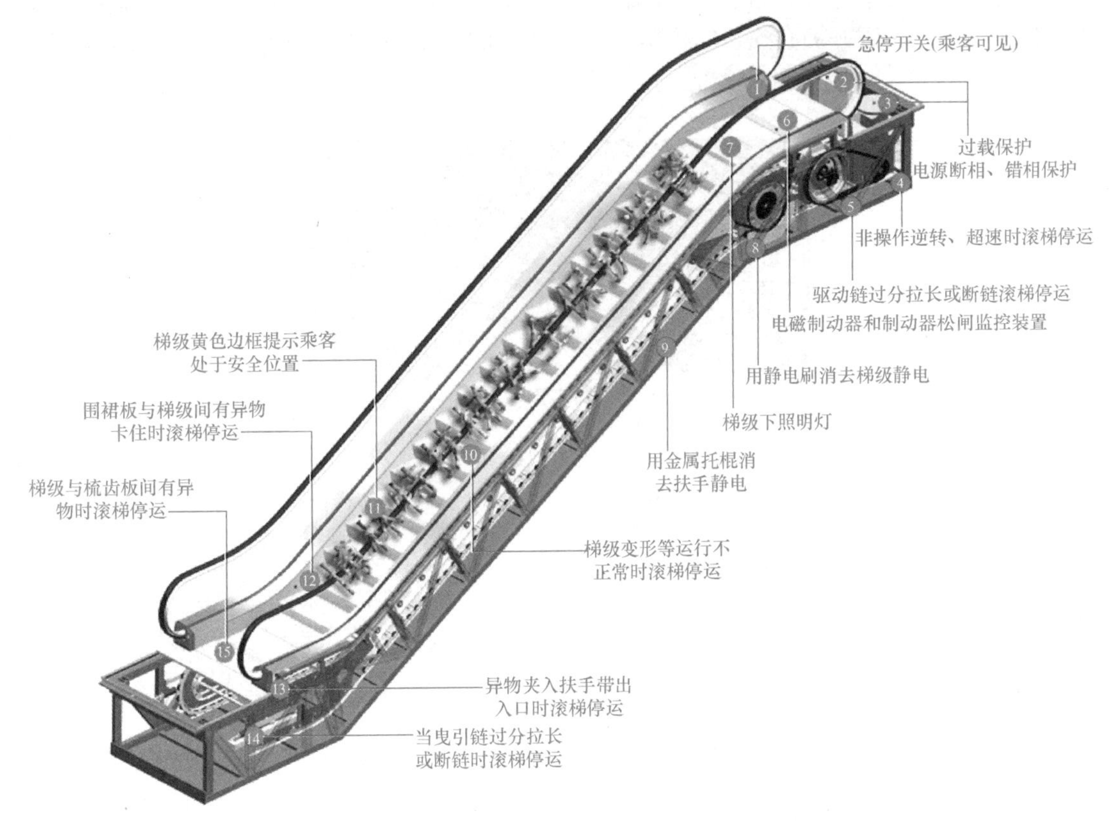

图 9-23　常见的自动扶梯安全保护装置

向外推，压缩弹簧，制动器松闸。

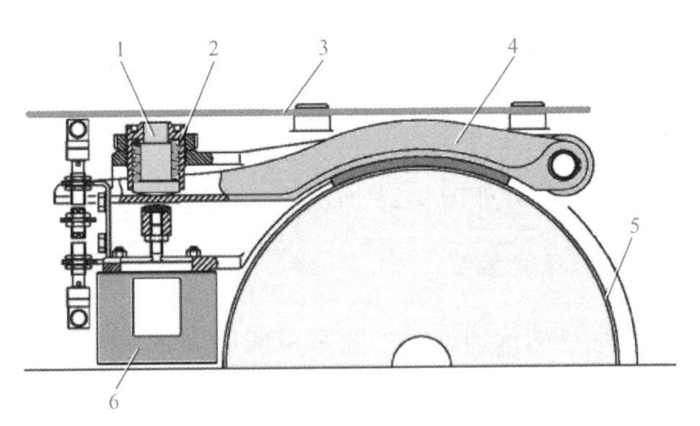

图 9-24　块式工作制动器

1—销轴　2—弹簧　3—盖板　4—制动臂　5—制动轮　6—制动器线圈

2）附加制动器（见图 9-25）。附加制动器在自动扶梯停车时起附加保险作用，尤其是大提升高度的自动扶梯满载下降时，其安全作用更为显著。附加制动器应在自动扶梯的速度超过额定速度的 1.4 倍或小于额定速度时，以及梯级改变其规定的运行方向时起作用。当它动作时，将强制性切断控制电路。

自动扶梯运行过程中，工作制动器是必备的，而附加制动器则是选配的，但在下列情况

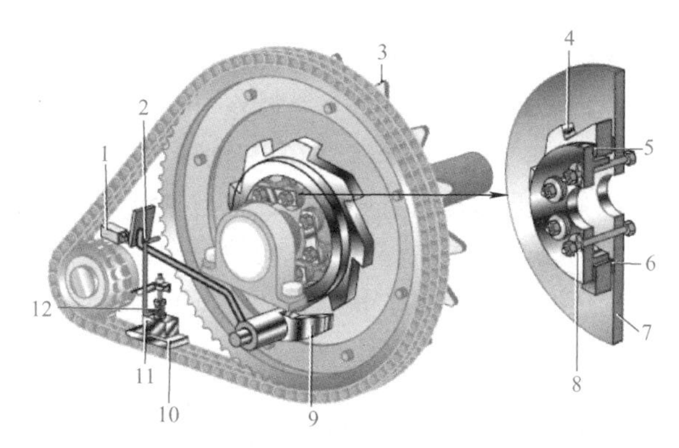

图 9-25　附加制动器

1—安全开关　2—杠杆　3、7—梯级链链轮　4—棘轮　5、6—制动片
8—碟形弹簧　9—棘爪　10—滑块　11—电磁铁　12—弹簧

下则必须配置附加制动器：① 工作制动器和梯级驱动轮之间不是用轴、齿轮、多排链条、两根或两根以上的单根链条连接的；② 提升高度超过 6m；③ 公共交通型自动扶梯；④ 工作制动器不是机械式制动器。

（2）超速保护装置（电动机速度监控装置）　超速保护装置实际上是一种速度监控装置。当自动扶梯的速度超过额定速度或低于额定速度时，它能切断自动扶梯的电源。

图 9-26 中的速度传感器是一个旋转编码器，安装在电动机轴上。当电动机转动时，旋转编码器产生脉冲信号，并将脉冲发送到控制柜，控制柜使用脉冲数计算自动扶梯的速度和方向。

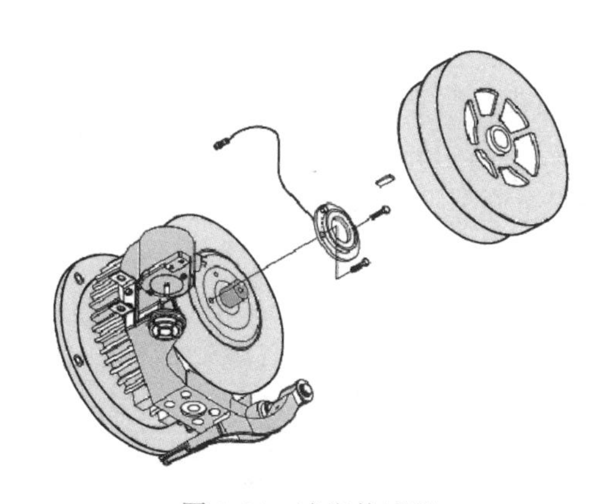
图 9-26　速度传感器

（3）梯级链伸长或断链保护装置　梯级链由于长期在大负荷状况下使用，不可避免地要发生链节及链销的磨损、链节的塑性伸长等现象；当自动扶梯上行时，梯级链条在绕入链轮啮合处承受最大的工作应力，断链事故基本都在此处发生。通常将梯级链过度伸长和断链保护设置在一起，安装于下端站的转向盘后端。梯级链因磨损而过分伸长时，梯级链张紧装置后移，使梯级链保持足够的张紧力，当后移距离超过设定值时，安全开关动作，使自动扶梯停止，请参考图 9-20。故障排除后将安全开关手动复位。

（4）梳齿板保护装置　由梳齿板、梳齿和安全开关组成，安装于上、下端站前沿盖板的前端。梳齿与梯级踏板面有齿槽啮合，消除了连续的缝隙，防止发生剪切，当有异物随梯级卷入梳齿时，异物会卡在梯级踏板与梳齿板之间，导致梯级无法与梳齿板正常啮合，梯级的前进力将推动梳齿板抬起或后移，触发安全开关动作，使自动扶梯停止。

图 9-27 为一种垂直及水平两个方向都可移动的双向保护开关。此结构的梳齿支撑板连同其支撑支架在垂直和水平方向上都安装有压缩弹簧，当梯级不能正常进入梳齿板时，梯级向前的推力就会将梳齿板抬起并产生水平和垂直方向的位移，梳齿板支架触发垂直和水平的微动开关，使自动扶梯停止运行，具有水平和垂直两个方向的保护作用。

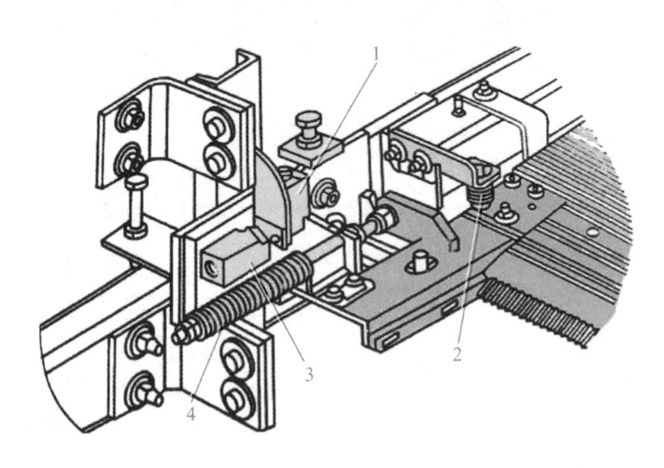

图 9-27 梳齿板双向保护开关

1—垂直方向微动开关 2—垂直方向压簧 3—水平方向微动开关 4—水平方向压簧

(5) 扶手带入口保护装置 设置在扶手带的上、下入口处，当有异物随扶手带卷入入口时，安全开关动作，自动扶梯停止运行。故障排除时安全开关自动复位。

图 9-28 是一种扶手带入口保护装置，这种形式的保护装置在扶手带转向入口处有一带毛刷的橡胶圈，扶手带穿过橡胶圈运行，当有异物卡住时，橡胶圈 1 移动，与之相连的套筒触发杆 2 将向外转动，切断安全开关，使自动扶梯制停。图 9-29 为扶手带入口实物图。

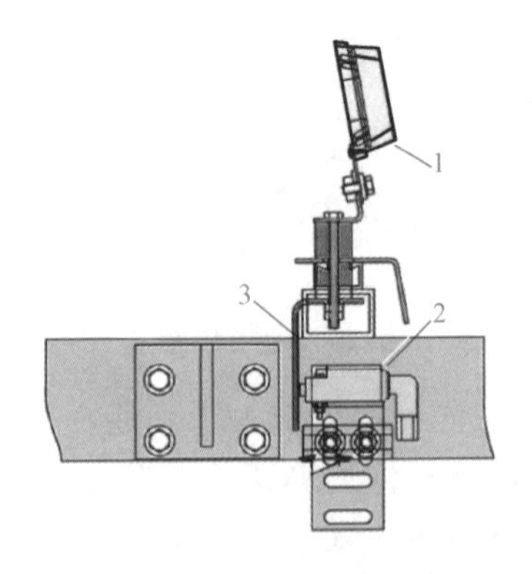

图 9-28 扶手带入口保护装置示意图

1—橡胶圈 2—套筒触发杆 3—安全开关

(6) 梯级塌陷保护装置 梯级是运载乘客的重要部件，当梯级损坏而塌陷时，梯级进入水平段将无法与梳齿啮合，会导致严重的事故。因此，梯级塌陷保护装置安装于上、下梳齿

图 9-29　扶手带入口实物图

前，规定的工作制动器最大制停距离之外，由撞杆与安全开关组成。当梯级出现塌陷变形或断裂时，在损坏的梯级到达梳齿前就应使自动扶梯停止运行，故障排除后将安全开关手动复位。

图 9-30 所示为梯级塌陷保护装置，当引起梯级轮外圈的橡胶剥落、梯级轮轴断裂、梯级弯曲变形或超载使梯级下沉时，梯级会碰到上、下检测杆，轴随之转动，碰击开关，自动扶梯停止运行。

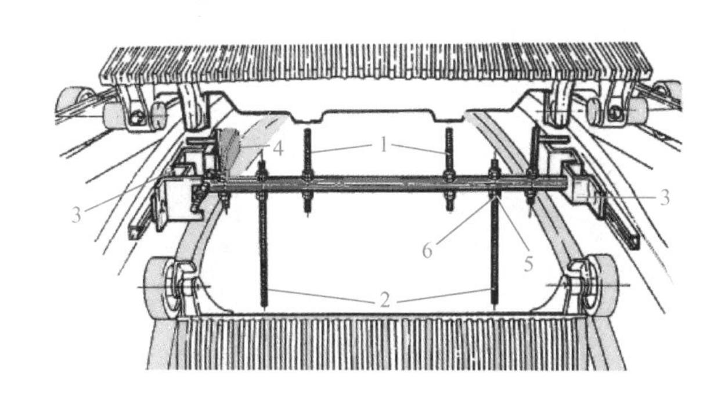

图 9-30　梯级塌陷保护装置

1—上检测杆　2—下检测杆　3—固定支架　4—安全开关　5—锁紧螺母　6—调节螺母

（7）急停开关　也称停止开关。在驱动站、转向站、出入口等明显易接近的位置都设置红色的急停开关，遇到紧急情况时，按下即可使自动扶梯立即停止运行。如果扶梯行程很长，中间部位也会设置急停开关。急停开关的设置要求如下：

1）急停开关的动作应能切断驱动主机供电，使工作制动器制动，并有效地使自动扶梯或自动人行道停止运行。

2）急停开关动作后，应能防止自动扶梯或自动人行道起动。

3）急停开关应具有清晰且永久性的开关位置标记。

4）上述的紧急停止装置应为红色，并在该装置上或紧靠着它的地方标上“停止”字样。

急停开关示意图如图 9-31 所示，图 9-32 为急停开关实物图。

（8）裙板保护装置　裙板是梯级两边的界限，固定在梯级的桁架上，是自动扶梯上最靠近乘客站立位置的固定部分。国家标准规定梯级在任何一边都不允许碰到裙板，两边总间隙之和不大于 7mm，单边不大于 4mm。该间隙可能造成乘客的脚或书包等物品被夹在裙板与梯级之间，为防止意外发生，必须在此处设立安全保护装置。

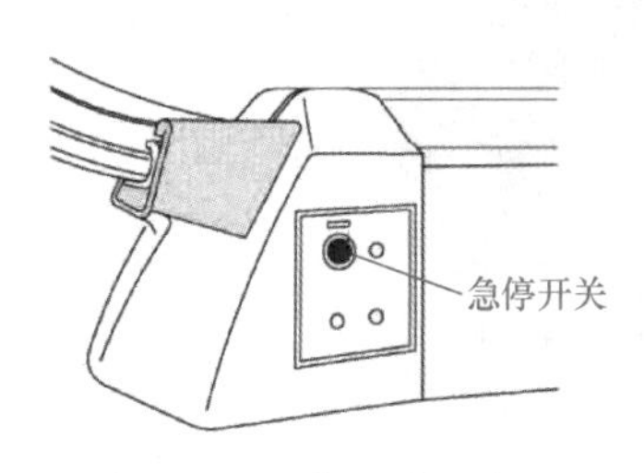

图 9-31　急停开关示意图

图 9-32　急停开关实物图

常见的是在梯级两边的裙板上设置保护刷，如图 9-33 所示。在裙板的底座上安装若干保护刷，刷上带油，乘客由于怕弄脏裤脚而远离裙板站立，因而消除了被卡住的危险。

在上、下水平段围裙板的背面装有安全开关，当有物体夹入踏板和围裙板之间时，围裙板凹陷变形，使安全开关动作，自动扶梯停止运行。它有两个作用：一是防止异物夹入梯级与围裙板之间的间隙，造成对人员的伤害；二是防止梯级跑偏与梳齿错位，造成设备的损坏。故障排除时安全开关自动复位。

图 9-34 所示的裙板保护开关设置在裙板内，各开关均串联在安全回路中，当有异物卡在梯级与裙板之间时，裙板将发生弯曲，达到一定位置后，触动安全开关的触点，从而切断安全回路，使自动扶梯制停。

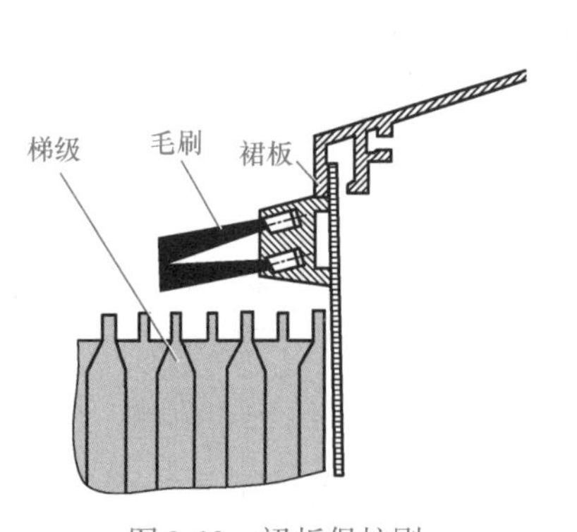

图 9-33　裙板保护刷

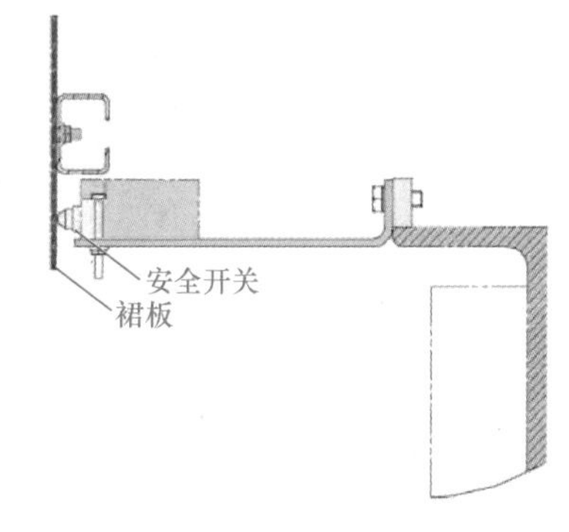

图 9-34　裙板保护开关

（9）扶手带断带保护装置　自动扶梯在运行中若出现扶手带断裂，则应使扶梯停止运行，避免造成严重事故；如果自动扶梯制造厂商没有提供扶手带的破断载荷至少为 25kN 的证明，则应设置断带保护装置，在断带或扶手带过分伸长失效时，安全开关动作，切断安全回路，使自动扶梯制停。

图 9-35 所示为扶手带断带保护装置，它安装在扶手带驱动系统靠近下平层的返回侧，自动扶梯左右都需要安装。滚轮在重力的作用下靠贴在扶手带内表面，并在摩擦力作用下滚动，如果扶手带处于松弛状态，低于设定的张紧力或扶手带发生断裂，就会触发安全开关动作，使自动扶梯制停。

（10）电动机保护开关　当自动扶梯超载或电动机绕组电流过大时，保护开关应能断开，使自动扶梯停车，此保护开关应能自动复位，直接与电源连接的电动机还应设有短路保护。

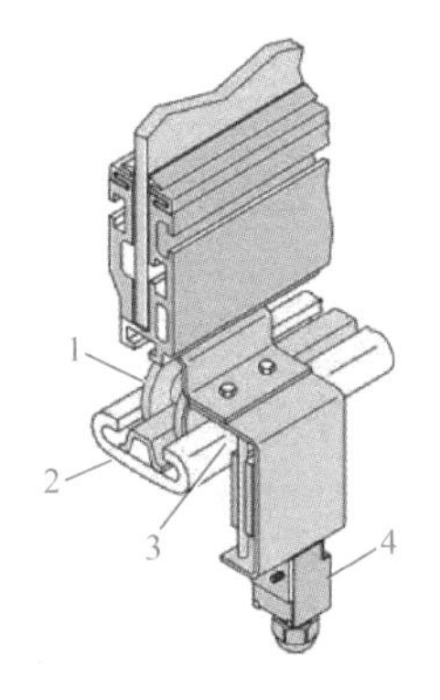

图 9-35 扶手带断带保护装置

1—滚轮 2—扶手带 3—调节装置 4—安全开关

(11) 梯级与梳齿板的照明 在梯路上下水平区段与曲线区段的过渡处，梯级在形成阶梯或在阶梯消失的过程中，乘客的脚往往踏在两个梯级之间而发生危险。因此，在上下水平区段的梯级下面装有绿色荧光灯，使乘客经过时看到荧光灯的灯光时，及时调整站立位置，如图 9-36 所示。

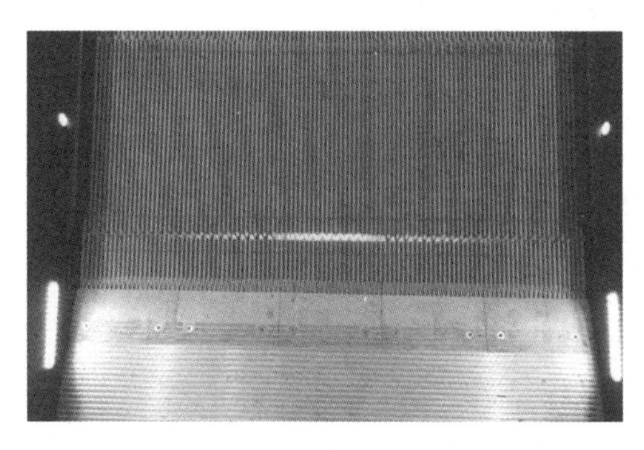

图 9-36 梯级与梳齿板的照明

另外，梳齿板、围裙板、扶手带及护壁板等处是对乘客造成伤害危险的高发区域，也应设置一定的荧光灯照明，以保证危险区域足够的亮度，对乘客进行提醒。

(12) 辅助的安全设置

1）警示边框。在梯级踏面边缘处设置黄色边框，提醒乘客站立在黄色边框以内，同时围裙板表面应经过一定的处理，以减小其与皮革、PVC 等材料的摩擦因数，防止乘客穿着的橡胶软质鞋被围裙板卷入。

2）消静电处理。自动扶梯运行过程中，扶手带、梯级、踏板或胶带等与其他部件摩擦会产生静电，有可能造成乘客乘梯时被静电放电刺激而产生不适或恐惧，同时这些静电也会干扰扶梯控制系统。因此，在梯级或踏板上下回路中间的桁架上会安装一个金属丝制成的毛刷，可有效地将静电荷引导至接地装置，消除静电。

3）环保处理。在多数露天使用的自动扶梯上，会在转向端（下端）外盖板内侧设置油水分离装置，将收集的雨水、清洁用水或液化的油污进行分离，分离后水流入废水管道，废油则可单独进行收集和处理，以保证扶梯环境的清洁。

9.1.4 自动扶梯的环境安全设置

外部环境对安全运行的影响，包括以下几个方面：

1）乘梯环境湿滑造成的跌倒伤害。

2）外部照明条件不佳造成乘客看不清梯级而跌倒。

3）外部防护栏设置不合理导致坠落事故。自动扶梯常见的坠落事故主要发生在自动扶梯与自动扶梯之间、自动扶梯与建筑物之间的栏杆接合部，因此，自动扶梯必须依赖建筑物的栏杆、防护的挡板等安全保护装置。

4）防护挡板设置不当易导致乘客颈部被剪切。GB 16899—2011《自动扶梯和自动人行道的制造与安装安全规范》规定：当自动扶梯与建筑物交叉处水平间距小于500mm时，应设置长度不小于300mm的防碰警示牌。

5）建筑物与自动扶梯之间的水平间隙过小导致挤压，即装修后的该水平间隙应不小于80mm。

6）自动扶梯出口纵深水平距离不符合要求而导致的跌倒。该畅通区宽度至少等于扶手带中心线之间的距离，其纵深尺寸从扶手装置端部算起，至少为2.5m。如果畅通区宽度增至扶手带中心距的两倍以上，则其纵深尺寸允许减少至2m。

7）自动扶梯梯级上方垂直净空距离不符合要求而导致的剪切或碰撞。GB 16899—2011规定，自动扶梯梯级上方垂直净空距离不得小于2.3m。

9.2 自动人行道

9.2.1 自动人行道概述

自动人行道（见图9-37）是自动扶梯的分支产品，是带有循环运行的走道，用于水平或倾斜角度小于12°运输乘客的固定电力驱动设备。它从一个区域（楼层）到另一区域（楼

图9-37 自动人行道

层）中连续输送乘客。它的结构与自动扶梯相似，不同的是在乘客搭乘的区域在有倾斜部分的情况下，不会出现梯状的梯级，乘客可以将行李推车及购物车推上自动人行道。它也被广泛地应用于机场、大型购物商场、超市、车站、码头、展览馆和体育馆等人流集中的地方。

自动人行道的主要参数有：

（1）速度　一般有0.5m/s、0.65m/s、0.75m/s三种。

（2）踏板宽度　常见的规格有0.80m、1.0m、1.2m、1.4m和1.6m等六种不同尺寸宽度。

（3）自动人行道长度　常见的为50～100m。

（4）倾斜角　常见的倾斜角有0°、6°、10°、12°等。

9.2.2　自动人行道的分类

自动人行道可以按结构、使用场所、倾斜角度和护栏类型等进行分类。

1. 按结构分

自动人行道按结构可分为踏板式自动人行道（类似板式输送机）和胶带式自动人行道（类似带式输送机）。

（1）踏板式自动人行道　将自动扶梯的倾角从30°减到12°直至0°，同时将自动扶梯所用的特种形式小车——梯级改为普通平板式小车（见图9-38）——踏步，使各踏步间不形成阶梯状而形成一个平坦的路面，就成为踏板式自动人行道。自动人行道两旁各装有与自动扶梯相同的扶手装置。踏步车轮没有主轮与辅轮之分，因而踏步在驱动端与张紧端转向时不需要使用作为辅轮转向轨道的转向壁，使结构大大简化，自动人行道的结构高度也降低了。这是自动人行道的一大特点。由于自动人行道表面是平坦的路面，所以儿童车辆、食品车辆等可以放置在上面。踏步式自动人行道的驱动装置、扶手装置均与自动扶梯通用。

图9-38　自动人行道踏板

（2）胶带式自动人行道　其结构与常见的带式输送机相同。它通过安装于自动人行道两端的滚筒驱动并张紧胶带运行。胶带采用高强度钢带制成，外面覆以橡胶层保护。橡胶覆面上具有小槽，使输送带能进出梳齿，以保证乘客上下安全。即使在较大的负载下，这种橡胶覆面的钢带也能够平稳而安全地进行工作，从而使乘客感到舒适。

2. 按使用场所分

(1) 普通型自动人行道　普通型自动人行道也称为商用型自动人行道，通常按照每周工作6天，每天运行12h设计，主要的零部件按70000h的工作寿命设计。一般用于购物中心、超市、展览馆等商业楼宇内，多为倾斜式的。这些场所的营业时间一般每天为10～12h。

(2) 公共交通型自动人行道　公共交通型自动人行道一般应用于人流密集客流量大的场合，一般按每周工作7天，每天运行20h设计，通常设定每3h的时间间隔内，其载荷达到100%制动载荷的持续时间不小于0.5h，各主要部件的设计寿命需达到20年内不进行更换的最低要求。它主要用于机场、枢纽车站等公共场所。

3. 按倾斜角度分

(1) 水平型自动人行道　水平型自动人行道指完全水平、不存在倾斜段的人行道，或倾斜段的倾斜度小于或等于6°的人行道，如图9-39所示。这类自动人行道常见于机场、交通枢纽车站等大型的转运场所。

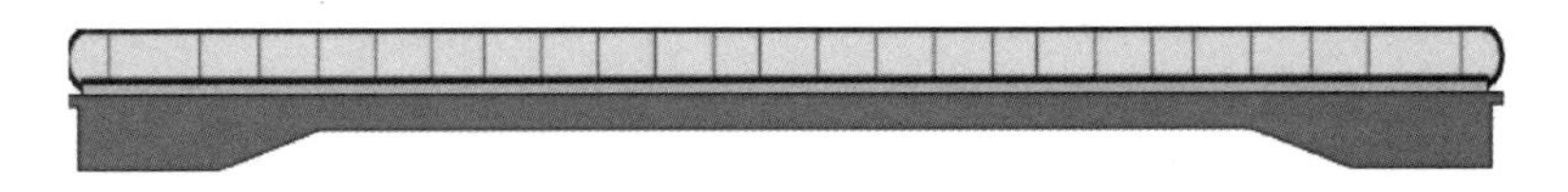

图9-39　水平型自动人行道

(2) 倾斜式自动人行道　倾斜式自动人行道为带有倾斜段，倾斜度大于6°且小于或等于12°的自动人行道，如图9-40所示。倾斜式自动人行道的倾斜角通常为10°～12°，常用于超市或购物广场，运送顾客从一层到另一层购物。

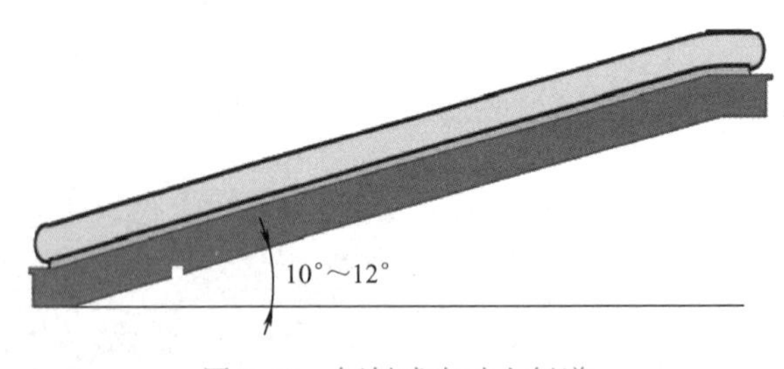

图9-40　倾斜式自动人行道

4. 按护栏类型分

(1) 全透明式自动人行道　指扶手护壁板采用全透明的玻璃制作的自动人行道，按护壁板采用玻璃的形状又可进一步分为曲面玻璃式自动人行道和平面玻璃式自动人行道。

(2) 不透明式自动人行道　指扶手护壁板采用不透明的金属或其他材料制作的自动人行道。由于扶手带支架固定在护壁板的上部，扶手带在扶手带支架导轨上做循环运动，因此不透明式自动人行道的稳定性优于全透明式自动人行道。它主要用于地铁、车站、码头等人流集中的高度较大的自动人行道。

(3) 半透明式自动人行道　指扶手护壁板为半透明的自动人行道，如采用半透明玻璃

等材料的扶手护壁板。

就扶手装饰而言，全透明的玻璃护壁板具有一定的强度，其厚度不应小于6mm，加上全透明的玻璃护壁板有较好的装饰效果，所以护壁板采用平板全透明玻璃制作的自动人行道占绝大多数。

9.2.3 自动人行道的结构

自动人行道是自动扶梯的细分产品，通常采用踏板形式的结构，与自动扶梯相似。按部件的功能，自动人行道可分为：主体结构、踏板与踏板链驱动系统、扶手带及扶手带驱动系统、导轨系统、护栏、电气控制系统、安全保护系统和润滑系统八大部分。自动人行道的总体结构如图9-41所示。

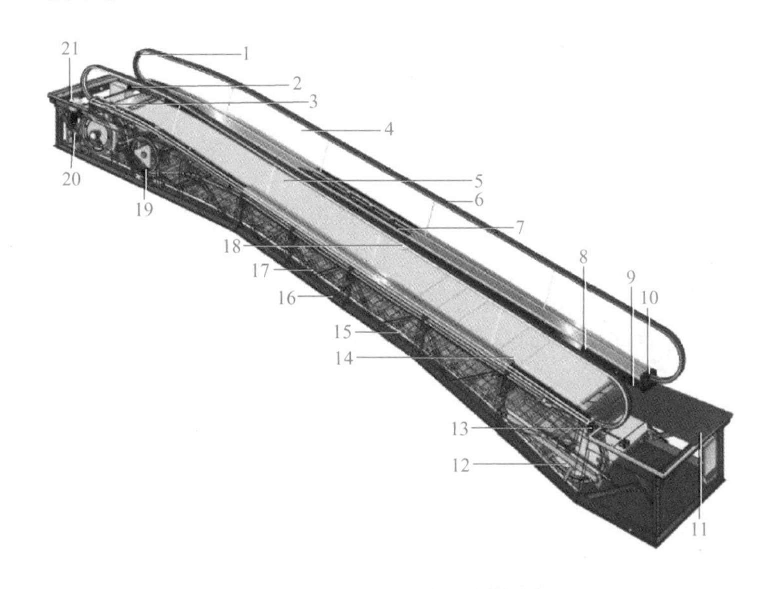

图9-41 自动人行道的总体结构

1—扶手中心 2—控制柜 3—内盖板 4—玻璃栏板 5—踏板 6—扶手带 7—围裙板照明 8—围裙板 9—梳齿板 10—急停开关 11—盖板 12—张紧装置 13—扶手带入口 14—踏板护栏 15—轨道 16—桁架 17—踏板链 18—裙板照明 19—扶手带驱动轮 20—驱动装置 21—速度检测装置

1. 主体结构

自动人行道的主体结构与自动扶梯基本相同，由桁架、端部盖板（楼层板及梳齿支撑板）和底板组成。

桁架承载了自动人行道各部件的重量及乘客的载重量，其结构与自动扶梯的支撑结构基本相同，但由于其踏板与踏板链的连接方式更为简单，故结构也比自动扶梯简洁。自动人行道的桁架结构通常也采用角钢或方管制造。

端部盖板安装在自动人行道桁架上下端的水平段部分，是乘客进入或离开自动人行道踏板的通道，梳齿安装在梳齿板上，与踏板进行啮合。

底板对桁架的底部起封闭作用。在上、下平层两端部需要安装设备，并为维修人员提供维修空间，因此底板需要有承重能力，一般采用厚钢板制造，多采用最小厚度为5mm的钢板。

2. 踏板与踏板链驱动系统

踏板与踏板链驱动系统是踏板式自动人行道运载乘客的部分，与自动扶梯类似，由踏板、踏板链、驱动主机、主驱动轴、踏板链张紧装置等组成。

3. 扶手带及扶手带驱动系统

扶手带及扶手带驱动系统主要由扶手带、扶手带驱动装置、扶手带导轨及扶手带张紧装置等组成。其作用是为乘客提供与踏板同步运动的扶手，提高乘梯的安全性。

4. 导轨系统

导轨系统由工作导轨、返回导轨和转向导轨等组成。其作用是给踏板运动提供运行轨道，又称自动人行道的梯路。其结构与自动扶梯导轨系统相似，但由于不需要提供梯级滚轮运行的导轨，仅提供踏板链滚轮运行的导轨，所以结构比自动扶梯简单。

5. 护栏

自动人行道的两侧装有内盖板、外盖板、内衬板（护壁板）、围裙板和外装饰板等，用于安装扶手带导轨和扶手带，对乘客起安全保护作用。商用型采用玻璃护栏结构，公共交通型采用玻璃护栏和金属护栏两种结构设计，其结构与自动扶梯相同。不同的是自动扶梯通常选用高度为900mm左右的护栏，而自动人行道则多采用高度为1000mm的护栏。

6. 电气控制系统

电气控制系统由控制柜、操作开关、电线电缆和接线盒等组成，其作用是通过对各安全装置的监控，控制自动人行道的操作及安全运行。

7. 安全保护系统

安全保护系统包括过载保护装置、超速保护装置、防逆转保护装置、制动器（和附加制动器）、踏板链断链保护装置、踏板缺失检测装置、扶手带入口保护装置等，其原理与自动扶梯保护装置类似。

8. 润滑系统

润滑系统由油泵、油壶、油管和出油嘴等组成，其作用是对主驱动链、踏板链、扶手驱动链等传动部件进行润滑。

本章习题

一、判断题

1. 自动扶梯的牵引链轮和扶手驱动轮没有安装在同一驱动主轴上，运行时存在一定的速度差。（　　）

2. 自动扶梯占用楼层的有效面积大。（　　）

3. 自动扶梯的梯级固定在链条上运行，并保持上平面水平。 （　　）
4. 自动扶梯起动后是顺方向运行时，将不需要防逆转保护。 （　　）
5. 自动扶梯的运行速度较低时，可不设置停止开关。 （　　）
6. 当自动扶梯与建筑物交叉处水平间距小于500mm时，应设置长度不小于300mm的防碰警示牌。 （　　）
7. 围裙板异物保护装置动作后可自动恢复。 （　　）
8. 一台自动扶梯或自动人行道应至少设置一个以上的制动器。 （　　）
9. 自动人行道的运行原理与自动扶梯有本质的不同。 （　　）
10. 自动人行道上可以使用手推车。 （　　）
11. 自动扶梯必须设置梯级塌陷保护装置。 （　　）
12. 自动扶梯必须利用链传动。 （　　）
13. 自动扶梯有牵引装置而没有驱动装置。 （　　）
14. 机场安装的自动人行道一般为单机布置。 （　　）

二、填空题

1. 自动扶梯的倾斜角不应大于________。
2. 自动扶梯的桁架一般由上水平段、下水平段和________组成。
3. 驱动主机主要由电动机、减速器和________等组成。
4. 紧急停止装置应为________色，并在该装置上或紧靠着它的地方标上“停止”字样。
5. GB 16899—2011规定，自动扶梯梯级上方垂直净空距离不得小于______m。
6. 自动人行道的倾斜角不应大于________。
7. 自动人行道的导轨系统由工作导轨、返回导轨、________三部分组成。
8. 自动扶梯和自动人行道应在速度超过名义速度的________倍之前自动停止运行。

三、单项选择题

1. 自动扶梯的制动器没有(　　)制动器。

A. 带式　　B. 鼓式　　C. 块式　　D. 盘式

2. 自动扶梯的扶手装置不包括(　　)。

A. 驱动系统　　B. 扶手胶带　　C. 栏杆　　D. 制动器

3. 自动扶梯的附加制动器在(　　)情况下起作用。

A. 速度超过额定速度的1.8倍之前
B. 不是匀速运行时
C. 梯级、踏板或胶带改变其规定运行方向时
D. 载荷发生变化时

四、简答题

1. 自动扶梯与电梯比较有何特点？
2. 自动扶梯制动器的种类及作用有哪些？
3. 自动扶梯的环境安全设置有哪些？你还能举出更多的设计案例吗？
4. 自动人行道的踏板与自动扶梯的梯级有何不同？

参 考 文 献

[1] 周瑞军，张梅. 电梯技术与管理 [M]. 北京：机械工业出版社，2015.

[2] 贺德明，肖伟平，黄英. 电梯结构与原理 [M]. 广州：中山大学出版社，2016.

[3] 全国电梯标准化技术委员会. 电梯制造与安装安全规范：GB 7588—2003 [S]. 北京：中国标准出版社，2003.

[4] 全国电梯标准化技术委员会. 电梯曳引机：GB/T 24478—2009 [S]. 北京：中国标准出版社，2010.

[5] 全国钢标准化技术委员会. 电梯用钢丝绳：GB 8903—2005 [S]. 北京：中国标准出版社，2006.

[6] 全国电梯标准化技术委员会. 电梯技术条件：GB/T 10058—2009 [S]. 北京：中国标准出版社，2010.

[7] 中华人民共和国国家质量监督检验检疫总局. 电梯监督检验和定期检验规则：曳引与强制驱动电梯：TSG T7001—2009 [S]. 北京：中国标准出版社，2009.

[8] 全国电梯标准化技术委员会. 电梯对重和平衡重用空心导轨：GB/T 30977—2014 [S]. 北京：中国标准出版社，2014.

[9] 全国电梯标准化技术委员会. 电梯 T 型导轨：GBT 22562—2008 [S]. 北京：中国标准出版社，2009.

[10] 全国电梯标准化技术委员会. 电梯安装验收规范：GB/T 10060—2011 [S]. 北京：中国标准出版社，2012.

[11] 陈家盛. 电梯结构原理与安装维修 [M]. 5 版. 北京：机械工业出版社，2012.

[12] 段晨东，张彦宁. 电梯控制技术 [M]. 北京：清华大学出版社，2015.

[13] 王志强. 最新电梯原理、使用与维护 [M]. 北京：机械工业出版社，2006.

[14] 史信芳，蒋庆东，李春雷，等. 自动扶梯 [M]. 北京：机械工业出版，2014.

[15] 石春峰. 自动扶梯与自动人行道运行管理与维修 [M]. 北京：机械工业出版，2018.

[16] 何峰峰. 电梯和自动扶梯安装维修技术与技能 [M]. 北京：机械工业出版，2013.

[17] 朱德文，朱慧缈. 电梯安全和应用 [M]. 北京：中国电力出版社，2013.

[18] 中华人民共和国国家质量监督检验检疫总局. 电梯监督检验和定期检验规则：自动扶梯和自动人行道：TSG T7005—2012 [S]. 北京：中国标准出版社，2012.